Elemente des Vorrichtungsbaues

Von

E. Gempe
Oberingenieur

Mit 727 Textabbildungen

Berlin
Verlag von Julius Springer
1927

ISBN-13:978-3-642-89741-2 e-ISBN-13:978-3-642-91598-7
DOI: 10.1007/978-3-642-91598-7

Softcover reprint of the hardcover 1st edition 1927

Vorwort.

In der vorliegenden Abhandlung habe ich mir die Aufgabe gestellt, die Spannvorrichtungen von grundlegenden Gesichtspunkten aus zu betrachten und zu besprechen, um damit dem jungen Konstrukteur Richtlinien in die Hand zu geben, nach denen er seine Arbeiten aufbauen und durchbilden kann. Was von dem gesamten Gebiete des Vorrichtungsbaues zu den Spannvorrichtungen gehört, geht ohne weiteres aus dem Sinne des Wortes hervor. Alle näheren Definitionen sind im Abschnitt I gegeben.

Die Abhandlung umfaßt demgemäß im wesentlichen eine Besprechung der einzelnen Organe der Spannvorrichtungen, sowie eine Richtlinie zur Kombination dieser Organe zu den verschiedensten Spannungskonstruktionen.

Es ist natürlich unmöglich, alle vorkommenden Sonderfälle oder Einzelausführungsmöglichkeiten zu berücksichtigen, es soll sich vielmehr die Abhandlung nur über die am meisten vorkommenden und gebräuchlichsten Konstruktionen erstrecken, damit in gedrängter Form eine Übersicht über die wesentlichen Ausführungsarten einzelner Teile und ganzer Vorrichtungen gegeben ist. Deswegen ist die Beschreibung der einzelnen Elemente und ihrer Kombinationen grundlegend und ohne Bezugnahme auf irgendeinen Sonderfall gehalten, damit die Konstruktionen jederzeit auf alle möglichen vorkommenden Verbindungen erweitert werden können. Das geschah vor allem aus dem Grunde, weil immer noch sehr viel gegen die einfachsten Grundsätze verstoßen wird, die wesentlich mit zur Erhöhung der Präzision in der Herstellung von austauschbaren Massenteilen beitragen. Denn gerade bei der serienmäßigen oder Massenherstellung von Präzisionsteilen ist der Einfluß der Vorrichtungen und des Werkzeuges von ausschlaggebender Bedeutung für die Güte des Erzeugnisses und die Rentabilität des Betriebes.

In diesem Sinne soll der Konstrukteur immer wieder neue Anregungen aufnehmen, umgestalten und somit neue Formen schaffen. Wenn vorliegende Abhandlung diesen Zweck erfüllt, so ist das damit gesteckte Ziel erreicht. Manche Bilder sind nicht näher besprochen, da aus ihnen der niedergelegte Gedanke genügend klar hervorgeht.

Über Auswahl und Konstruktionsart der verschiedenen Vorrichtungen, z. B. Fräs-, Bohr- und Drehvorrichtungen, nach dem Gesichtspunkte der Wirtschaftlichkeit soll eine weitere Richtlinie in Kürze folgen.

Da das Buch dem Zwecke der Ausbildung von Werkzeugkonstrukteuren, Fertigungsingenieuren und zur Weiterbildung für Betriebsbeamte dienen soll, sind mir Anregungen für den weiteren Ausbau, Zeichnungen konstruktiver Musterformen, sowie Verbesserungsvorschläge jederzeit willkommen.

Geislingen a. St., im Juli 1927. **E. Gempe.**

Inhaltsverzeichnis.

I. Begriffserläuterung und Einteilung.

Das Begriffsgebiet „Vorrichtungsbau“ ist derartig weit, daß man sich gezwungen sieht, es in kleinere, beschränkte Gebiete zu unterteilen, damit der Überblick über die vielartigen Konstruktions- und Ausführungsformen sowie die verschiedenen Anwendungsgebiete gewahrt bleibt.

Außerdem wird dadurch erreicht, daß

1. Einteilung und Benennung von Vorrichtungen nach einheitlichen Gesichtspunkten erfolgen können und jedes Teil oder Werkzeug den ihm zukommenden eindeutigen Namen erhält,
2. im Bureau Zeichnungen gleicher Konstruktionsart in einer Gruppe gesammelt und somit stets wieder aufgefunden werden können, d. h. daß es möglich ist, sie sinngemäß zu registrieren,
3. im Betrieb Werkzeuge und Vorrichtungen entsprechend ihrer Anwendungsweise und Konstruktion eine Werkzeugnummer erhalten und somit eindeutig bestimmt sind, so daß bei ihrer Anwendung keine Irrtümer entstehen können.

Die gewählten Bezeichnungen müssen möglichst kurz sein, und zweckmäßig wählt man Zeichnungs- und Werkzeugnummer gleichlautend, um Arbeit zu sparen. Wie weit man mit der Unterteilung geht und auf welche Gebiete sie sich erstreckt, hängt von der Art und Größe des einzelnen Betriebes ab.

Zu geringe Unterteilung: Unübersichtliche Unordnung,
zu weitgehende Unterteilung: Unnötige Arbeiten usw.

Um zu einer sinngemäßen Unterteilung zu gelangen, trennt man zuerst die Vorrichtungen zweckmäßig nach dem Gesichtspunkt ihrer weiteren Verwendungsart und Konstruktion. Man erhält dann die folgenden 3 Hauptgruppen, zu deren Unterscheidung die Definitionen dienen:

1. Spannvorrichtungen.

Unter einer Spannvorrichtung versteht man eine kombinierte Anordnung einzelner oder mehrerer Maschinenelemente zum Halten oder Spannen irgendeines Gegenstandes. Sie wird meist auf Arbeitsmaschinen verwendet, wo ein oder mehrere Werkstücke zwecks Bearbeitung durch spanabhebende, oberflächenvergütende oder sonstige Werkzeuge festgehalten werden sollen.

Die Spannvorrichtung „arbeitet" also nicht, sie ist passiv im Verhältnis zur Maschine und zum Werkzeug, auch dann, wenn sie durch irgendwelche Mechanismen so bewegt wird, daß das eingespannte Werkstück seine Lage zum Werkzeug in irgendeiner Weise ändert, denn sie trägt keine arbeitenden Werkzeuge.

2. Angetriebene Vorrichtungen (Arbeitsvorrichtungen).

Arbeitende (aktive) werkzeugtragende Vorrichtungen in fester oder lösbarer Verbindung mit einer Werkzeugmaschine, von der sie ihren Antrieb erhalten, wie Mehrspindelbohrköpfe, Innenbohrvorrichtungen, Eckfräseinrichtungen, Sondereinrichtungen an Maschinen usw., sind als Bestandteile der entsprechenden Maschine oder Maschinengruppe, für die sie gebaut werden, anzusehen und werden bei diesen registriert. Man nennt sie am besten zur Unterscheidung von Spannvorrichtungen „Arbeitsvorrichtungen".

3. Werkzeugvorrichtungen.

Arbeitende (aktive) werkzeugtragende Vorrichtungen zur Bearbeitung von Werkstücken durch spanlose Formgebung, wie Pressen, Schmieden, Stanzen usw. (Schnitt-, Stanz-, Zieh- und Biegewerkzeuge, Gesenke oder sonstige Werkzeugkombinationen), bei denen ein „Arbeiten" und ein „Spannen" gleichzeitig erfolgt, werden im weiteren Sinne unter die „Werkzeuge" gerechnet und als solche behandelt.

Eine weitere Unterteilung der drei obengenannten Hauptgruppen erfolgt am besten nach der Verwendungsweise, von der die Bauart meist in unbedingter Abhängigkeit steht, d. h. z. B. Gruppe 1 wird unterteilt nach der Verwendungsart der einzelnen Vorrichtungen in Bohr-, Reib- und Senkvorrichtungen, Fräs- und Sägevorrichtungen usw. und innerhalb dieser einzelnen Abteilungen nach den Konstruktionsarten.

Man faßt also Vorrichtungen für gleichartige Bearbeitungsweisen des Werkstückes zu einer Gruppe zusammen.

Die Unterteilung der Gruppe 2 kann im Prinzip nach demselben Gesichtspunkte erfolgen und wird zweckmäßig so gehalten, daß sie innerhalb der zugehörigen Maschinengruppe nach Konstruktionsarten vor sich geht.

Obige Zeilen sollen einen kurzen Abriß von dem verzweigten Gebiet der Werkzeugeinteilung geben und dem Leser eine Anregung zum Weiterdenken auf diesem Gebiet sein. Es zeigt jedenfalls diese Unterteilung einen Weg, auf dem Werkzeuge gruppenweise zusammengefaßt werden können, so daß der Auffindung der einzelnen Konstruktionsarten sowie ihrer Normalisierung kein Hindernis entgegensteht.

II. Allgemeine Richtlinien für den Bau von Spannvorrichtungen.

1. Bearbeitungsstadium des Werkstückes.

Vor dem Entwurf einer Vorrichtung muß sich der Konstrukteur über die vorzunehmende Arbeit am Werkstück, die bisher stattgefundenen Arbeitsgänge und die höchstzulässigen Herstellungstoleranzen für den vorliegenden Arbeitsgang unterrichten. Die Art und Genauigkeit der bereits erfolgten Arbeiten bestimmen die Aufnahmen und die Art der Spannung der zu bauenden Vorrichtung. Es darf nicht mit dem Entwurf einer Vorrichtung begonnen werden, solange irgendein Punkt im Herstellungsplan oder der Werkstückzeichnung unklar ist. Es muß in diesem Fall zur sofortigen Klarstellung das Fabrikationsbureau benachrichtigt bzw. der Herstellungsplan oder die Werkstückzeichnung richtiggestellt werden.

2. Die Arbeitsmaschine.

Es muß eindeutig (im Herstellungsplan oder auf dem Werkzeugauftrag) festgelegt sein, auf welcher Maschine die Vorrichtung aufgebaut werden soll. Über alle hauptsächlich in Frage kommenden Abmessungen der Maschine, z. B. Tisch- und Nutengrößen, Spindelhöhe, Spindelgewinde, Löcher für Befestigungsschrauben usw., sowie die Stellung des Arbeiters an der Maschine muß sich der Konstrukteur unterrichten.

Es ist zu beobachten, welches die kürzesten Bewegungszeiten beim Bedienen der Vorrichtung sind. Die Vorrichtung ist so zu bauen, daß diese Bewegungen zwangsläufig erfolgen (Arbeitsrhythmus).

3. Erfahrungen der Werkstatt.

Ist schon eine ähnliche Vorrichtung vorhanden, so muß nachgeprüft werden, ob sie zweckmäßig gebaut ist, welche Erfahrungen die Werkstatt seither damit gemacht hat und wie sie noch zu verbessern ist. Auch soll der Konstrukteur Vorrichtungen, deren gute Funktion in der Werkstatt erprobt ist, als Unterlage zu neuen Konstruktionen benutzen, ohne jedoch einen bestimmten Typ schematisch für alle Fälle nachzubauen, da bei zwei gleichwertig erscheinenden Arbeiten oft große Unterschiede in Spann- und Bearbeitungsmöglichkeit vorhanden sind, die sich aus dem Charakter des Werkstückes, der Bearbeitungsfolge und den zu erlangenden Genauigkeitsgraden herleiten.

4. Art der Vorrichtung.

Soll eine Vorrichtung mehrere Werkstücke zugleich spannen, so kann entweder eine „Mehrfachspannvorrichtung“, eine „Wechselvorrichtung“ oder eine „umlaufende Vorrichtung“ gewählt werden. In jedem Fall ist sorgfältig zu erwägen, ob mit der gewünschten Konstruktion wirklich der erhoffte Zeitgewinn erzielt wird. Im allgemeinen sind derartige Vorrichtungen nur wirtschaftlich, wenn die Spannung einfach, die Leerlaufzeiten des Werkzeuges gering, bei Wechselvorrichtungen Einspann- und Bearbeitungszeit etwa gleich sind.

Ferner kommt es darauf an, ob laufend größere Mengen der zu bearbeitenden Werkstücke gebraucht werden (Näheres s. unter Abschnitt IV).

5. Gußteile.

Abb. 1÷18. Es sind für die Vorrichtungskörper nach Möglichkeit Gußteile zu verwenden, da hierdurch die Arbeitsmaschinen des Werk-

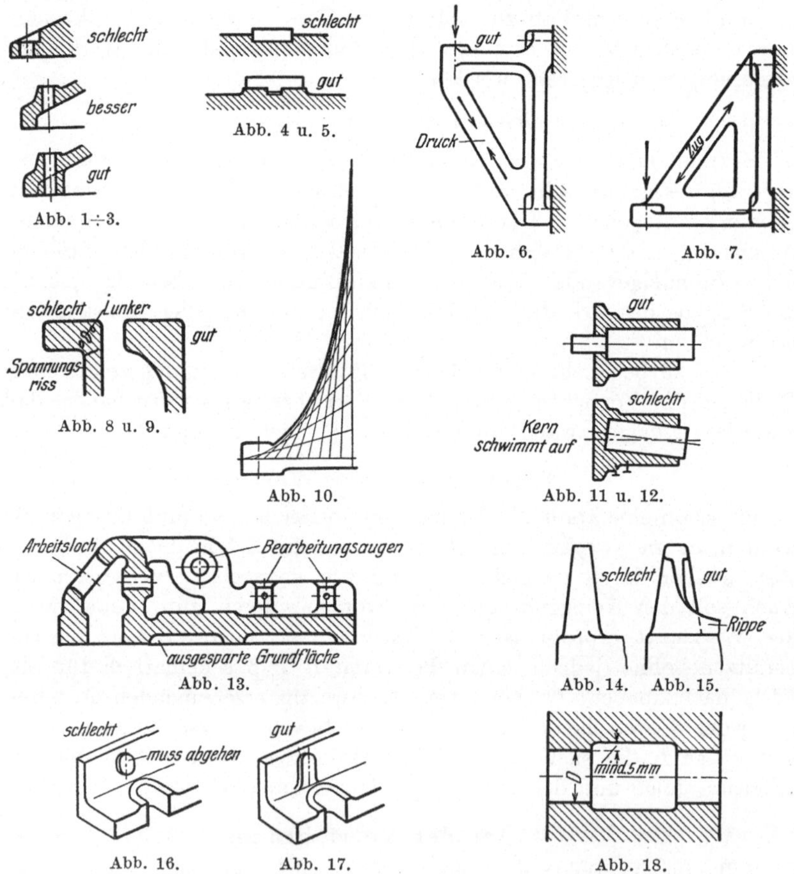

Abb. 1÷3. Abb. 4 u. 5. Abb. 6. Abb. 7. Abb. 8 u. 9. Abb. 10. Abb. 11 u. 12. Abb. 13. Abb. 14. Abb. 15. Abb. 16. Abb. 17. Abb. 18.

zeugbaues weniger belastet werden als durch Herausarbeitung aus vollem Material. Auch können die Vorrichtungen dadurch zweckmäßiger gestaltet werden. Für Gußstücke sind möglichst vorhandene Modelle (Normalformen, vorhandene Winkel, Blöcke od. dgl.) zu verwenden. Muß ein neues Modell angefertigt werden, so ist auf gute und billige Herstellungsmöglichkeit Bedacht zu nehmen. Arbeitsleisten und Augen sind überall da anzubringen, wo ein Stück aufgeschraubt und angepaßt werden soll. Die Grundflächen sind auszusparen, damit nur einige Punkte tragen. Alle Ecken sind möglichst groß aus- bzw. abzurunden, größere Übergänge durch Parabelbogen, kleinere durch Radiushohlkehlen. Übergänge von starkem in schwaches Material müssen sanft erfolgen, um Lunkerbildung oder Risse durch innere Spannungen zu vermeiden. Um die nötige Stabilität zu erreichen, muß das Modell weitmöglichst verrippt sein, da den statischen Verhältnissen der auftretenden Kräfte und der Eigenart des Werkstoffes entsprechend richtig angebrachte Rippen dem Stück eine größere Festigkeit geben als volles Material und große Materialanhäufungen.

Besonders bei Bohrvorrichtungen müssen Gußteile so stabil sein, daß kein Verziehen sowohl während der Bearbeitung derselben als auch beim Einspannen der Werkstücke auftreten kann (Temperieren der Gußstücke nach Vorbearbeitung empfehlenswert: mindestens 1 Stunde bei $700 \div 800^0$ und langsamem Erkaltenlassen).

Zwecks leichten Einformens sind alle Flächen gut abzuschrägen, damit sich das Modell leicht aus der Form heben läßt. Fliegende Kerne sowie Teile, die an das Modell angestiftet oder angeschraubt werden müssen, sind nach Möglichkeit zu umgehen. Frei stehende Teile sollen an Vorrichtungen nur angegossen werden, wenn sie nicht zu lang sind und gut verrippt werden können.

Für Vorrichtungen, die leicht sein müssen, wie z. B. Bohrvorrichtungen, kann der Vorrichtungskörper aus Aluminium gegossen werden, wenn keine Stöße oder ein Fallenlassen der Vorrichtungen zu befürchten ist. Da sich aber Körper aus Aluminium beim evtl. Fall verziehen und somit leicht Arbeitsausschuß liefern, ist es besser, sie aus Gußeisen herzustellen und entsprechend leicht zu lassen. Wenn eine solche Vorrichtung fällt, zerbricht sie und muß neu angefertigt werden, was aber in der Massenfabrikation billiger ist, als eine Lieferung Ausschuß nachzuarbeiten oder wegzuwerfen, zumal in jedem gut organisierten Betrieb immer eine Reservevorrichtung vorhanden sein soll.

6. Stabilität und Gewicht.

Allgemein gesagt, muß eine Vorrichtung so stabil gebaut sein, daß sie die auftretenden Kräfte in jeder Richtung aufnimmt, keine Erschütterungen oder Schwingungsübertragungen zuläßt, die ein Lockern der Spannorgane zur Folge haben könnten. Sie sollte *so einfach als irgend möglich*, ohne viel Mechanismus sein und gefällig aussehen.

Bei handbewegten Vorrichtungen (hauptsächlich Bohrvorrichtungen) ist zu beachten, daß ihre Handhabung nicht durch zu hohes Gewicht erschwert wird und ermüdend wirkt.

Eine Vorrichtung muß sich, ohne die Genauigkeit zu verlieren, leicht auseinandernehmen und zusammenbauen lassen.

7. Aufnahme des Werkstückes.

Je nach den schon erfolgten Bearbeitungen wird die Aufnahme so gewählt, daß möglichst alle Bearbeitungen oder wenigstens die mit engtolerierten Maßen durchweg mit derselben Aufnahmeart durchgeführt werden können, um eine größtmögliche Genauigkeit zu erreichen. So sollen, wenn es nur irgend erreichbar ist, alle vorkommenden Löcher eines Werkstückes in einer Aufspannung und Aufnahme gebohrt werden.

Alle Aufnahmen müssen aus Werkzeug- oder Einsatzstahl hergestellt, gehärtet und geschliffen sein. Das Werkstück darf nicht auf mehr als 2 oder 3 festen Punkten oder Leisten (Dreipunktaufnahmen) aufliegen. Verlangt die Eigenart des Stückes mehr Unterstützungspunkte, so muß die Auflagefläche des Werkstückes absolut eben bearbeitet sein, anderenfalls sind die Unterstützungspunkte einstellbar anzuordnen. An der Bearbeitungsstelle muß das Werkstück unter allen Umständen gut unterstützt werden. Ist das schwer oder gar nicht zu erreichen, müssen die Unterstützungspunkte so nahe an die zu bearbeitende Stelle gedrückt werden, daß das Werkstück nicht durchfedern oder in Schwingung geraten kann.

Als Auflagen werden gehärtete Stahlplatten, Ringe, Bolzen oder Füße verwendet. Alle Auflageflächen müssen klein sein und unbedingt von Schmutz und Spänen rein gehalten werden können. Sie sind deshalb immer etwas erhöht über die umgebenden Flächen anzubringen.

8. Reinigungsmöglichkeit.

Eine Vorrichtung muß so gebaut sein, daß sie sich in allen Teilen leicht reinigen läßt. Zum Abfluß der Späne müssen im Vorrichtungskörper ausreichende Öffnungen und Aussparungen vorhanden sein. Es dürfen keine schmutzsammelnden Ecken zugelassen werden. Auch sind alle im Innern der Vorrichtung liegenden Organe gegen das Eindringen von Spänen zu sichern, indem über Öffnungen Bleche, Ringe usw. angebracht werden.

Den Vorrichtungen ist so weit als möglich eine glatte Außenform ohne tiefe Ecken und vorspringenden Leisten oder Rippen zu geben. Sie sind, wenn irgend angängig, als Hohlguß auszubilden. Versteifungsrippen sind nach innen zu verlegen (Ausnahme kastenförmige Bohrvorrichtungen).

9. Spannweise (Allgemeines).

Abb. 19÷31. Die Spannung des Werkstückes muß absolut sicher sein, darf keine Verschiebung desselben zulassen und muß es gegen die Auflageflächen drücken.

Das Spannen muß einfach und schnell, ohne große Anstrengung und möglichst mit einem Handgriff erfolgen können. Das Werkstück muß schnell in die Vorrichtung gebracht und entfernt werden können. Die Richtung des Spanndruckes muß mit der Richtung des Arbeitsdruckes zusammenfallen. Abb. 19÷22. Ausnahmen sind nur dann zu machen, wenn durchaus keine andere Konstruktion möglich ist.

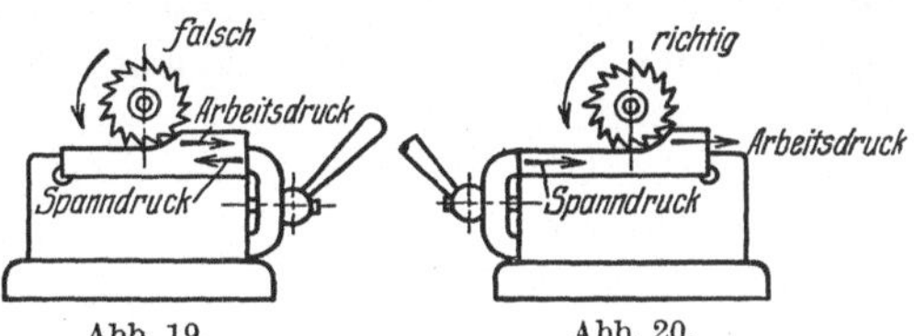

Abb. 19. Abb. 20.
Verteilung des Arbeitsdruckes für Fräsvorrichtungen.

Das Spannorgan soll möglichst auf unbearbeitete oder nur vorgearbeitete Flächen drücken. Bei einer Spannung auf sauber bearbeitete Flächen muß das Druckstück eine große glatte Auflagefläche haben oder mit einem nachgiebigen Belag (Kupfer) versehen sein, um Druckmarken zu vermeiden. Ein Druck, der bestrebt ist, das Werkstück von seiner Anlage wegzudrücken, ist unzulässig.

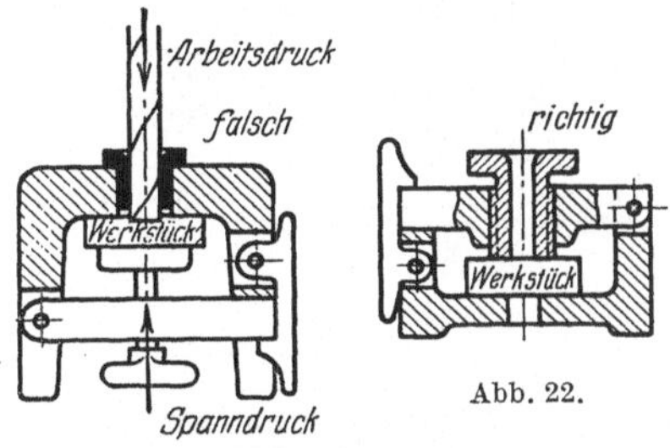

Abb. 21. Abb. 22.
Verteilung des Arbeitsdruckes für Bohrvorrichtungen.

Die Verwendung von Sechskantschrauben oder -muttern als Anzugsorgan ist zu vermeiden. Im Ausnahmefall, wenn keine andere Möglichkeit vorhanden, sind Spannorgane für Sonderschlüssel (Vierkant) in möglichst nur einer Größe an einer Vorrichtung vorzusehen.

Entstehende Arbeitsdrücke müssen von den harten Unterlagen aufgenommen werden und gegen stabile, sicher gebaute Teile der Vorrichtung gerichtet sein.

Bei sehr kleinen Teilen und verhältnismäßig starker Bauart der Vorrichtung kann hiervon eine Ausnahme gemacht, wie z. B. bei Bohrvorrichtungen, bei denen kleine Werkstücke durch das Spannorgan gegen die Bohrbüchsen gedrückt werden. Frei stehende Werkstückteile sind genügend, evtl. durch einstellbare An- und Unterlagen, zu unterstützen. Ein Zittern oder Verschieben des Werkstückes bei der Bearbeitung muß ausgeschlossen sein.

Es ist darauf zu achten, daß die größtmöglichen Spanndrücke, die durch die Spannelemente erzeugt und durch die Übertragungselemente auf das Werkstück übertragen werden, der Festigkeit des Werkstückes sowie der Vorrichtung entsprechen, da sich sonst beide verziehen.

Muß eine Spannung von 2 Seiten stattfinden, sollen beide Spannungen mit einem Griff betätigt werden können.

Näheres über Anordnung der Spannung, der Griffe und beweglichen Teile s. unter Auswahl und Kombination.

Es ist bei allen Spannungen darauf zu achten, daß die auftretenden Kräfte gegenüber dem Arbeitsdruck des Werkzeuges nicht zu klein oder zu groß werden. Es dürfen deshalb weder zu kleine noch zu große Anzugsorgane, wie Handräder, Knebel, Knöpfe, Hebel, Spanngriffe, verwendet werden.

Auch sind Keile mit schwacher Steigung und langem Anzug, zu feine Gewinde sowie Mechanismen, die eine zu große Übersetzung haben, zu vermeiden, weil bei derartigen Organen große Kräfte frei werden, die schwer zu kontrollieren sind.

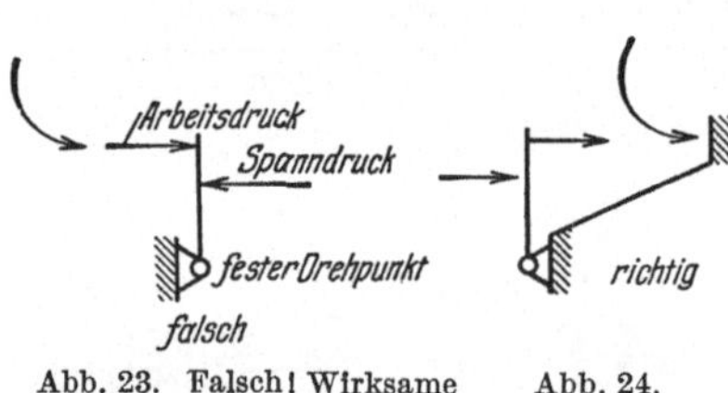

Abb. 23. Falsch! Wirksame Kräfte sind gegeneinander gerichtet. Abb. 24.

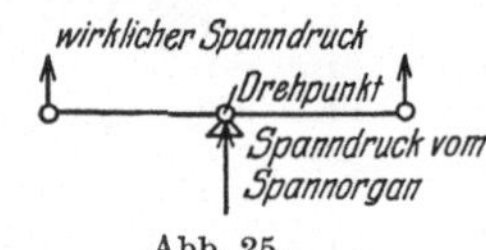

Abb. 25.

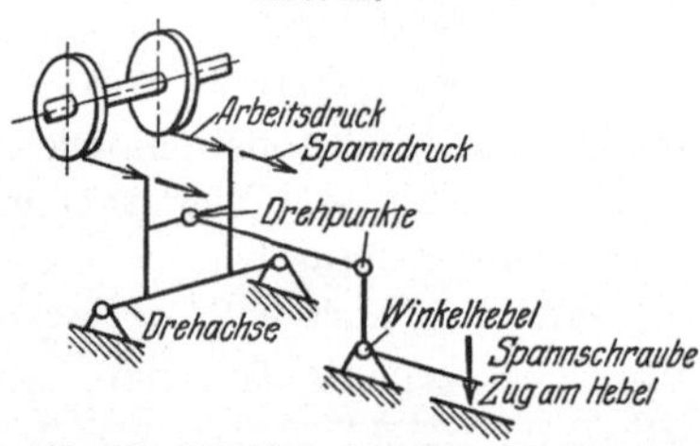

Abb. 26. Richtig! Wirksame Kräfte sind gleichlaufend (sich addierend) gegen Festpunkt gerichtet.

Abb. 23÷26. Kraftverteilungspläne.

Um eine Übersicht über die Verteilung und Größe der Spannkräfte und deren Komponenten zu erhalten, muß sich der Konstrukteur den gesamten Spannungsmechanismus schematisch, aber maßstäblich aufzeichnen. Die Größe der Kräfte bestimmt sich dann unter Berücksichtigung der jeweiligen Übersetzungen aus der Fähigkeit der Organe, elastische Deformationsarbeit aufzuspeichern, die sich in elastischen Durchbiegungen, Verlängerungen bei Zug und Verkürzung bei Druck äußert. Die im gesamten Spannungsorgan erzeugten elastischen Spannungen ergeben, vermindert um die innere und äußere Reibungsarbeit, die Spanndrücke. Abb. 23÷26.

Es ist der Spanndruck D eine Funktion von der Durchbiegung, Deformationskraft, Abmessung der Stücke und des Elastizitätsmoduls

$$D = F(f), \text{ wobei } f = \text{Summe der Durchbiegung usw.},$$

setzt man $F''(f) = 0$, so erhält man D-Maximum als größtauftretenden Druck. Die Maximalen f sind aus den zulässigen Beanspruchungen zu bestimmen. Mit anderen Worten: Der Spanndruck hängt ab: von der Größe des Spannorganes, der Elastizität der übertragenden Organe und der Festigkeit des Werkstückes.

Das Halten und Spannen der Werkstücke in der Vorrichtung kann entweder unmittelbar oder mittelbar durch das Spannorgan erfolgen, d. h. der vom Spannelement (Schraube, Exzenter, Hebel) erzeugte Spanndruck oder -zug wird bei unmittelbarer Spannung von diesem

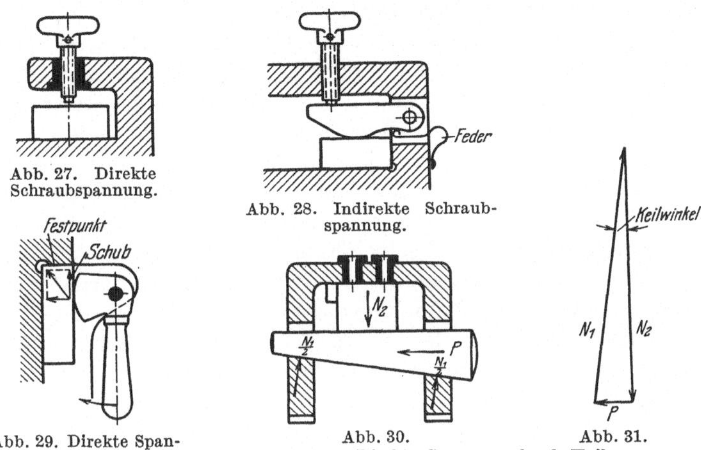

Abb. 27. Direkte Schraubspannung.

Abb. 28. Indirekte Schraubspannung.

Abb. 29. Direkte Spannung durch Exzenter.

Abb. 30. Abb. 31. Direkte Spannung durch Keil.

Abb. 30 in der Präzisionsfabrikation unbedingt zu vermeiden.

selbst, bei mittelbarer durch übertragende Elemente mit oder ohne Übersetzung dem Werkstück mitgeteilt. Abb. 27÷31.

Je nachdem der Spanndruck vom handbewegten Element selbst oder erst von einem zweiten Organ erzeugt wird, nennt man diese: spannkrafterzeugende Organe, z. B. Schraube, Exzenter, Keil, Kegel, oder spannkrafttransformierende Organe, wie: Federn, Hebel, Knaggen usw.

Für mittelbare (direkte) Spannung kommen vorwiegend Schrauben in Betracht. Exzenter können in Fällen der direkten Spannung nur angewendet werden, wenn keine Erschütterungen auftreten, die ein Lösen verursachen können, und vor allem, wenn das Werkstück keine großen Toleranzen aufweist. Rohe, unbearbeitete Stücke und solche bearbeitete, die eine Toleranz von 0,2 mm und mehr haben, können wirtschaftlich nicht mehr mit Exzenter direkt gespannt werden, da sonst bei großen Toleranzen der Exzenter, der bei minimalem und maximalem Werkstück selbsthemmend spannen muß, zu groß und somit die ganze Vorrichtung zu schwer wird.

Wenn eine direkte Exzenterspannung anwendbar ist, müssen Werkstück und Exzenter so gelagert sein, daß der durch das Spannen entstehende seitliche Schub das Werkstück gegen seinen Anschlag drückt.

Keile oder Kegel kommen für eine direkte Spannung nie in Frage. Diese Elemente dürfen nie direkt auf das Werkstück wirken, da bei ihnen zu große Kräfte frei werden, die eine schnelle Abnutzung der Vorrichtung und ungenaue Arbeit zur Folge haben. Außerdem müssen sie durch Schläge mit Holzhämmern angezogen werden, was dem Prinzip der Präzisionsarbeit widerspricht.

Alle genannten Spannarten, ausgenommen die direkte Spannung durch Schrauben, die in Brücken oder Bügeln eingebaut sind, sind von untergeordneter Bedeutung und können nur da angewendet werden, wo keine große Genauigkeit nötig ist oder nur leicht und gut aufzunehmende Stücke, wie Platten, Bolzen, Wellen usw., gespannt werden oder nur einfache Bearbeitungen erfolgen, denn das Festspannen eines Werkstückes geschieht immer nur auf Kosten der Elastizität, entweder der Spannorgane und seiner Elemente oder der des Werkstückes selbst. Um nun ein Verspannen des Werkstückes zu vermeiden, muß ein elastisches Glied zur Aufnahme der Deformationsspannung zwischen den Druckerzeugern und den Werkstücken eingeschaltet werden. So entstehen durch Kombination verschiedener Elemente die mittelbaren (indirekte) Spannungen.

Bei allen indirekten Spannungen müssen die bewegten Teile, insbesondere die Druckstücke oder Druckorgane, die mit dem Werkstück direkt in Berührung stehen, entweder zwangsläufig eingebaut oder so abgefedert sein, daß sie sich beim Lösen der Spannung selbsttätig vom Werkstück abheben.

Auch werden je nach der Lösungssicherheit Konstruktionen unterschieden, die ohne weiteres ein Selbstlösen verhindern, und solche, die noch verriegelt werden müssen. Erstere sind selbsthemmende, letztere verriegelte Spannorgane (Verriegelungselemente s. unter diesen).

III. Die Konstruktionselemente für Spannvorrichtungen.

a) Die Spannung und ihre Elemente.

1. Spannorgane.

Hebelspannung. Abb. 32÷39. Bei Arbeiten, bei denen keine großen Drücke ein Verschieben des Werkstückes aus seiner Lage herbeiführen können: Leichtes Abschneiden, Abgraten, Polieren oder solchen Arbeiten, bei denen nur ein Festhalten, kein direktes Spannen, erforderlich ist, kann das Werkstück durch einen einfachen Hebel in der Lage gehalten werden.

Die Hebel sind dem Werkstück angemessen genügend groß und handlich auszuführen und durch Nasen im Schwenkungskreis zu begrenzen.

Abb. 32÷36 stellen direkte Hebelspannungen dar, und zwar wird die einfache Klappe vorwiegend bei Bohrvorrichtungen für plattenförmige Werkstücke angewendet.

Die direkte Hebelzangenspannung ist nur bei engtolerierten Werkstücken anwendbar, weil bei größeren Toleranzen die Spannlippe nur mit einer Kante aufliegt, sich schräg zum Werkstück stellt und so ungenaue Arbeit ergibt.

Zum Absägen von Rohren wird eine einfache Hebelspannung nach Abb. 33 mit

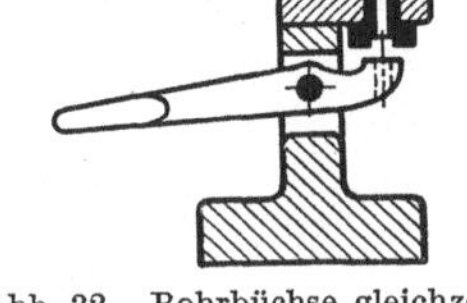

Abb. 32. Bohrbüchse gleichzeitig Aufnahme.

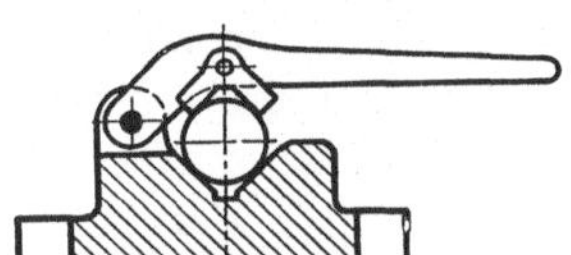

Abb. 33. Zum Absägen von Rohren und Stangen.

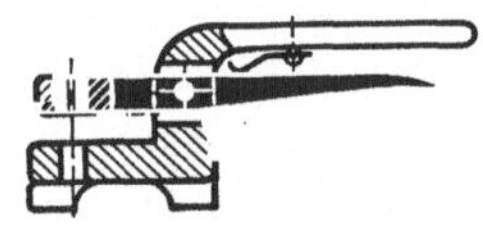

Abb. 34. Einfache Hebelzange.

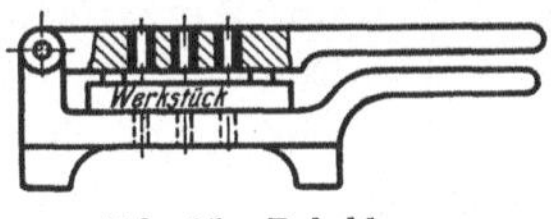

Abb. 35. Bohrklappe.

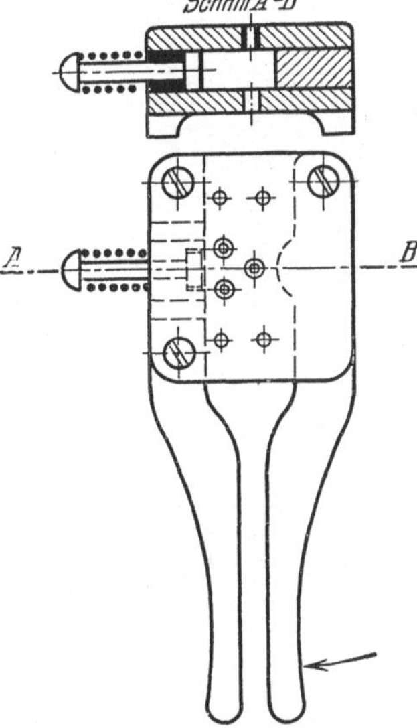

Abb. 36. Klemmhebelspannung.

Abb. 32÷36. Direkte Hebelspannungen.

pendelndem, sich dem Umfang des Werkstückes anschmiegendem Druckstück verwendet.

Diese Anordnung ist nur für untergeordnete Fräs-, Schlitz- oder ungenaue Bohrarbeiten zu verwenden.

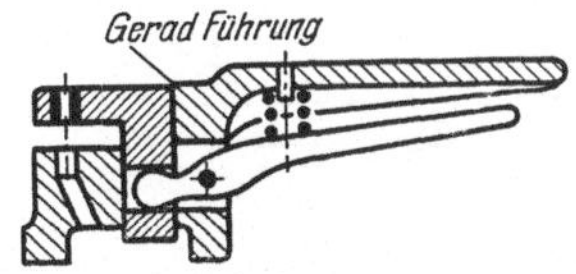

Gerad Führung

Abb. 37. Indirekte Hebelspannung.

Die normale Hebelzange mit indirekter Hebelspannung nach Abb. 37 wird dann benutzt, wenn in kleine Werkstücke entweder 1 Loch oder bei sehr guter Aufnahmemöglichkeit mehrere in einer Ebene liegende Löcher gebohrt werden sollen. Kleine Frässchnitte können mit einer Spannung nach Abb. 38 und 39 ausgeführt werden.

Hakenhebel wirken wie Exzenter und sind als solche zu behandeln (vgl. diesen Abschnitt).

Schraubenspannung. Abb. 40÷50. Alle Schrauben, die als Spannorgane verwendet werden, müssen selbsthemmend sein, d. h. der Steigungswinkel des Gewindes darf nicht größer sein als der Reibungswinkel, der dem Reibungskoeffizienten der entsprechenden Baustoffe, der Mutter und der Schraube entspricht.

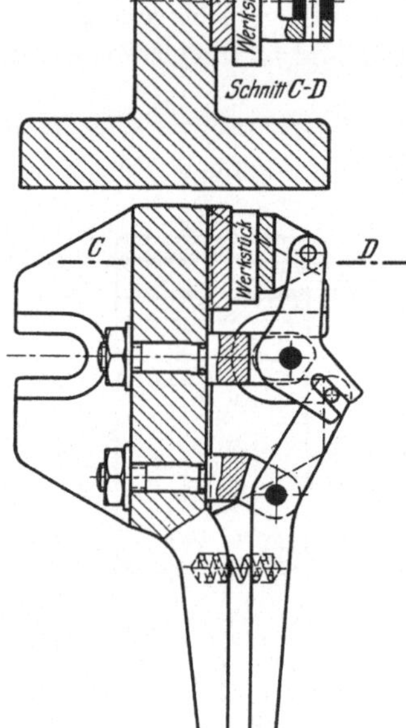

Abb. 38 u. 39.
Indirekte kombinierte Hebelspannung.

Spannschrauben bis 12 mm Außendurchmesser werden mit Spitzgewinde versehen. Solche über 12 mm Außendurchmesser sollen Flach- oder Trapezgewinde erhalten.

Das Muttergewinde ist stets in eine Büchse einzuschneiden, die gegen Drehen gesichert, auswechselbar mit der Vorrichtung verbunden wird. Bei gehärteten Büchsen wird das Muttergewinde mit Schmirgel und Kupferdorn poliert. Die Spannschraube selbst bleibt ungehärtet. Für Gewinde bis 20 mm Durchmesser werden die Gewindebüchsen aus Stahl, für größere Muttern sowie für Flach- und Trapezgewinde am besten aus Phosphorbronze hergestellt.

Das Festspannen des Werkstückes soll in einer halben Umdrehung der Spindel geschehen sein. Es wird also für einen gegebenen Vorschub der Außendurchmesser der Spindel bestimmt aus:

α = Steigungswinkel,
d = Durchmesser (mittlerer),
a = notwendiger Vorschub.

Steigung: $$\operatorname{tg}\alpha = \frac{2a}{d\pi}$$

$$d = \frac{2a}{\pi \cdot \operatorname{tg}\alpha}.$$

Abb. 40.

Wenn die Spannung selbsthemmend, ist $\alpha = 6^0$,

$$\operatorname{tg}\alpha = 0{,}1,$$

$$d = \frac{2a}{0{,}1\,\pi} = \frac{20a}{\pi}.$$

Alle Schrauben müssen mit der rechten Hand durch Rechtsdrehung oder bei der Lage auf der linken Seite der Vorrichtung mit der linken Hand durch Linksdrehung angezogen werden. Es ist also je nach der Lage des Handgriffes und der Mechanik des Spannorganes (Zug- oder Druckschraube) eine Schraube mit Rechts- oder Linksgewinde vorzusehen.

Abb. 27, 41, 42. Die Schrauben werden am meisten von allen spanndruckerregenden Organen für direkte Spannung verwendet, d. h. die

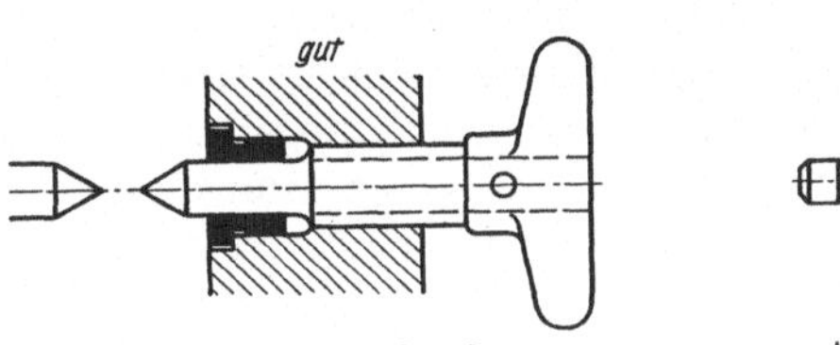

Abb. 41. Körnerschraube.

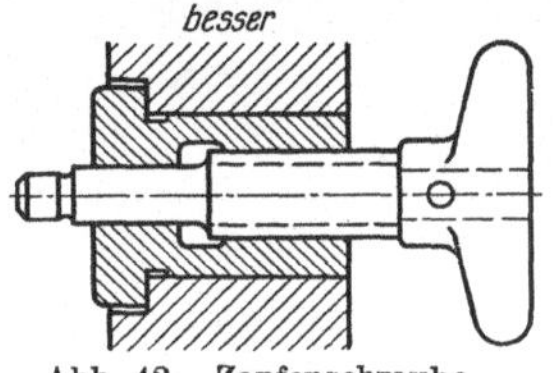

Abb. 42. Zapfenschraube.

Druckkraft der Schraube wird ohne Zwischenorgane auf das Werkstück übertragen.

Abb. 41, 42. Es ist zu beachten, daß ein Gewinde niemals genau zentrisch eingeschraubt werden kann, da die Herstellungstoleranzen zwischen Bolzen und Mutter sich auf Steigung, Durchmesser und Flankenwinkel verschiedenartig verteilen. Soll nun eine Schraube zen-

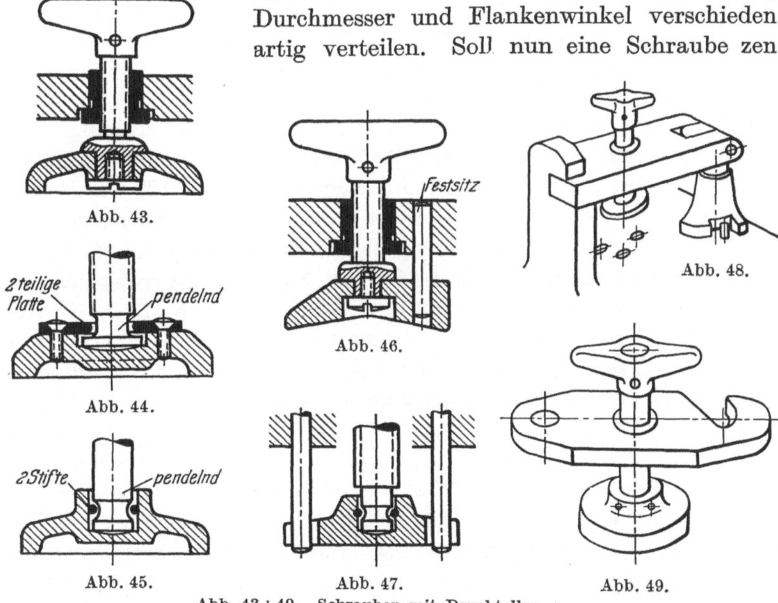

Abb. 43. Abb. 44. Abb. 45. Abb. 46. Abb. 47. Abb. 48. Abb. 49.

Abb. 43÷49. Schrauben mit Druckteller.

trisch bewegt werden (wenn der Ansatz derselben zentrieren soll), ist ihr durch einen geschliffenen, in einer Büchse geführten Zapfen die zentrische Führung zu sichern.

Abb. 43÷49. Die meist benutzte Anordnung der Schraube ist die mit pendelnd angehängtem Druckteller, der entweder mit Stiften oder Beilegering, am besten aber mit Zapfen und Schraube, wie die Abb. 43 zeigt, auszubilden ist. Darf die Platte eine Drehung auf das Werkstück nicht übertragen, d. h. besteht Gefahr, durch diese Drehung das Werkstück vom Anschlag wegzudrücken, ist sie durch 1 oder 2 Stifte oder eine sonstige Führung nach Abb. 46, 47 zu sichern. Diese Sicherung findet vorwiegend bei Platten mit einer dem Werkstück angepaßten Sonderform Anwendung.

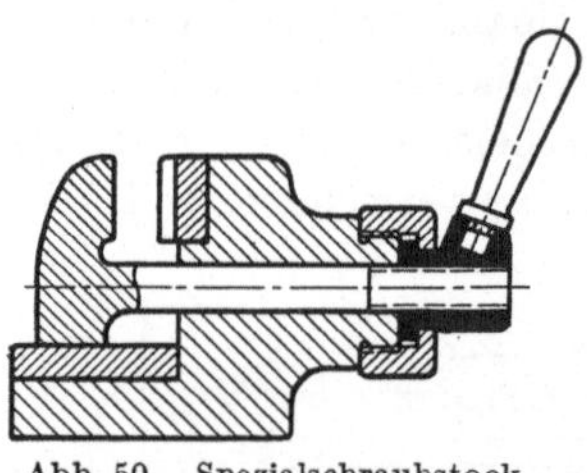

Abb. 50. Spezialschraubstock.

Exzenterspannung. Abb. 51÷66. Der Exzenter Abb. 51 stellt im Prinzip einen auf einem Kreisumfang aufgewickelten „Doppelkeil" dar, dessen Höhe gleich der Mittenentfernung von Lager- und Exzenterzapfenmitte, der „Exzentrizität", des ganzen Elementes ist. Er eignet sich zum Festspannen gut, weil durch eine Viertelkreisdrehung des Hebels eine maximale Spannung erreicht wird.

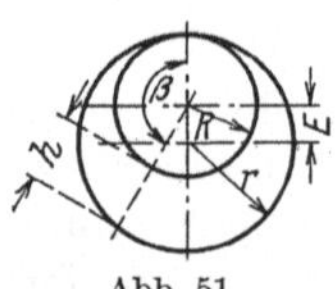

Abb. 51.

Der Exzenter soll in jeder Lage, zum mindesten aber noch kurz vor der Endspannstellung bei maximalem Werkstück selbsthemmend sein, d. h. er soll sich in dieser Lage bei kleineren Erschütterungen oder größeren Drücken nicht von selbst lösen. Außerdem muß für den Exzenter noch eine Anzugsmöglichkeit bestehen, d. h. er muß auch noch Werkstücke mit einer gewissen Minustoleranz spannen können; oder mit anderen Worten: Der Zweck des Exzenters ist erreicht, wenn die Exzentrizität im Verhältnis zum Exzenterdurchmesser klein genug ist, um selbsthemmend zu wirken.

Nennt man nach Abb. 52 I—IV die Exzentrizität $= E$, den Exzenterdurchmesser $= D$, so stellt uns der Quotient $E : D$ die Charakteristik des Exzenters dar. Bei konstantem Verhältnis $E : D = k$ ergeben sich Exzenter, deren Arbeitsweise gleich ist, d. h. es treten annähernd gleiche Kräfte- und Reibungsverhältnisse auf.

Der Exzenter ist immer, d. h. in jeder Lage, selbsthemmend, wenn $E : D = k = 0{,}12$ ist. Treten bei der Bearbeitung keine oder nur sehr kleine Erschütterungen auf, kann der Quotient $E : D$ den Wert 0,2 erreichen, da die Reibung in der Ruhe bedeutend größer ist. Bei der Berechnung der Tabelle wurde der reziproke Wert $D : E$ zugrunde gelegt.

Wenn mit dem Exzenter ein Werkstück mit maximaler Toleranz, also größtmöglicher Abmessung, gespannt wird, muß der Nachzug s in der selbsthemmenden Spannstellung noch mindestens gleich, besser noch um die Hälfte größer als die gesamte Toleranz sein, damit beim

Spannen des Werkstückes mit den minimalen Abmessungen der Exzenter nicht überschnappt und noch gut spannt.

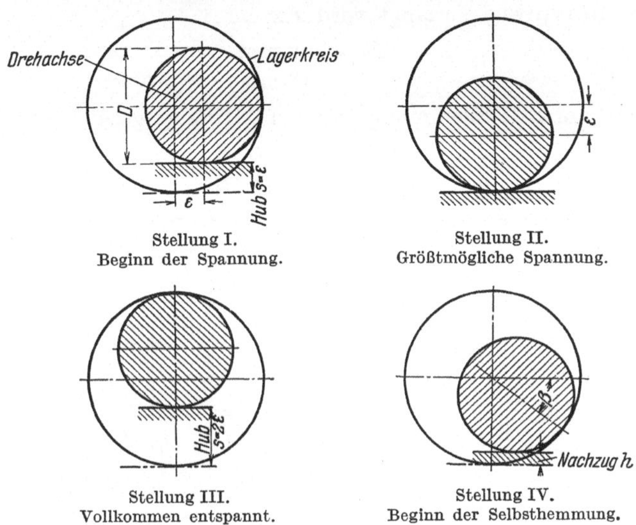

Abb. 52. Stellung I—IV Exzenterschemata.

Der Winkel, in dem die Selbsthemmung eintritt, sowie der in Spannstellung noch vorhandene Nachzug kann aus der Tabelle 1 (S. 16) abgelesen werden.

Erklärung und Anwendung der Tabelle zum Bestimmen selbsthemmender Exzenter.

Die Tabelle zeigt die Eigenschaften der Spannexzenter in bezug auf Selbsthemmung und gibt über das Verhalten und den gegenseitigen Zusammenhang folgender Abmessungen Aufschluß:

E = Exzentrizität in Millimeter;

D = Durchmesser des Exzenters in Millimeter;

s = Hub des Exzenters beim jeweiligen Drehwinkel β in Millimeter;

h = Nachzug (vom Selbsthemmungsbeginn des Exzenters an bis zu s in Millimeter);

β = Drehwinkel des Exzenters (Schwenkung des Handgriffes).

Die übrigen Abmessungen ergeben sich aus Abb. 52 I—IV.

Die Genauigkeit der Ablesung beträgt bei den Größen E, D, s und h 0,03÷0,05 mm. Der Winkel β kann bis auf 30′ genau bestimmt werden.

Übersteigen die Abmessungen der Exzenter die in der Tabelle angegebenen Werte, so werden D, E, s und h mit derselben Zahl verkleinert, denn ein Exzenter im kleineren Maßstab verhält sich in bezug auf Selbsthemmung (Winkel β) genau gleich wie der größere Exzenter.

Zum Beispiel. Verlangt wird Exzenter

$$D = 160 \text{ mm}$$
$$E = 12 \text{ mm},$$

untersucht auf Selbsthemmung usw.; mit Hilfe aufgezeichneter Kurven

$$D = 80 = 160 : 2$$
$$E = 6 = 12 : 2 .$$

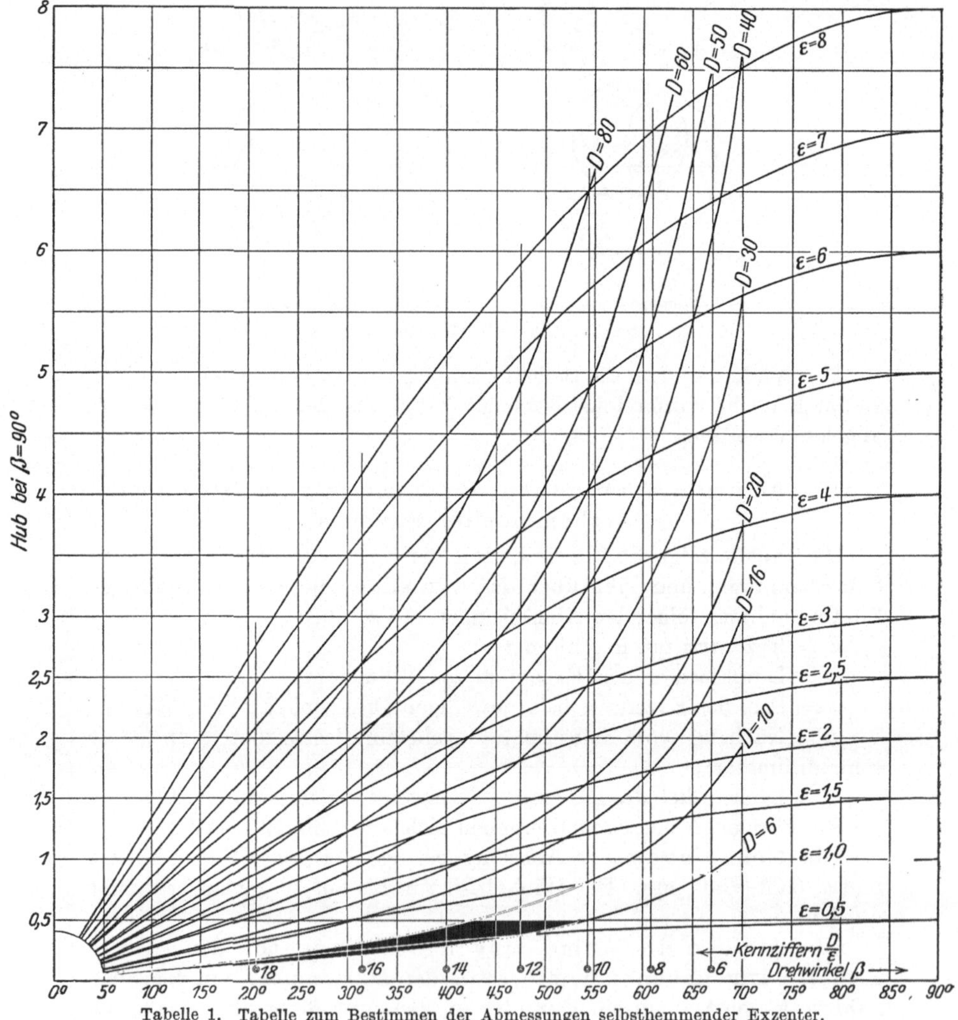

Tabelle 1. Tabelle zum Bestimmen der Abmessungen selbsthemmender Exzenter.

Der Reibungswinkel γ wurde mit $5^0\,43'$ angenommen.

Der Drehwinkel β umfaßt auf der Tabelle 90^0, was einer Bewegung des Exzenters aus Stellung I nach Stellung II Abb. 52 entspricht. Bei einer Weiterbewegung kehren dieselben Verhältnisse wieder. Die für die Selbsthemmung gefährliche Stellung ist die Nr. I, die deshalb als „Nullstellung" bezeichnet werden soll. Der Hub s ist von dieser Lage bis zur Spannstellung gleich der Exzentrizität E.

Der Nachzug h ist die Bewegungsmöglichkeit, die von Beginn der selbsthemmenden Spannung ab bis zur Stellung II (größtmöglicher Spannung) übrigbleibt. Er muß so groß sein, daß alle vorkommenden Werkstücktoleranzen ausgeglichen werden können und der Exzenter nicht überschnappt. Deshalb ist bei jeder Ablesung der Nachzug festzustellen und mit der Werkstücktoleranz zu vergleichen.

Das Verhältnis $\frac{D}{E} = \frac{\text{Exzenterdurchmesser}}{\text{Exzentrizität}}$ ist für jeden Exzenter charakteristisch und bestimmend für das Eintreten der Selbsthemmung. Deswegen ist in der Tabelle der Drehwinkel in Abhängigkeit von $\frac{D}{E}$ angegeben. Die $\frac{D}{E}$-Zahlen sind als Ordinaten eingetragen und dienen zur Interpolation, d. h. zum Bestimmen von Zwischengrößen.

Der Schnittpunkt der D- und E-Kurven irgendeines Exzenters mit einem bestimmten Verhältnis $\frac{D}{E}$ liegt auf der Ordinate, mit deren Kennziffer E vervielfacht werden muß, damit $\frac{D}{E}$ seinen bestimmten Wert erhält, d. h. man bestimmt, wievielmal größer D als E beim zu untersuchenden Exzenter ist, sucht die Ordinate mit dieser Kennziffer und findet dann leicht die gesuchten Zwischenabmessungen durch Einzeichnen der Kurvenschnittpunkte oder durch Schätzen.

Selbsthemmend in jeder Stellung sind alle Exzenter, bei denen das Verhältnis $\frac{D}{E}$ gleich oder größer 20,2 ist, da bei diesen die auftretenden Kräfte immer einen Winkel bilden, der kleiner als der Reibungswinkel ist. Auf der Tafel ist der Eintritt der Selbsthemmung durch die Schnittpunkte der D- und E-Kurven gegeben. Der Winkel β gibt den Drehwinkel nach Stellung IV an, um den der Exzenter aus Stellung I gedreht werden muß, bis Selbsthemmung eintritt.

Beispiele.

1. Bestimmung des Drehwinkels β, von welchem ab Selbsthemmung des Exzenters eintritt.

Man suche zunächst eine zur Konstruktion brauchbare Exzentrizität E, ebenso einen Exzenterdurchmesser D.

Verfolgt man beide Kurven bis zu ihrem Schnittpunkt (ist eine der Kurven oder beide nicht eingezeichnet, dann Interpolation) und fällt das Lot auf die Abszisse, so trifft man dort auf den Winkel β, der die Stelle des Selbsthemmungsanfangs festlegt (Stellung IV Abb. 52).

Der Abstand des Kurvenschnittpunktes von der Abszisse ist gleich dem Hub s des Exzenters nach einem Drehwinkel von β^0.

Die Ergänzung dieses Hubes s bis zum maximalen Hub s gleich der Exzentrizität ist der Nachzug h des Exzenters.

Zahlenbeispiel. Es sei $E = 5$ mm gewählt und der Exzenterdurchmesser $= 40$ mm, Schnittpunkt der Kurven $E = 5$ mm und $D = 40$ mm, ergibt den Winkel $\beta = 60^0\,50'$. Von dieser Stellung ab hat der Exzenter Selbsthemmung, ferner einen Hub $s = 4{,}32$ mm verbraucht. Der Nachzug h beträgt $= 0{,}68$ mm. Die übrigen Abmessungen können ohne weiteres ermittelt werden.

2. Der Exzenter muß nach 40° Drehwinkel selbsthemmend sein.

Aufsuchen der Exzentrizität bzw. des Exzenterdurchmessers usw. Der Schnittpunkt der beiden Kurven (E und D) muß von der Ordinate des betreffenden Winkels β aus gegen den Nullpunkt der Tafel zu liegen.

Zahlenbeispiel. Die Exzentrizität E soll $= 1, 2, 3, 4$ mm usw. sein. Dann werden die kleinsten, gerade noch möglichen Exzenterdurchmesser 14, 27, 5, 42, 56 mm usw. Da diese Durchmesser aber genau die Grenzlage der Selbsthemmung darstellen, sei empfohlen, mit dem Exzenterdurchmesser höher zu gehen. Der Hub s bis zum Eintritt der Selbsthemmung ist die Lotlänge vom Schnittpunkt der E-Kurve mit der D-Kurve bis zur Abszisse.

Um den Nachzug h vom Anfang der Selbsthemmung, hier also von 40° an bis zum Endpunkt des Drehwinkels β (hier 50°) zu finden, geht man vom Kurvenschnittpunkt D—E aus auf einer Wagrechten nach rechts bis zum Schnittpunkt mit der Ordinate des betreffenden Endwinkels (hier bis zu der Ordinate des Winkels $= 50^0$).

Tabelle für $\frac{D}{E}$

beim Verhältnis $\frac{D}{E} =$	selbsthemmend vom Winkel β ab
20,2	vollständig 180°
20	Tafel-Null-Winkel $\beta = 0^0$
18	$\beta = 20^0\,45'$
16	$31^0\,32'$
14	$40^0\,10'$
12	$47^0\,38'$
10	$54^0\,27'$
8	$60^0\,50'$
6	$66^0\,56'$

Dieser neue Schnittpunkt und der Schnittpunkt der betreffenden Exzentrizitätskurve E (im Beispiel $E = 2$ mm angenommen) mit der β-Ordinate (50°) begrenzen auf der letzteren eine Strecke, die gleich der des Nachzuges h (im Maßstab 16,6 : 1) ist.

Also Ergebnis. Wenn $\beta = 40^0$ Selbsthemmungsanfang sein soll und $E = 2$ mm Verwendung findet, wird $D = 27{,}5$ mm ausgeführt mit $D = 30$ mm. Bis zur Selbsthemmung hat der Exzenter einen Hub von $s = 1{,}16$. Der Nachzug beträgt (von $\beta = 40$—50^0), $h = 0{,}36$ mm.

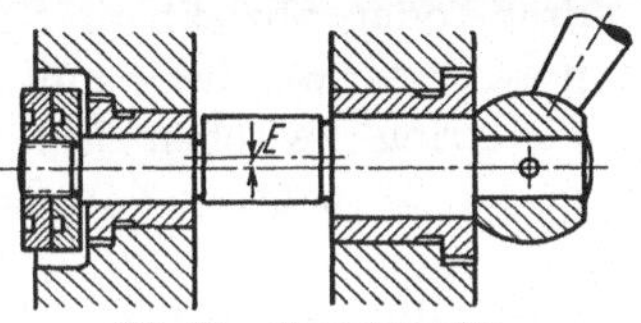

Abb. 53. Exzenterwelle.

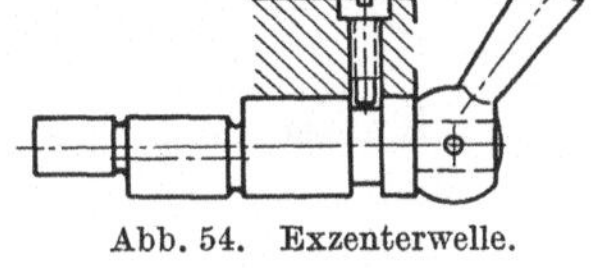
Abb. 54. Exzenterwelle.

Abb. 53, 54. Die wellenartige Ausbildung des Exzenters (Exzenterwelle) wird viel als Spannorgan verwendet. Er ist so zu konstruieren, daß er aus vollem Material, dem stärksten Durchmesser entsprechend, herausgearbeitet werden kann.

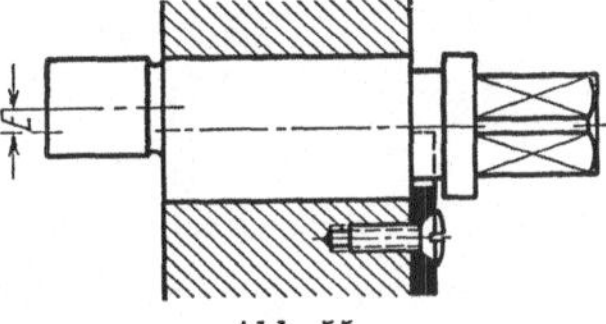

Abb. 55. Einseitig gelagerter Exzenter.

Abb. 55. Eine Abart obigen Exzenters mit nur einem gelagerten Zapfen. Wird vorwiegend mit Schieber eingebaut.

Abb. 56, 57. Ein Hebelexzenter wird vorteilhaft angewendet, wenn das Werkstück durch eine Hebelpratze gespannt wird und nach Lösen des Exzenters die Pratze ein Stück gehoben werden soll.

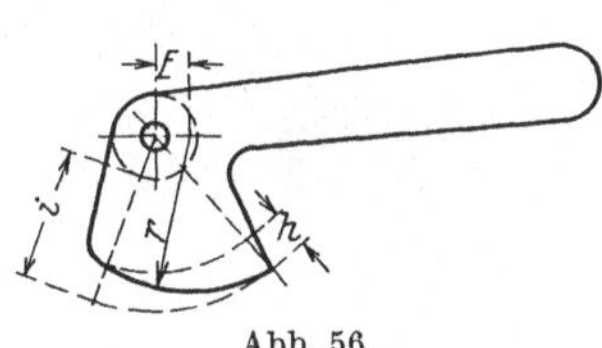

Abb. 56. Abgenommener Hebelexzenter.

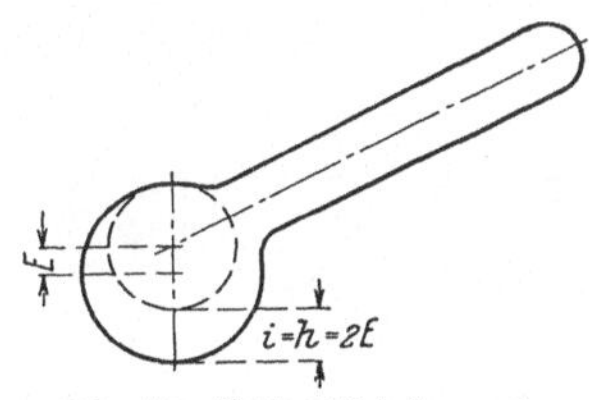

Abb. 57. Voller Hebelexzenter.

Abb. 57. Dieser Exzenterhebel wird angewendet bei Vorsteckerspannung oder irgendeiner anderen Zugbolzenspannung, wenn der Exzenterhebel im Gabelbolzen oder in einer Brücke gelagert ist (vgl. Abschnitt IV).

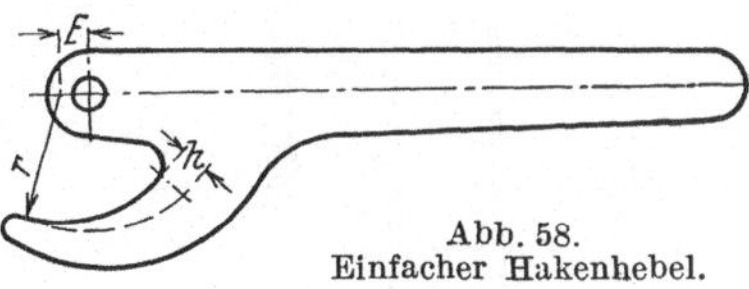

Abb. 58. Einfacher Hakenhebel.

Abb. 58, 59 zeigt den sogenannten Hakenhebel. Dieser findet vielfach Anwendung bei Bohrvorrichtungen und Fräsvorrichtungen, die mit Brücken oder Deckeln versehen sind. Der Hakenhebel kann in diesen Fällen als Verriegelungs- und auch als Spannorgan benutzt werden. Oft wird die Lagerstelle (das Auge) als Sonderexzenter ausgebildet und durch ihn eine indirekte Spannung betätigt (Abb. 59, 60).

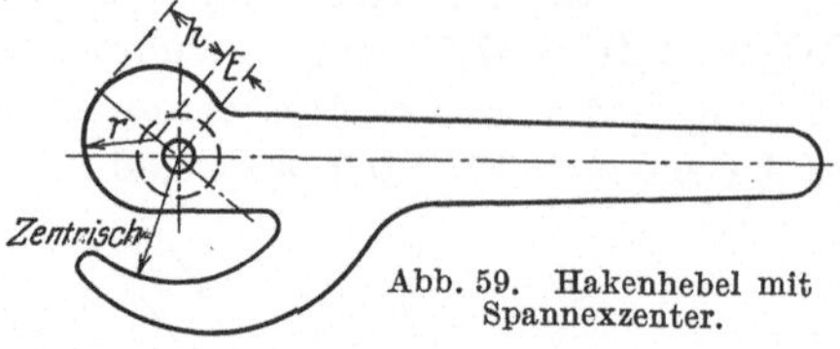

Abb. 59. Hakenhebel mit Spannexzenter.

Abb. 61. Wird in Verbindung mit einer Exzenterwelle eine dreh- oder abziehbare Spannpratze verwendet, muß ein Federring zwischen Exzenteransatz und Kulisse eingelegt werden, um ein Mitnehmen der Kulisse zu ermöglichen.

Das Kulissenstück muß das Spanneisen durch Ansätze, Federn oder Stifte in einer begrenzten Lage halten können. In Abb. 62 ist eine Exzenterverbindung dargestellt, bei der beim Entspannen das Druckstück durch einen Daumen selbsttätig zurückgezogen wird.

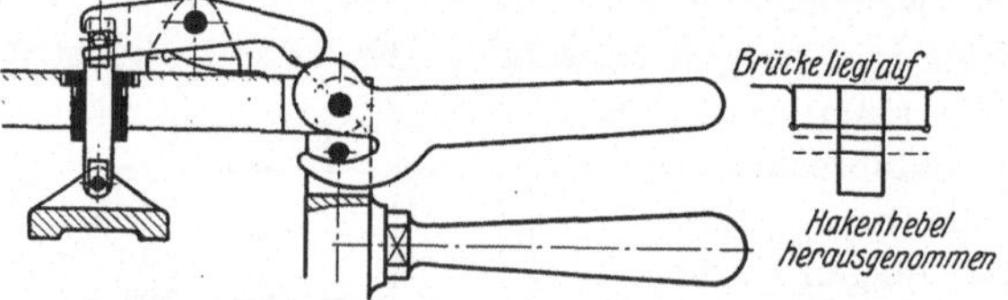

Abb. 60. Hakenhebel als Spann- und Verriegelungsorgan.

Allgemein gilt, daß für zwangläufiges Abheben der Spannstücke vom Werkstück genügend starke Federn oder sonstige selbsttätige zwangläufige Einrichtungen eingebaut werden müssen.

Abb. 63, 64. Soll ein Exzenter nach dem Lösen einen größeren Weg freigeben, kann er einseitig abgeflacht werden.

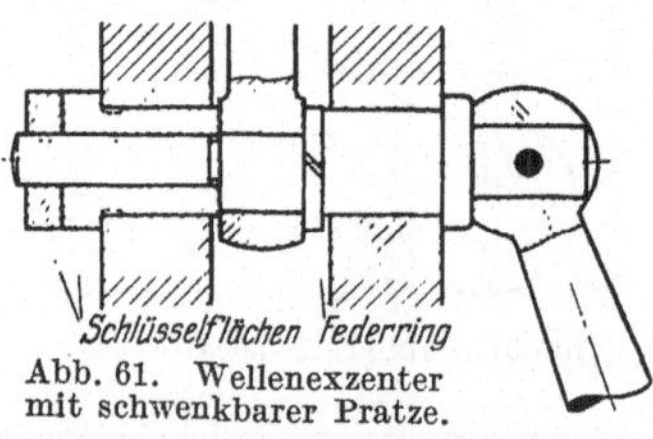

Abb. 61. Wellenexzenter mit schwenkbarer Pratze.

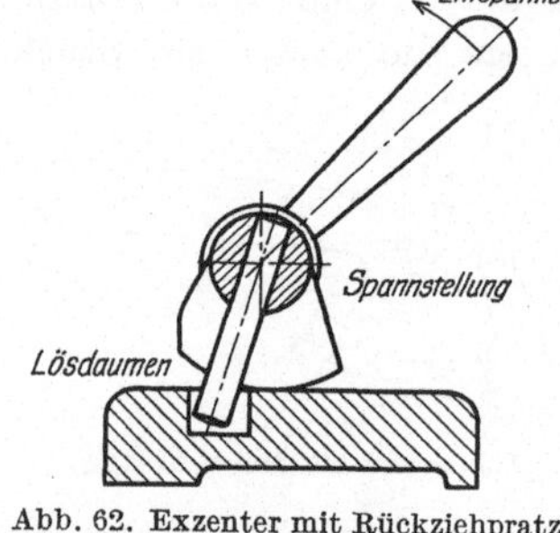

Abb. 62. Exzenter mit Rückziehpratze.

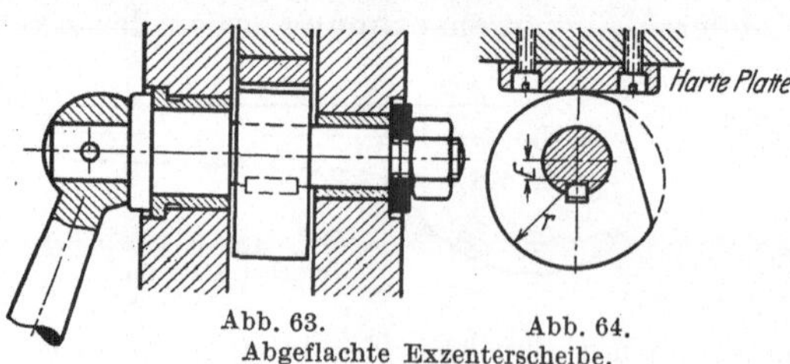

Abb. 63. Abb. 64.
Abgeflachte Exzenterscheibe.

Abb. 65. Vorteilhaft werden alle Exzenterspannungen mit Schrauben genau einstellbar konstruiert, da sonst bei evtl. auftretenden größeren Toleranzen keine Spannung des Werkstückes erfolgen kann.

Die Druckstücke und Exzenter sind entweder ganz im Einsatz zu härten (bei Hebelexzentern die Spannflächen), oder es werden in die Druckstücke oder die Unterlage harte Platten eingesetzt.

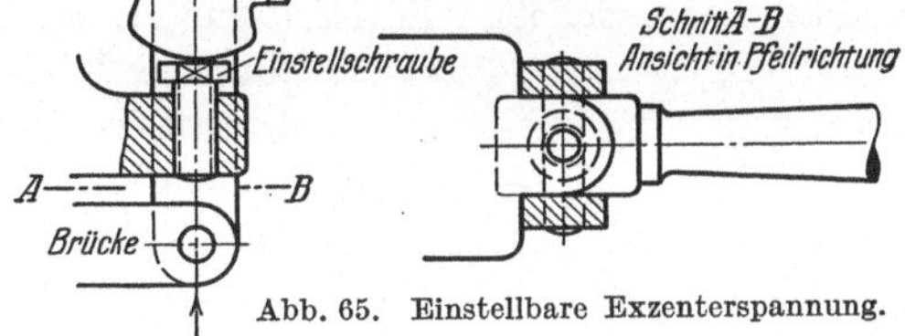

Abb. 65. Einstellbare Exzenterspannung.

Die Möglichkeiten der Bauweise der Exzenter geht aus den Abbildungen hervor.

Abb. 53 zeigt eine normale Konstruktion einer Exzenterwelle, der eigentliche Exzenter, der in der Mitte liegende Zapfen bewegt in der Regel eine Kulisse; die beiden Lagerstellen laufen in Büchsen. Alle laufenden und drückenden Flächen müssen gehärtet sein. Nach Abb. 56 sind die gebräuchlichsten Hebelexzenter zu bauen.

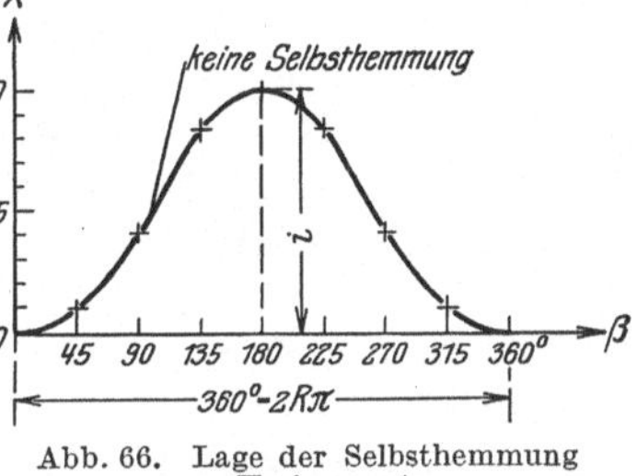

Abb. 66. Lage der Selbsthemmung am Kreisexzenter.

Bei allen Konstruktionen mit Exzenterspannung ist darauf zu achten, daß der beim Spannen entstehende Schub nicht auf das Werkstück übertragen wird, oder nur so, daß es dadurch gegen einen Anschlag oder eine Aufnahme gedrückt wird.

Abb. 66. Alle Kreisexzenter haben den Nachteil, daß sie, wie oben erwähnt, nicht in jeder Stellung selbsthemmend sind. Deshalb ist es vorteilhafter, bei Werkstücken mit großen Toleranzen und genügend freiem Konstruktionsraum „Kurvenexzenter" mit konstantem Keilwinkel zu bauen. Der Keilwinkel ist dann gleich dem Reibungswinkel (vgl. Kurvenspannung).

Kurvenspannungen. Abb. 67, 68. In einer Scheibe eingefräste Kurven können als gute Spannkrafterzeuger gewählt werden, wenn zwei oder mehr Druckstücke gleichmäßig zentrisch klemmen oder nach außen drücken sollen und der Rückzug der Druckstücke zwangläufig erfolgen muß.

Abb. 67 u. 68. Schlitzkurven.

Zum Verschieben der Riegel oder Druckstücke kann die Kurve mit starker Steigung beginnen, um mit gutem Übergang in eine schwache Steigung unter 6° zum Spannen des Werkstückes überzugehen.

Die Konstruktion der Kurvenscheibe erfolgt so, daß von der Endstellung des Druckstückes oder Riegels der Weg bis zum Berühren des

Werkstückes in Winkelgraden der Kurvenscheibe festgelegt und die Kurve so ausgezeichnet wird, daß pro Winkeleinheit eine gleichmäßige Steigung erfolgt.

Abb. 69, 70. Bei Drehfuttern wird die Kurve auf einem Zylindermantel aufgewickelt. Es ist dafür zu sorgen, daß die Kurvenscheibe oder der Kurvenring nicht überschnappt, d. h. überdreht werden kann und so ein Entspannen des Werkstückes verursacht. Die Verbindung der Riegel oder Druckstücke mit der Scheibe ist bei Schlitzkurven durch harte, geschliffene und abgeflachte Stifte oder bei größeren Abmessungen durch auf Stifte gesteckte harte und geschliffene Rollen herbeizuführen.

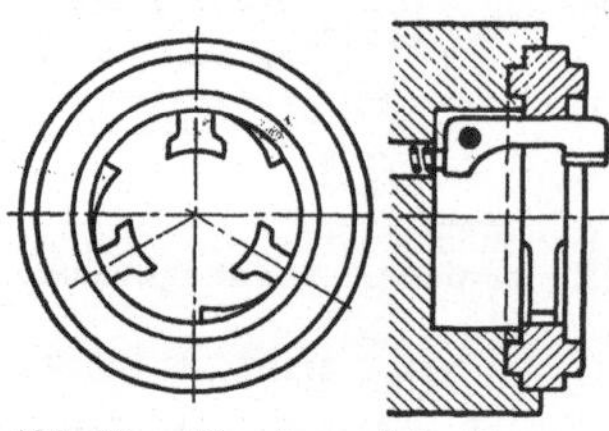

Abb. 69 u. 70. Angesetzte Kurven.

Bei einer Ausführung mit offener Kurve ohne zwangläufige Rückführung der Riegel sind Federn vorzusehen, die die Druckstücke oder Riegel immer an den Kurvenrand drücken. Oft werden Kurvenscheiben dazu benutzt, Riegel oder ähnliche Elemente zu spreizen, die durch ein zweites Spannorgan, meistens Schraube, auf das Werkstück gepreßt werden.

Auch noch weitere Verbindungen, z. B. mit Spreizringen oder Klemmhülsen, werden vielfach mit derartigen kurvenbetätigten Riegeln kombiniert.

Abb. 71. Scheibenkurven können genau wie Exzenterscheiben (Kreisexzenter) verwendet werden und zum Verschieben eines Spannungsübertragungsorgans dienen. Allgemein gelten für diese Ausführungen die Konstruktionsregeln der Exzenter mit dem Gegensatz, daß Scheibenkurven (Kurvenexzenter) in jeder Stellung selbsthemmend sind, die Steigung (Auszug der Scheibe) wird ebenso wie bei den Schlitzkurvenscheiben nach nachstehendem Prinzip konstruiert.

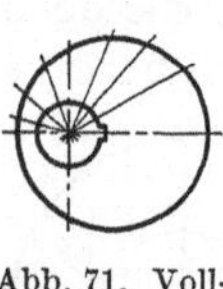

Abb. 71. Voll- oder Scheibenkurve.

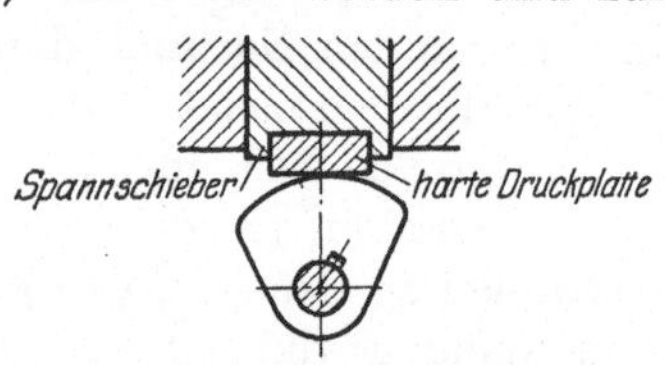

Abb. 72. Abgenommene Scheibenkurve.

Abb. 72. Sollen diese Scheibenkurven einen größeren Spannweg ermöglichen, können sie entweder einseitig abgeflacht oder mit verschiedenen Steigungswinkeln (vgl. oben) ausgeführt werden.

Abb. 73, 74. Die zur Konstruktion der Spannkurve nötigen Steigungselemente c bestimmen sich aus:

$$c = \frac{s \cdot \sin\left(\frac{\alpha}{2} + \beta\right)}{\sin\left[180 - \left(90 + \frac{\alpha}{2} + \frac{\alpha}{2} + \beta\right)\right]}, \quad \text{wobei} \quad s = 2\,R \cdot \sin\frac{\alpha}{2}$$

$$\text{oder}\quad c = \frac{2R \cdot \sin\frac{\alpha}{2}\sin\left(\frac{\alpha}{2}+\beta\right)}{\sin\left[180-\left(90+\frac{\alpha}{2}+\frac{\alpha}{2}+\beta\right)\right]}\qquad \begin{array}{l}\beta = 3^0\\ \alpha = 5^0\end{array}$$

$$c = \frac{2 \cdot 0{,}436 \cdot 0{,}958}{0{,}9833}\,R = 0{,}0084\,R\,.$$

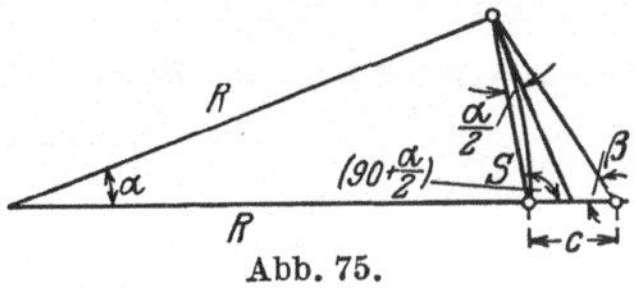

Abb. 75.

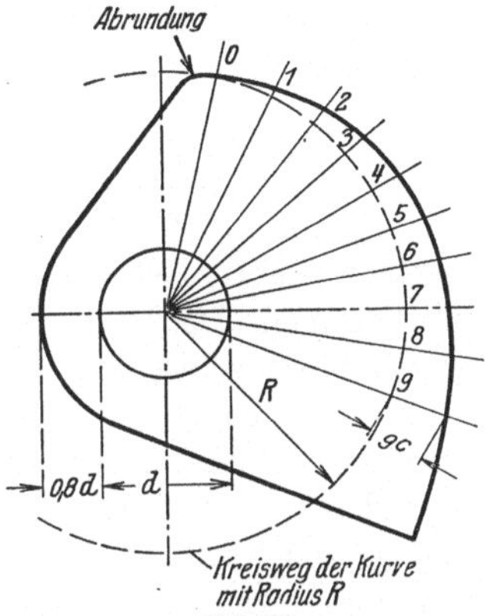

Abb. 73. 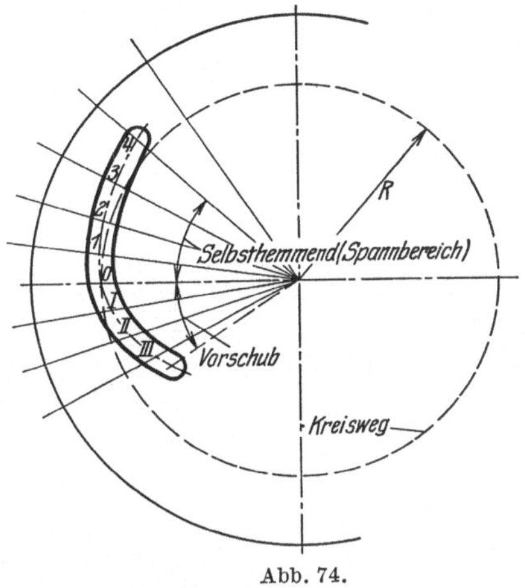 Abb. 74.

Konstruktionsschema der Voll- und Schlitzkurven.

Das Maß c wird auf alle Strahlen in gleichmäßiger Folge steigend radial aufgetragen, also auf Strahl $1 = 1\,c$, auf Strahl $2 = 2\,c$, auf Strahl $3 = 3 \cdot c$ usw.

Diese Scheibenkurven werden am besten auf die Welle aufgekeilt und gegen Abrutschen durch Stellring gesichert.

Bajonettspannung. Abb. 76÷79. An Stelle von Schraub- und Kurvenspannungen wird oft eine bajonettartige Ausbildung eines Spannbolzens, vorwiegend bei Vorrichtungen, die eine gedrängte Bauart brauchen, benutzt.

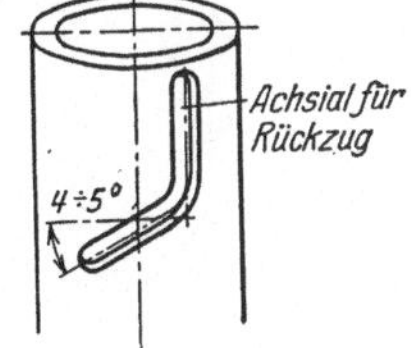

Abb. 76. Bajonettkurve.

Die Spannkurve ist in eine zylindrische Hülse so einzufräsen, daß der Spannbolzen zuerst ein Stück in Richtung der Achse bewegt wird, also zurückgezogen werden kann, und dann in kurzer Drehung das Werkstück spannt. Dieser gewindegangähnliche Schlitz muß mit einem Winkel unter 6° eingefräst werden, damit die Selbsthemmung des Spannorganes gesichert ist.

Der Spannbolzen ist immer mit 2 Bajonetten zu versehen, damit eine gleichmäßige Spannung gewährleistet wird.

Soll ein Zurückziehen des Spannorganes in Richtung der Spannachse vermieden und dieses sowie das Vorschieben des Organes bis zum Spannen nur durch Drehung erfolgen, muß der sonst axiale Schlitz als Schraubenschlitz ausgebildet werden. Bei besonders sorgfältiger Ausführung des Schlitzes und

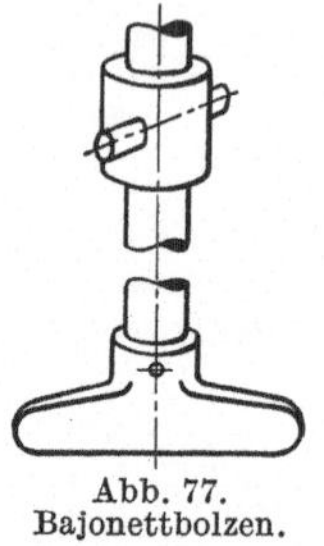

Abb. 77. Bajonettbolzen.

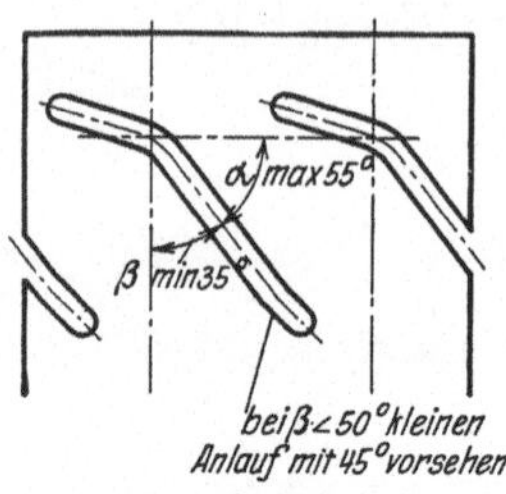

Abb. 78. Abwicklung der Bajonettkurve.

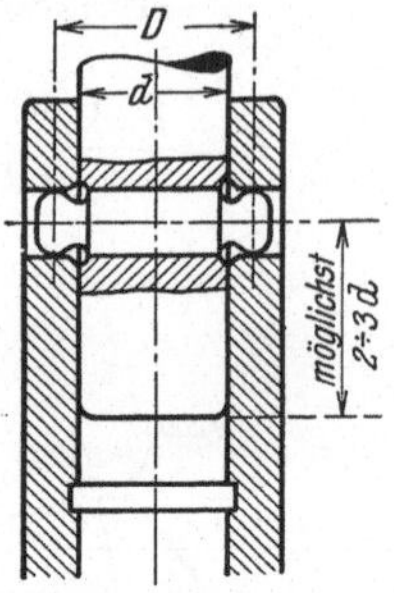

Abb. 79. Bajonettkurve für großen Steigungswinkel α.

einem mittleren Durchmesser D von mindestens 50 mm darf der Steigungswinkel α im Maximum 55 $\sphericalangle$ β im Minimum 35° betragen. Der Bajonettbolzen muß dann in der Hülse gut und lang geführt sein, sonst ist kein einwandfreies Arbeiten zu erwarten. Im allgemeinen sollen α und β den Wert 45° nicht über- bzw. unterschreiten, da bei zu kleinem $\sphericalangle$ α der Vorschub pro Umdrehung zu klein und bei zu kleinem $\sphericalangle$ β die Kraft zum Bewegen der Bajonetthülse zu groß wird.

Federspannung. Abb. 80÷92. Bei Werkstücken, die in den Vorrichtungen keinen allzu großen Bearbeitungskräften ausgesetzt sind

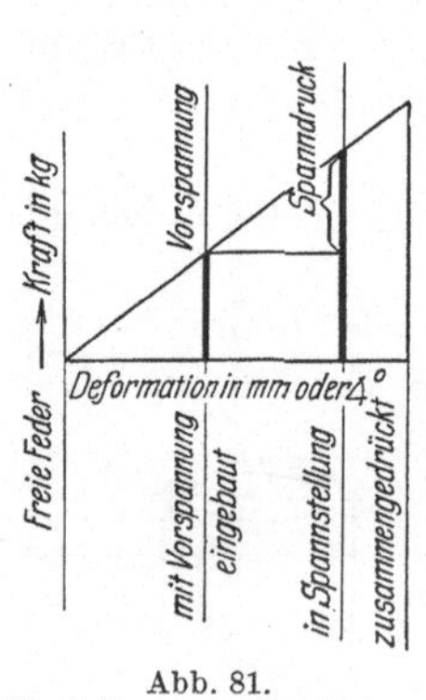

Abb. 81. Kraftdiagramm der Feder.

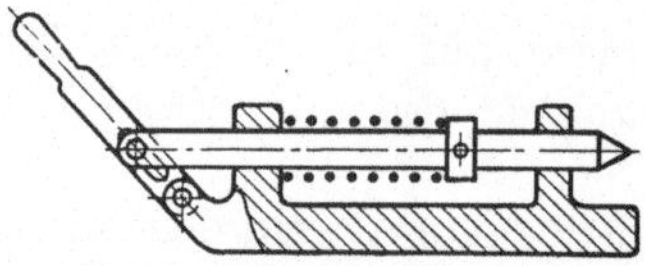

Abb. 80. Feder mit Körnerspitze, Hebellüftung.

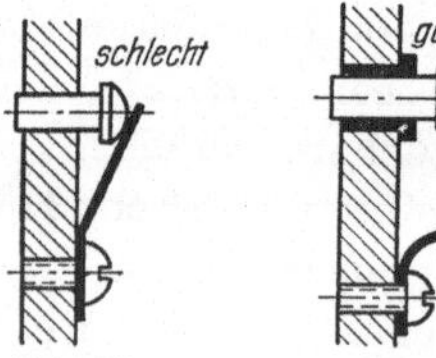

Abb. 82. Abb. 83. Blattfedern mit Bolzen.

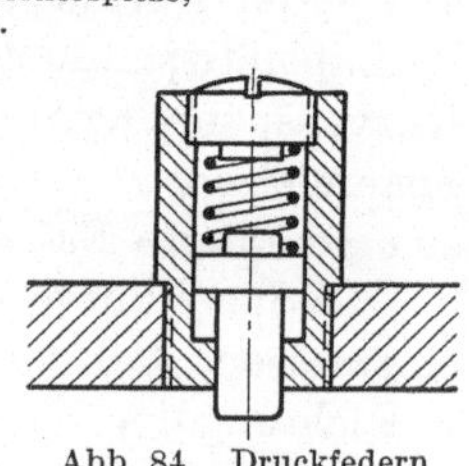

Abb. 84. Druckfedern mit Bolzen.

(kleine Arbeitsgänge) oder bei denen die erforderliche Genauigkeit in Toleranzen von größer als ± 0,1 liegen, kann der Spanndruck vorteilhaft durch eine Feder erzeugt werden, besteht jedoch die Gefahr, daß das Werkstück durch den Bearbeitungsdruck verschoben wird, und soll trotzdem eine Federspannung vorgesehen werden, kann diese durch geeignete Riegelorgane festgestellt werden.

Es ist zu beachten, daß jede Feder genügend weich ist, also gut durchfedert, aber doch die nötige Festigkeit hat, um genügenden Spanndruck abzugeben. Zugfedern sind möglichst zu vermeiden. Es sind entweder Druckfedern mit Büchsen und Bolzen einzubauen oder

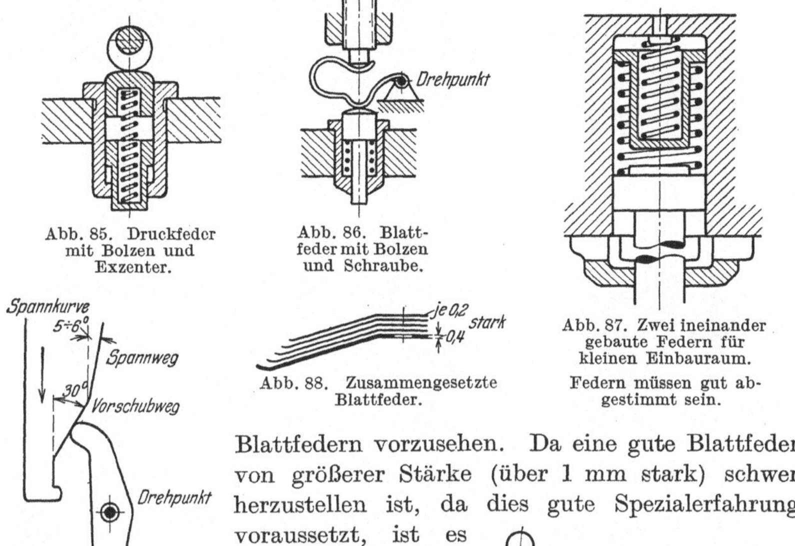

Abb. 85. Druckfeder mit Bolzen und Exzenter.

Abb. 86. Blattfeder mit Bolzen und Schraube.

Abb. 87. Zwei ineinander gebaute Federn für kleinen Einbauraum. Federn müssen gut abgestimmt sein.

Abb. 88. Zusammengesetzte Blattfeder.

Abb. 89. Federnder Spannhebel mit Kurve.

Blattfedern vorzusehen. Da eine gute Blattfeder von größerer Stärke (über 1 mm stark) schwer herzustellen ist, da dies gute Spezialerfahrung voraussetzt, ist es vorteilhaft, mehrere schwache Federn zu einem Federpaket zu vereinigen. Man erhält so eine weiche Feder von guter Spannkraft (Abb. 88).

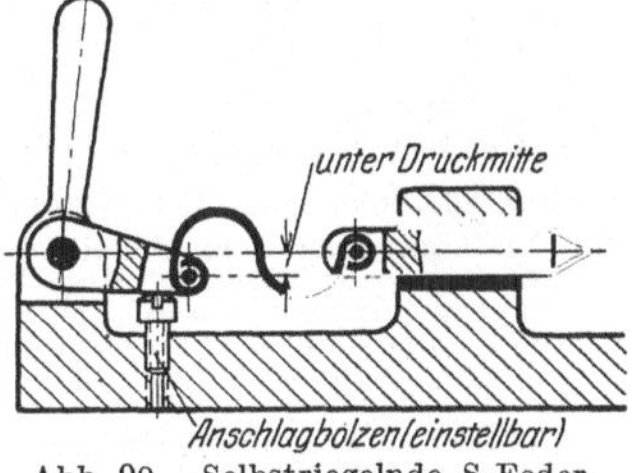

Abb. 90. Selbstriegelnde S-Federspannung mit Körner.

Abb. 80. Zum Lüften der Federspannung sind geeignete Hebel, Exzenter oder ähnliche Organe vorzusehen.

Abb. 85, 86, 89, 90. Da die durch eine Feder abgegebenen Kräfte den Deformationen (Verkürzungen bei Druckfedern und Biegewinkel bei Blattfedern) direkt proportional sind, ist die Mechanik der Feder aus dem Diagramm (Abb. 81) eindeutig zu ersehen. Die Federn sind so einzubauen, daß der Spanndruck nachreguliert werden kann, d. h. es sind entsprechende Schrauben auszubilden, damit beim Erschlaffen der Feder ein Weiterarbeiten durch Nachstellen möglich ist.

Vielfach werden die Federn ohne Vorspannung eingebaut und die nötige Deformation zur Erzielung des genügend großen Spanndruckes durch geeignete Anzugselemente, wie Keile, Kegel, Schrauben, Kurven oder Exzenter, herbeigeführt. Die Feder ist dann als Ausgleicheorgan für die Werkstücktoleranzen gedacht. Sie kann in solchen Fällen, wenn das Werkstück genügend große Spannung verträgt, kräftig gehalten werden. Weiterhin werden Durchfederungen (Deformation) von Übertragungsorganen, z. B. Knaggen, Klinken, Hebeln, benutzt, um durckausgleichende oder spanndruckerzeugende Funktionen zu übernehmen (vgl. auch Mehrfachspannung).

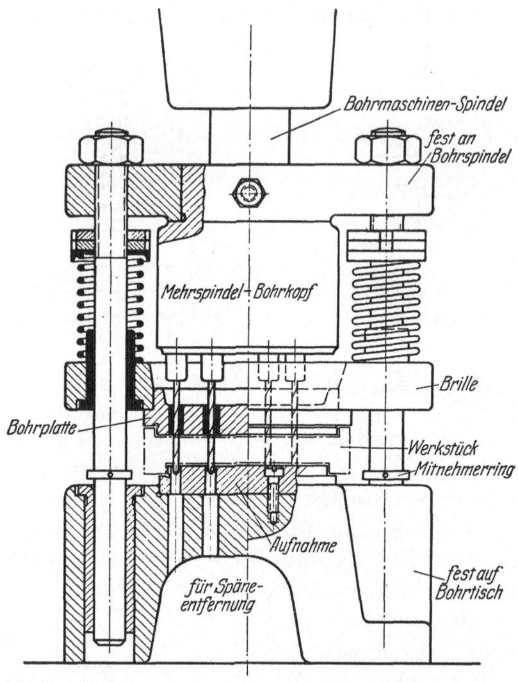

Abb. 91. Anordnung einer Federspannung am Bohrspindelkopf. Beim Niedergang der Bohrspindel legt sich die Bohrplatte auf das Werkstück, die Mitnehmerringe lassen die Brille frei und der Federdruck spannt, ehe die Bohrer angreifen. Beim Hochgehen der Spindel heben die Mitnehmer die Brille vom Werkstück ab.

Abb. 91 zeigt eine gute Verwendung der Federspannung in Verbindung mit der Bohrspindel. Diese Konstruktion ist sehr vorteilhaft, da ein besonderes Einspannen des Werkstückes fortfällt.

Abb. 92. Verdrehfeder für linksdrehende Beanspruchung.

Abb. 92. Eine Verdrehfeder aus Flachstahl ist gut für leichte Dreharbeit an Hohlkörpern zu verwenden. Durch Drehen am Ring R wird die Feder vom Werkstück abgehoben, während sie sich bei der Dreharbeit selbst immer fester an das Werkstück anpreßt. Es ist auf richtigen Wickelsinn der Feder je nach Drehrichtung der Maschine zu achten (vgl. Abb. 662 unter Abschnitt IV).

Preßluftspannung. Abb. 93÷98. Zum Erzeugen des Spanndruckes kann mit Vorteil Preßluft angewendet werden, da sie ein äußerst elastisches Spannen in kurzen Zeiten ermöglicht, also ähnlich wie eine

Feder arbeitet. Die Konstruktion dieser Spanneinrichtungen richtet sich naturgemäß nach der Größe der vorhandenen Preßluftanlage und den zur Verfügung stehenden Drücken. In Betrieben, in denen Preßluft nur zum Ausblasen (1,5÷2 Atm.) und nicht für Arbeitszwecke ver-

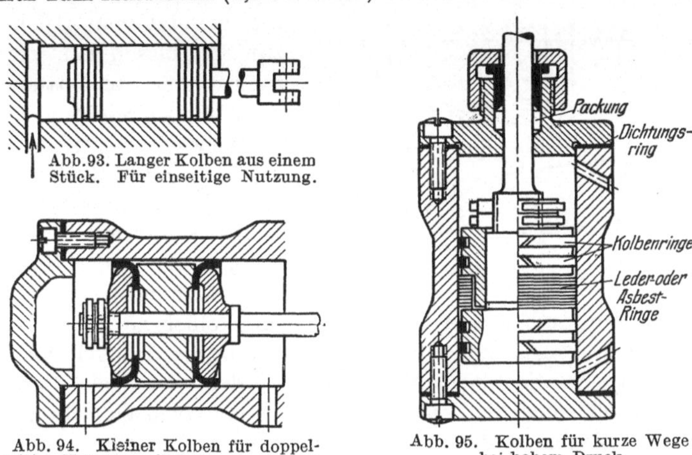

Abb. 93. Langer Kolben aus einem Stück. Für einseitige Nutzung.

Abb. 94. Kleiner Kolben für doppelseitige Nutzung mit Ledermanschetten

Abb. 95. Kolben für kurze Wege bei hohem Druck.

wendet ist, ist es ratsam, nur solche Vorrichtungen mit Preßluftspannung auszurüsten, die keine großen Arbeitsdrücke auszuhalten haben, da sonst die Druckkolben zu große und unhandliche Abmessungen erhalten. Auch für größere Dreharbeiten sind diese Spannungen nicht geeignet, hingegen haben sie sich bei Schleiffuttern gut bewährt.

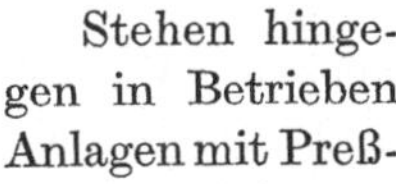

Stehen hingegen in Betrieben Anlagen mit Preßluft von 5 Atm. zur Verfügung, ist es möglich, diese in weiterem Maße zum Spannen heranzuziehen. Vorteilhaft sind Preßluftspannungen vor allen Dingen dann, wenn ein Werkstück von verschiedenen Seiten oder mehrere Stücke gleichzeitig gespannt werden sollen. Es sind dann je nach Anordnung 2 oder 3, auch 4 Spannstellen zu einer Gruppe durch Zwischenschalten druckausgleichender Elemente zusammenzufassen, die durch je einen Kolben betätigt werden.

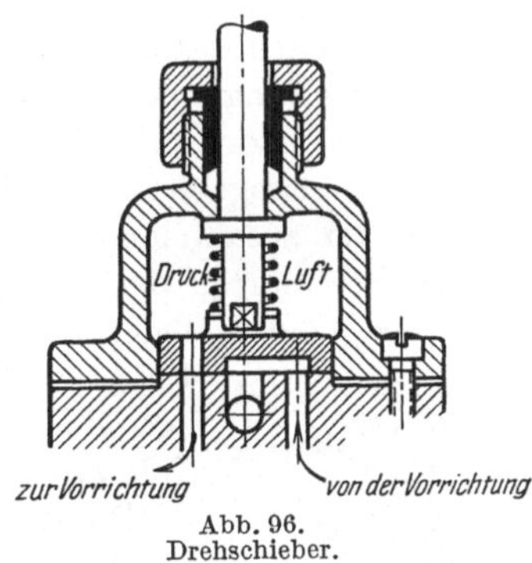

Abb. 96. Drehschieber.

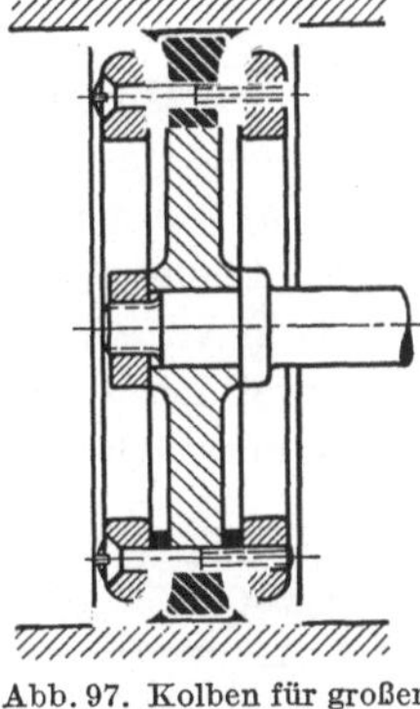

Abb. 97. Kolben für großen Durchmesser und kurze Baulänge.

Die Luftzuführungen werden dann zu einem zentralen Schaltorgan geführt, das die Preßluft gleichmäßig und gleichzeitig auf alle vorhandenen Kolben verteilt und beim Entspannen für gleichzeitiges schnelles Zurückziehen der Spannorgane sorgt. Die frei werdende Preßluft benützt man gleichzeitig zum Ausblasen der Vorrichtung, um sie von Spänen und Schmutz zu reinigen.

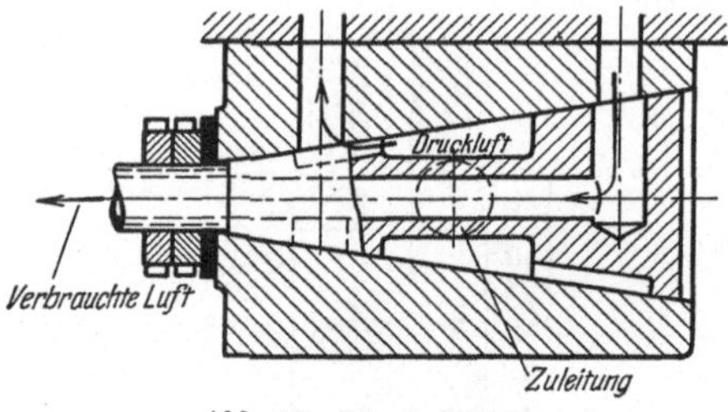

Abb. 98. Kegelschieber.

Sehr wirtschaftlich arbeiten die Preßluftfutter, wenn das Schaltorgan mit dem Maschinenschlitten verbunden wird, so daß jeder Handgriff zum Spannen wegfällt.

Um ein einwandfreies Arbeiten der Spannkolben zu gewährleisten, muß vor allen Dingen auf eine genaue Ausführung des Zylinders und Kolbens sowie des Schaltorganes gesehen werden. Die Kolbenlänge ist möglichst groß zu wählen, es müssen Dichtungsrillen eingedreht sein, Kolben und Zylinder sind zu schleifen. Beim Schaltorgan sind die Sitz- und Dichtflächen entweder des Schiebers oder Ventiles einzuschaben oder zu schleifen. Wenn aus konstruktiven Gründen die Länge des Kolbens kleiner als 2 × Durchmesser sein muß, ist der Kolben mit federnden Kolbenringen und Dichtung auszuführen (Asbest oder Leder), auch Ledermanschetten haben sich bewährt.

Das in Abb. 96 dargestellte Ventil hat den Nachteil, daß für jede Kolbenseite je eine Zu- und Ableitung notwendig ist.

Aufnahmespannungen. Aufnahmeorgane, wie Bolzen, Hülsen oder Ringe, können als Spannorgane ausgebildet werden, wenn sie mit Schlitzen versehen, gespreizt oder zusammengezogen werden.

Angewendet werden diese Spannarten bei Aufnahmen am Umfang des Werkstückes (runde oder gleichmäßige Querschnitte) oder bei Bohrungsaufnahmen, wenn die betreffenden Maße in engeren Toleranzen liegen.

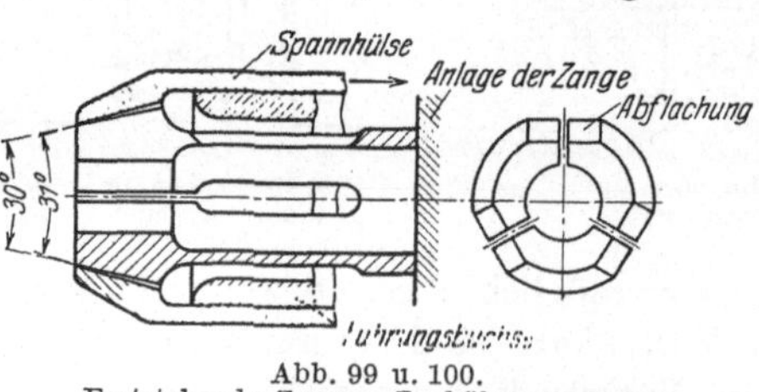

Abb. 99 u. 100.
Feststehende Zange. Zughülsenspannung.

Die Spannzange. Abb. 99 bis 108, Tabelle II. Die Spannzange, auch Spannpatrone genannt, stellt im Prinzip eine mehrfach geschlitzte Hülse dar, die an ihrer Außenform 1 oder 2 keglig gedrehte Stellen hat und durch Eindrücken in einen Hohlkegel sich dem in die Bohrung eingeführtem Werkstück anschmiegt.

Mit ihr können je nach Größe und Durchmesser profilgleiche Teile oder Stangen bis zu 1 mm Toleranz gespannt werden.

Die Werkstücke werden in der Spannung weder beschädigt noch deformiert (dünnwandige Teile, geschliffene Stangen oder Aluminiumkörper).

Die Spannung ist fest, so daß die Teile nicht durch das Werkzeug herausgerissen werden können.

Das eingespannte Werkstück läuft bei richtig konstruierter Zange gut rund.

Ein- und Ausrücken der Maschine fällt weg, Werkstücke können während des Laufens ein- und ausgespannt werden.

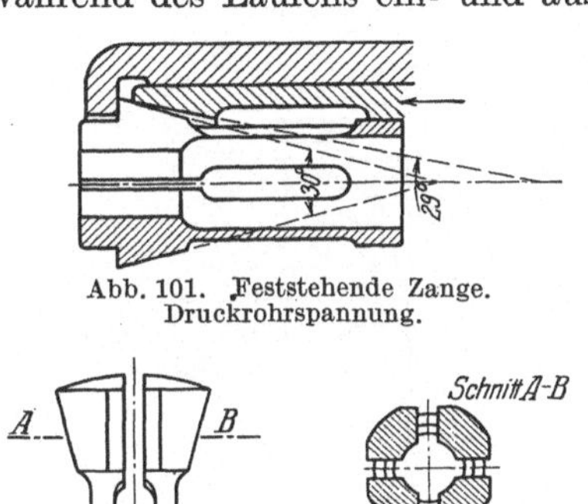

Abb. 101. Feststehende Zange. Druckrohrspannung.

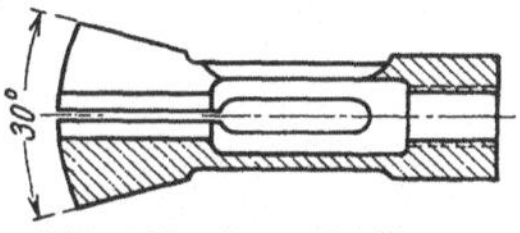

Abb. 102. Bewegte Zange. Zugstangenspannung.

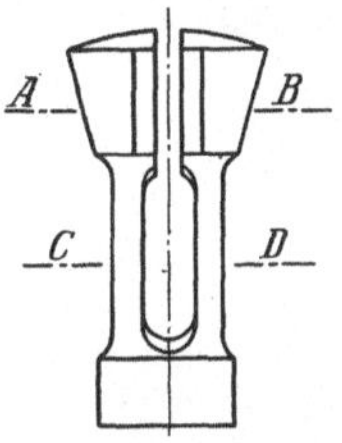

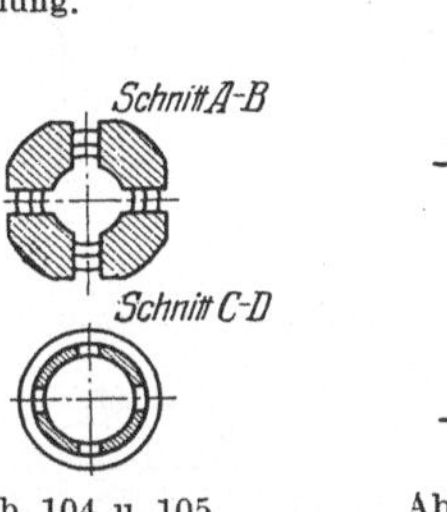

Abb. 103. Abb. 104 u. 105. Gut federnde Zange.

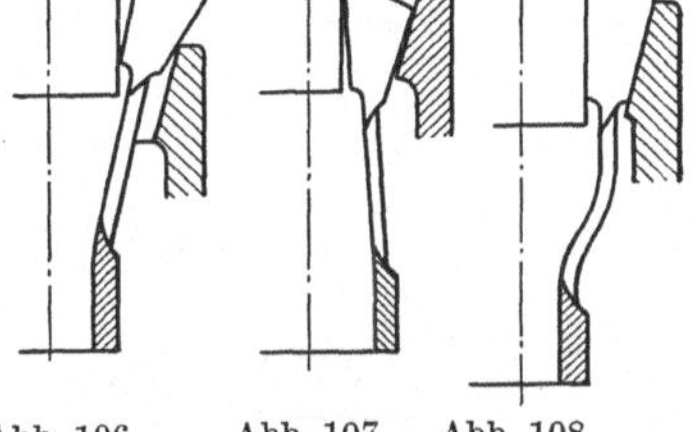

Abb. 106. Abb. 107. Abb. 108.

Abb. 106. Werkstück zu groß. — Zange sperrt.

Abb. 107. Werkstück zu klein. — Zange spannt nur mit Vorderkante.

Abb. 108. Gut federnde Zange nach Abb. 103, kann gut durchbuckeln und schmiegt sich dem Werkstück an.

Durch Anbringen der Knaggenspanneinrichtung an den Maschinen genügt zum Spannen der Werkstücke eine kleine und kurze Bewegung.

Abb. 109÷117. Die Konstruktion der Zangen unterscheidet sich je nach Art der Spannung und der Spannbewegung und richtet sich nach folgenden Bedingungen:

Ob Zug- oder Druckspannung vorhanden,
die Zange bewegt wird und die Spannhülse feststeht,
die Zange feststeht und die Spannhülse bewegt wird,
2 Spannstellen vorhanden sein müssen (doppelte Zange),
die Spannbewegung von hinten durchgehend (Knaggenspannung) oder von vorn (dem Werkstück zuliegend) gebraucht wird.

Abb. 99. Der Kegelwinkel der Zange beträgt immer 30°, der des Spannkegels (Dorn oder Hülse) 31 oder 29°, je nachdem auf Druck oder Zug, innen oder außen (siehe Spreizhülsen) gespannt wird. Die

Differenz von 1° zwischen Zangen- und Spannkegel soll bedingen, daß immer nur die vordere Kreislinie „arbeitet" und in Spannstellung der Kegel satt aufliegt.

Die Aufnahmebohrung oder der Aufnahmezapfen wird möglichst in schwach angespanntem Zustand der Zange in der Vorrichtung oder Futter, in dem sie verwendet werden soll, auf das normale Maß des Werkstückes geschliffen, so daß bei entspannter Zange immer ein leichtes Einführen oder Aufstecken des Werkstückes möglich ist (bei

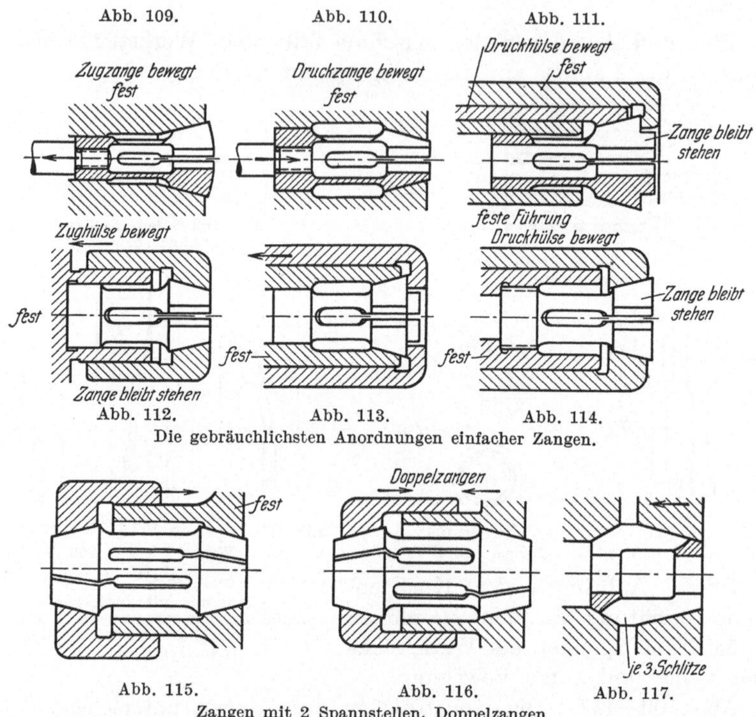

Abb. 109. Abb. 110. Abb. 111.

Abb. 112. Abb. 113. Abb. 114.

Die gebräuchlichsten Anordnungen einfacher Zangen.

Abb. 115. Abb. 116. Abb. 117.

Zangen mit 2 Spannstellen, Doppelzangen.

kleinen Toleranzen). Bei großen Toleranzen ist die Zange zu spreizen. Die scharfen Kanten an den Aufnahmen und allen gleitenden Flächen sind gut abzurunden. Scharfe Ecken sind zu vermeiden, da sonst Härterisse entstehen.

Abb. 118÷122. Die prinzipiellen Fehler sind aus den Bildern zu erkennen: Ungenügende Aussparung, falsche Lage der Schlitze, unrichtige Anzugskegel und zu starkes, nicht durchfederndes Material.

Alle Zangen sollen an den zylindrischen Führungsflächen, den Aufnahmen und Kegeln geschliffen werden, ebenso die Spannkegelträger (Dorn oder Hülse). Der Spannkegel soll nur durch Zug oder Druck bewegt auf dem Kegel der Zange gleiten. Es sind daher Zange und Spannkegel gegen Verdrehung zu sichern. Eine Spannung durch Überwurfmutter ist nur im Notfall anzuwenden.

Abb. 99. Damit die Berührungsfläche zwischen Zange und Spannkegel klein wird und sich die scharfen Kanten an den Schlitzen

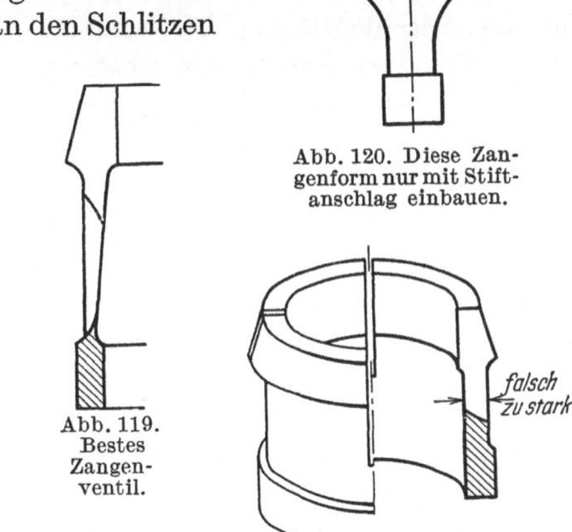

Abb. 120. Diese Zangenform nur mit Stiftanschlag einbauen.

Abb. 118. Kurze Zange mit großem Durchmesser.

Abb. 119. Bestes Zangenventil.

Abb. 121. Abb. 122.

Abb. 121 u. 122. Falsche Ausführungsformen.

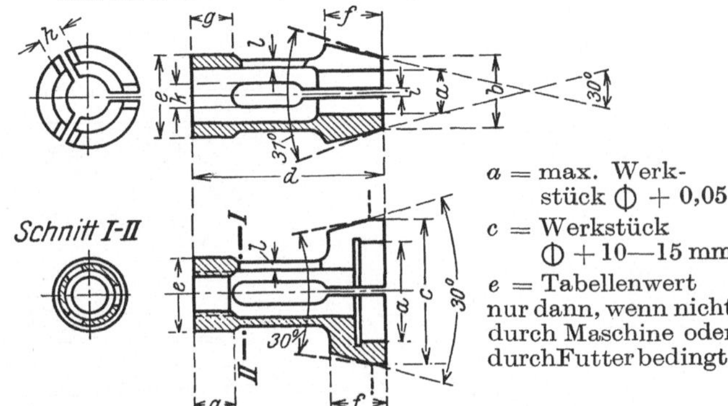

a = max. Werkstück ⌀ + 0,05
c = Werkstück ⌀ + 10—15 mm
e = Tabellenwert nur dann, wenn nicht durch Maschine oder durch Futter bedingt.

Abb. 123÷126. Maße der Zangen für Tabelle II.

Tabelle II. Richtmaße für Spannzangen für Vorrichtungen.

Spannbereich a	b	c	d	e	f	g	h	i	k	l	Schlitze
1—5	8	14	30	10	6,5	8	4	0,7	2,5 × 10	1,75	3
5—10	16	18	40	14	8	10	5	0,7	3 × 15	1,75	3
7—15	24	27	50	20	12	12	6	0,8	3,5 × 25	2,0	3
8—20	30	38	60	28	14	14	9	1,0	4,5 × 25	2,25	4
20—40	50	58	65	48	20	15	10	1,0	5 × 25	2,5	4
40—68	78	83	65	30	18	12	10	1,5	5 × 25	3,0	4
60—115	128	132	85	55	24	14	12	1,5	5 × 40	4,5	6
100—155	170	180	110	90	28	16	12	1,5	6 × 50	4,5	6

nicht in den Kegel des Spannorganes eindrücken, müssen die Zangen an den Schlitzen abgeflacht werden. Die Breite der Abflachung ist je nach Zangengröße 6÷10fach der Schlitzbreite zu wählen.

Für die Auswahl der Konstruktionsart von Zangen sind Form und Eigenart des Werkstückes, Art der Bearbeitung und vor allem die Lage der Anschlagflächen bestimmend. Da bei bewegten Zangen das Werkstück keinen konstanten Abstand vom Werkzeug einhalten kann, weil es immer etwas in Richtung der bewegten Zange mitgezogen oder gedrückt wird, müssen entweder die Werkstücke durch die Spannbewegung gegen feste Anschläge gedrückt oder gezogen werden (Abb. 109 und 110), oder die Zange ist feststehend anzuordnen und die Spannung durch bewegte Futterhülse oder durch eine besondere Spannhülse herbeizuführen.

Zangen mit Innenspannung (Kegeldorn) können immer feststehend gebaut werden. Es ist immer am vorteilhaftesten, wenn das Werkstück durch die Zangenbewegung gegen seinen Anschlag gedrückt werden kann.

Tabelle II gibt Richtmaße für Spannzangen für die Vorrichtungen.

Spreizhülsen und -ringe. Abb. 127—146. Die Spreizhülse ist eine Spannzange, mit der Werkstücke in der Bohrung aufgenommen und

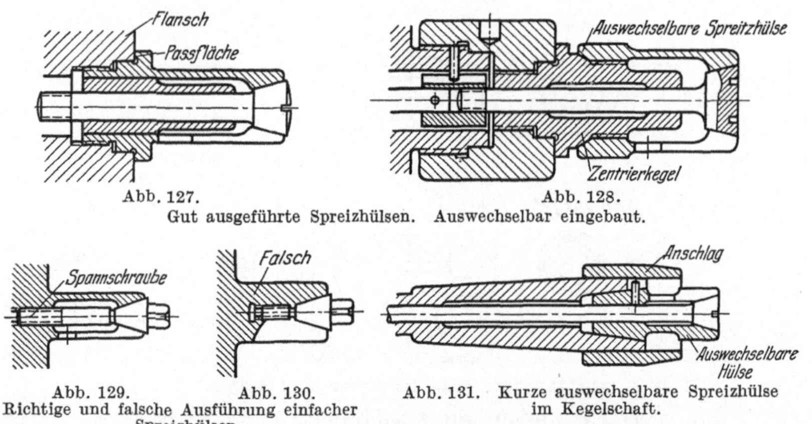

Abb. 127. Abb. 128.
Gut ausgeführte Spreizhülsen. Auswechselbar eingebaut.

Abb. 129. Abb. 130.
Richtige und falsche Ausführung einfacher Spreizhülsen.

Abb. 131. Kurze auswechselbare Spreizhülse im Kegelschaft.

gespannt werden. Man nennt sie auch vielfach Spreizdorn und expandierenden Dorn. Die Konstruktionsweise geht aus den Abbildungen hervor. Für genaue Arbeiten muß der Spanndorn (Kegeldorn) so lang als irgend möglich geführt sein. Das geschieht am besten durch eingepreßte Hülse nach Abb. 127. Die Länge des federnden Teiles der Hülse muß $\geqq 1{,}5D$ sein.

Abb. 129 zeigt eine einfache Spreizhülse mit Spannung durch Vierkantschraube und Kegel von vorn in richtiger Ausführung.

Abb. 130 ist eine falsche Ausführung obengenannter Form.

Abb. 131, 129. Meist wendet man die Spreizhülse mit Spindelschraubenspannung auf Drehbänken an. Die Spindel ist am Schaft gut zu führen und gegen Verdrehen zu sichern.

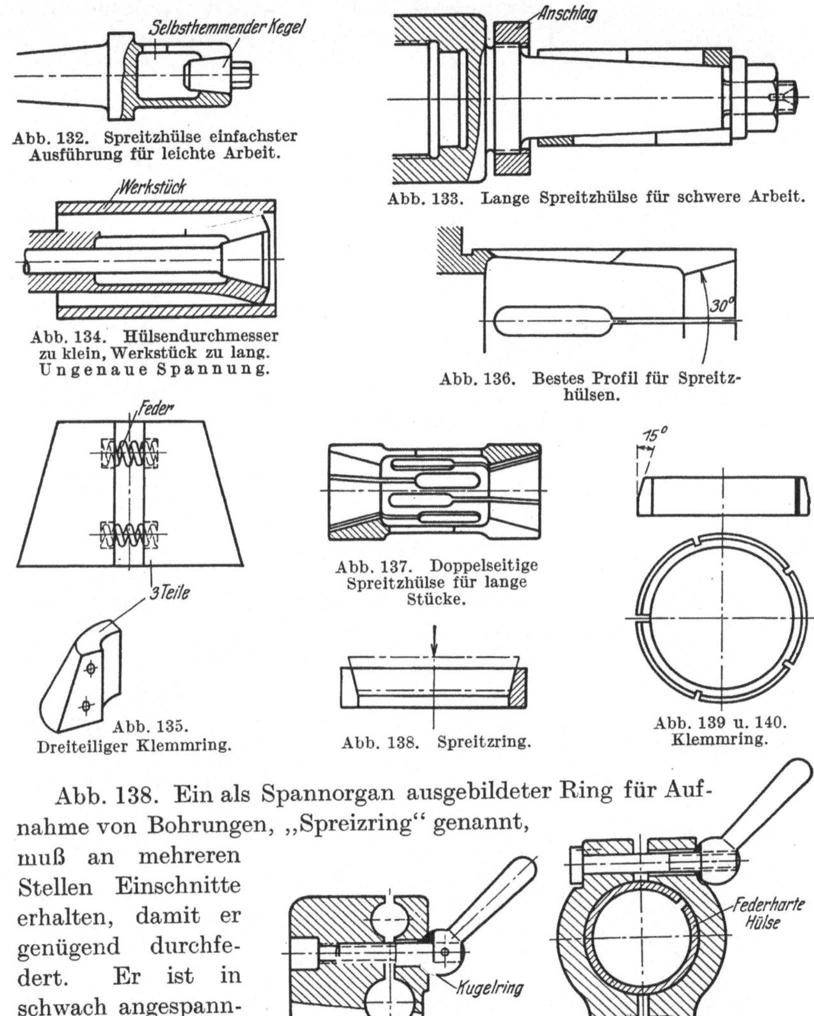

Abb. 132. Spreitzhülse einfachster Ausführung für leichte Arbeit.

Abb. 133. Lange Spreitzhülse für schwere Arbeit.

Abb. 134. Hülsendurchmesser zu klein, Werkstück zu lang. Ungenaue Spannung.

Abb. 136. Bestes Profil für Spreitzhülsen.

Abb. 137. Doppelseitige Spreitzhülse für lange Stücke.

Abb. 135. Dreiteiliger Klemmring.

Abb. 138. Spreitzring.

Abb. 139 u. 140. Klemmring.

Abb. 138. Ein als Spannorgan ausgebildeter Ring für Aufnahme von Bohrungen, „Spreizring" genannt, muß an mehreren Stellen Einschnitte erhalten, damit er genügend durchfedert. Er ist in schwach angespanntem Zustande auf den Aufnahmedurchmesser zu schleifen.

Abb. 141 u. 142. Klemmstückspannung.

Abb. 139, 140. Derselbe Ring als Spannorgan für Umfangsaufnahmen wird „Klemmring" genannt. Für ihn gilt das oben Gesagte.

Abb. 141, 142. Oft wird das Werkstück vom Vorrichtungskörper selbst aufgenommen, dieser geschlitzt und das so federnde Teil durch eine Schraube oder Exzenter angespannt. Diese Arten von Spannungen werden „Klemmstückspannung“ genannt.

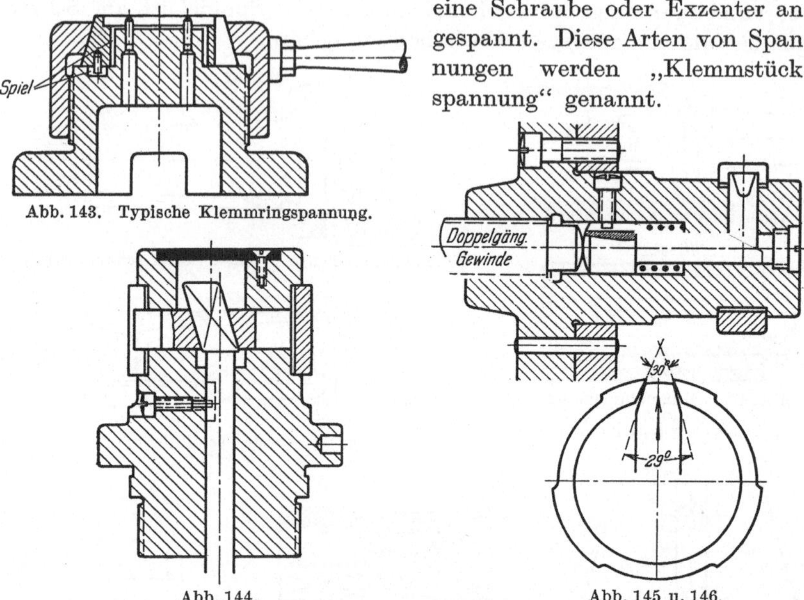

Abb. 143. Typische Klemmringspannung.

Abb. 144. Abb. 145 u. 146.

Abb. 144÷146. Spreitzringspannung.

Abb. 206. Werkstücke mit sehr kleinen Toleranzen können auch in Bohrungen aufgenommen und durch Klemmstücke, wie aus der Abbildung zu ersehen ist, gespannt werden. Diese Art Spannung wird oft benutzt zum Festspannen von Werkzeugen in Revolverköpfen oder von engtolerierten zylindrischen Werkstücken usw.

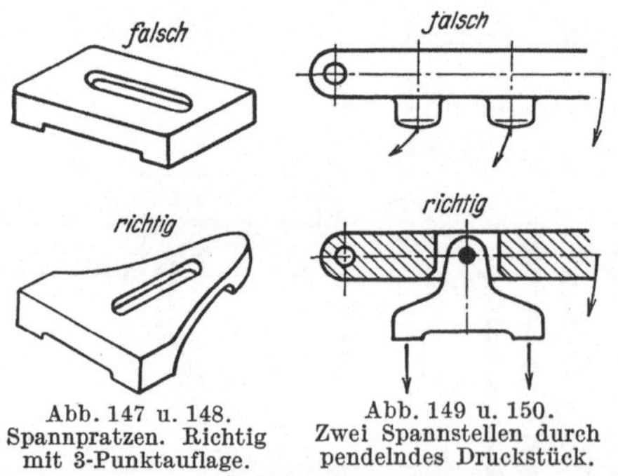

Abb. 147 u. 148. Spannpratzen. Richtig mit 3-Punktauflage.

Abb. 149 u. 150. Zwei Spannstellen durch pendelndes Druckstück.

Abb. 141÷146 zeigen ausgeführte Vorrichtungen mit Klemm- und Spreizringspannungen.

2. Spannungsübertragungsorgane.

Abb. 147÷186. Bei der Konstruktion der Spannorgane muß auf eine gleichmäßige Verteilung des Spanndruckes auf die Spannfläche geachtet werden. Es darf nicht vorkommen, daß bei Werkstücken mit größeren Toleranzen die Spannorgane klemmen oder einseitig aufliegen.

Eine gute Verteilung der Spannkräfte wird dann erreicht, wenn alle Teile, Spanneisen, Hebel, Druckstücke und sonstige Übertragungsorgane, pendelnd befestigt und nach der Dreipunktauflage behandelt sind, da dann die auftretenden Kräfte eindeutig bestimmt sind.

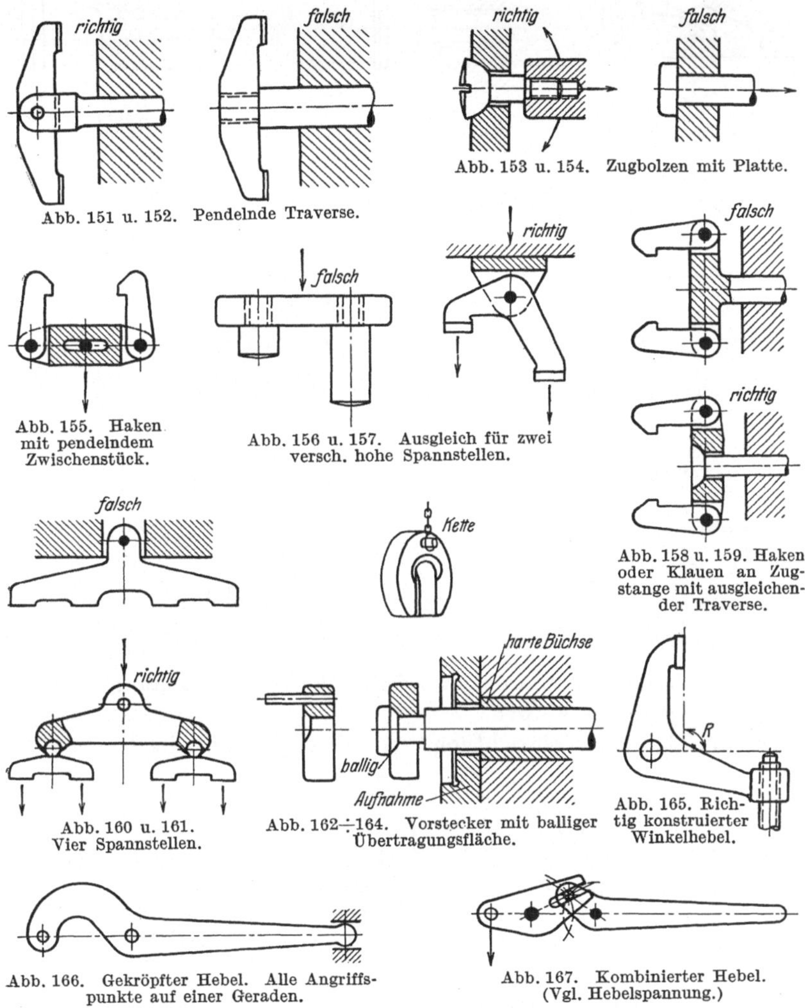

Abb. 151 u. 152. Pendelnde Traverse.

Abb. 153 u. 154. Zugbolzen mit Platte.

Abb. 155. Haken mit pendelndem Zwischenstück.

Abb. 156 u. 157. Ausgleich für zwei versch. hohe Spannstellen.

Abb. 158 u. 159. Haken oder Klauen an Zugstange mit ausgleichender Traverse.

Abb. 160 u. 161. Vier Spannstellen.

Abb. 162÷164. Vorstecker mit balliger Übertragungsfläche.

Abb. 165. Richtig konstruierter Winkelhebel.

Abb. 166. Gekröpfter Hebel. Alle Angriffspunkte auf einer Geraden.

Abb. 167. Kombinierter Hebel. (Vgl. Hebelspannung.)

Es soll nie ein Druck durch ein starres System von Organen an verschiedene Punkte oder Richtungen verteilt werden. Die Konstruktion derartiger richtiger Ausgleichsorgane geht aus dem Obigen deutlich hervor.

Oft ist es vorteilhaft, Elemente, wie Bolzen, Brücken, Druckstücke, übertragende Hebel usw., einstellbar zu bauen, indem die Entfernung

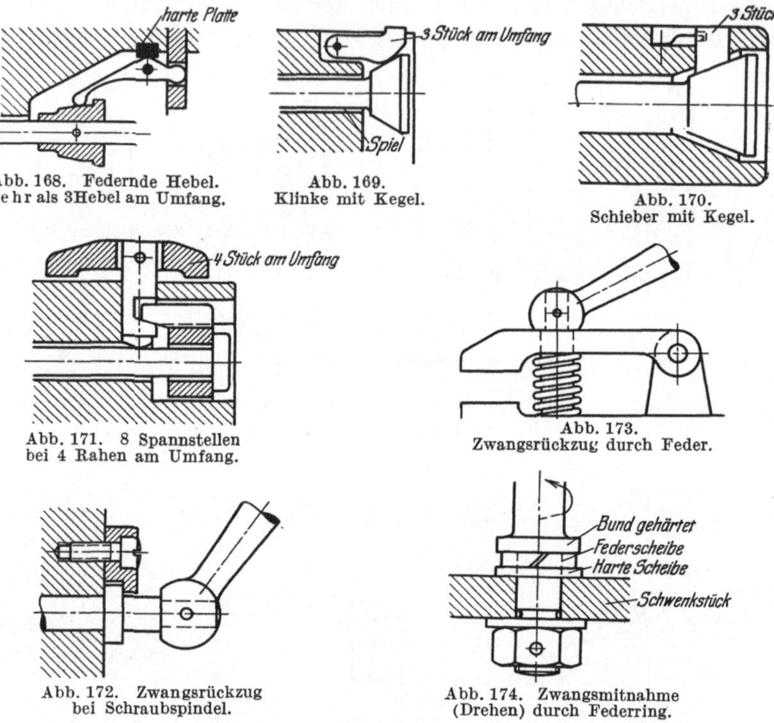

Abb. 168. Federnde Hebel. Mehr als 3 Hebel am Umfang.

Abb. 169. Klinke mit Kegel.

Abb. 170. Schieber mit Kegel.

Abb. 171. 8 Spannstellen bei 4 Rahen am Umfang.

Abb. 173. Zwangsrückzug durch Feder.

Abb. 172. Zwangsrückzug bei Schraubspindel.

Abb. 174. Zwangsmitnahme (Drehen) durch Federring.

zweier Verbindungspunkte oder Richtungen durch Schrauben nachstellbar eingerichtet werden.

Es muß bei jeder Vorrichtung von Fall zu Fall entschieden werden,

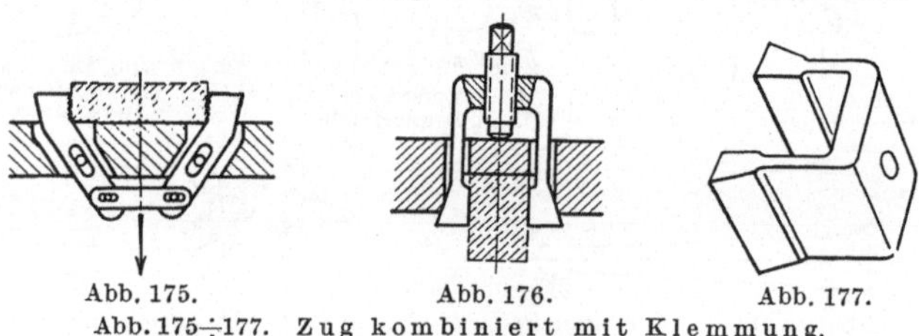

Abb. 175. Abb. 176. Abb. 177.

Abb. 175÷177. Zug kombiniert mit Klemmung.
Bei Abb. 175 durch schräg gelagerte Pratzen und Traverse.
Bei Abb. 176 durch federndes Klemmstück Abb. 177.

wie die Organe nach dem Mechanismus der ganzen Anordnung auszubauen sind.

Von großer Wichtigkeit ist der Ausgleich und die Verteilung der Spannkräfte bei Mehrfachspanneinrichtungen, da hier in den verschiedenen Werkstücken verschiedene große Herstellungstoleranzen auftreten. Gleicht man die Spannkräfte nicht aus, so wird oft nur 1 Stück gespannt und die Vorrichtung liefert entweder Ausschußarbeit oder das Werkzeug zerbricht.

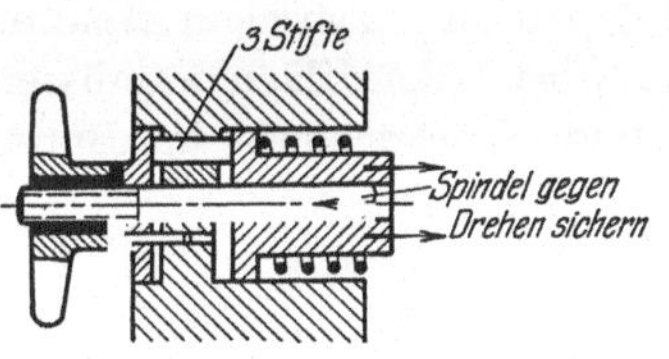

Abb. 178.
Zug- und Druckbewegung kombiniert von einer Schraube.

Abb. 179.

Es ist zu beachten, daß eine gerade Stückzahl sich in den meisten Fällen gut ausgleichen läßt, während dies bei ungeraden Stückzahlen nur bei 3 Stücken und dann nur unter gewissen Bedingungen der Fall ist, und zwar nur dann, wenn die 3 Stück von einem Organ zentrisch nach dem Mittel oder Umfang eines Kreises gedrückt bzw. gezogen werden (Dreipunktauflage).

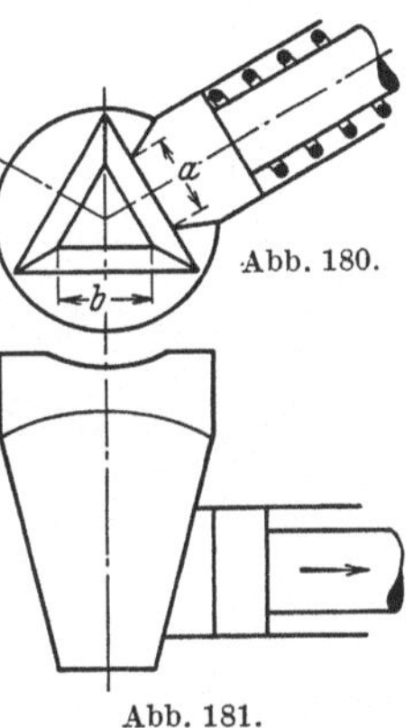

Abb. 180.

Abb. 181.

Abb. 179÷181. Verteilung in drei Richtungen durch Pyramide.

Bei zu großer Anzahl der Spannstellen wird der Ausgleichmechanismus zu kompliziert. Es ist in solchen Fällen meistens wirtschaftlicher, weniger Stücke in einfacher Vorrichtung zu spannen.

Läßt sich eine Verteilung durch konstruktive Gründe (zu wenig Raum) nicht gut erreichen, müssen federnde

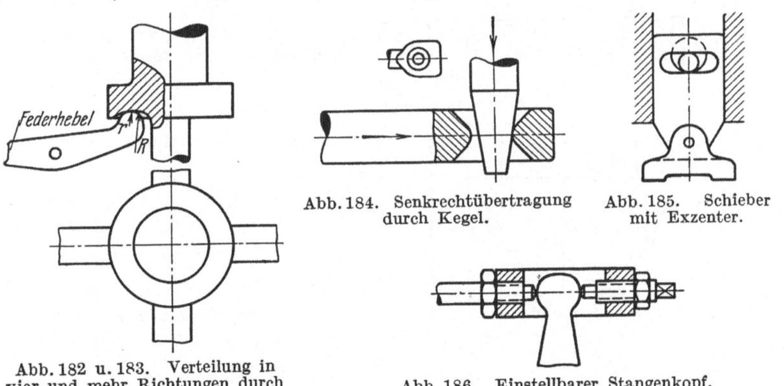

Abb. 182 u. 183. Verteilung in vier und mehr Richtungen durch federnde Hebel.

Abb. 184. Senkrechtübertragung durch Kegel.

Abb. 185. Schieber mit Exzenter.

Abb. 186. Einstellbarer Stangenkopf.

Zwischenorgane eingeschaltet werden, die die Spannkraft speichern und Werkstücktoleranzen aufnehmen (vgl. Mehrfachspannung).

Alle Ausgleichs- und Übertragungsorgane, wie Hebel, Schieber, Haken, Klammern, Daumen usw., müssen sich möglich zwangläufig beim Entspannen vom Werkstück abziehen. Drehen oder Schwenken wird erreicht (bei drehender Bewegung des Übertragungsorganes) am besten mit Federring, der mit Spannung zwischen Spannungs- und Übertragungsorganen eingeführt wird. Laufflächen müssen gehärtet sein. Auch geeignete Flächen und Federn sowie im Bund gelagerte Spindeln sorgen für zwangläufiges Abheben.

Weitere Möglichkeiten siehe Kombinationen.

3. Schnellspannung.

Abb. 187÷206. Unter dem Begriff „Schnellspannung“ faßt man solche Einrichtungen zusammen, die ermöglichen, in kurzer Zeit einen

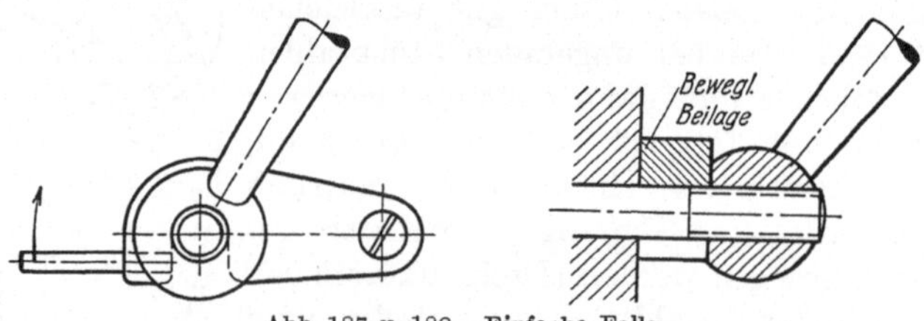

Abb. 187 u. 188. Einfache Falle.

großen Spannweg zurückzulegen, damit ein schnelles Freilegen kleiner oder sperriger Werkstücke erreicht wird. Sie unterscheiden sich von

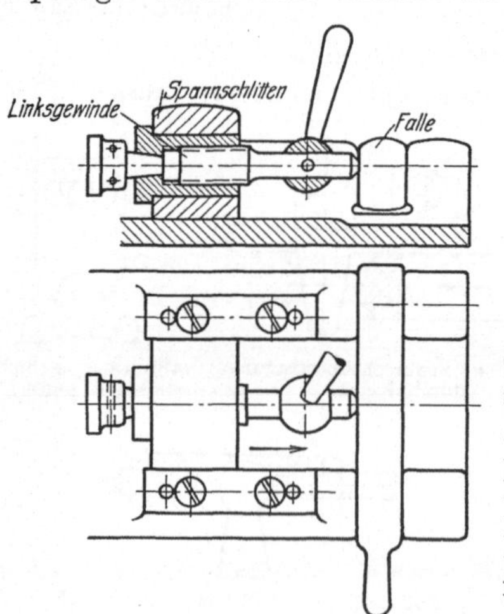

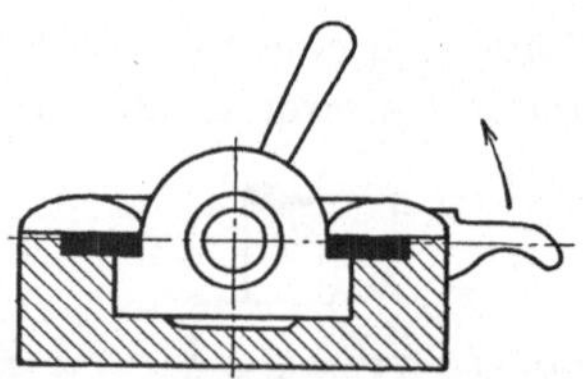

Abb. 189÷191. Schwenkhebelfalle.

den gewöhnlichen, bereits geschilderten Spannungen nur dadurch, daß sie durch Zuhilfenahme einer Beilage, eines Bajonettes oder einer sonstigen Einrichtung die gewünschte freie Strecke in einer geraden oder Kreislinie vom Werkstück schnell zurückgezogen werden können. Der Rückzug erfolgt entweder zwangläufig oder durch leichte Federn.

Abb. 187, 188, 189, 193 zeigen solche Spannungen unter Verwendung von Beilagen, die in Form von Klappen, Fallkeilen, Fallen, schwenkbaren Zwischenlagen eingebaut werden. Es ist darauf zu achten, daß diese Organe in ihrem Bewegungsbereich durch Anschläge oder Stifte begrenzt werden und sich möglichst allein ohne zusätzliche Handgriffe (durch Eigengewicht oder Federn) beim Spannen einschalten und mit genügend großem Handgriff oder Stift zur guten Betätigung versehen sind (vgl. auch den Werner-Schraubstock).

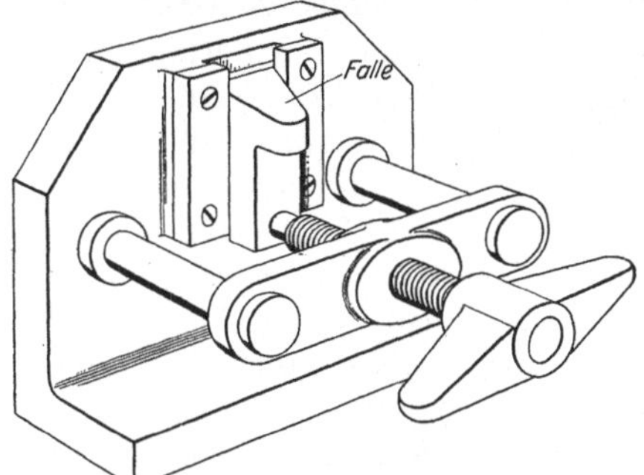

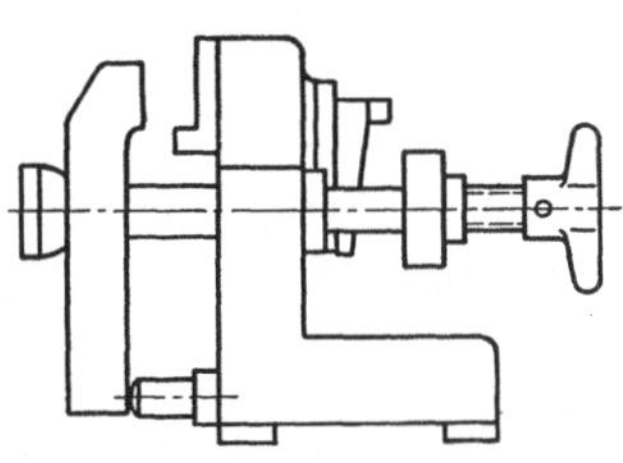

Abb. 192 u. 193. Keilfalle.

Abb. 194, 195. Eine weitere Möglichkeit ist darin gegeben, daß das Spannorgan selbst abklappbar oder schwenkbar eingerichtet ist. Das geschieht dadurch, daß man es auf Brücken (siehe dieselben, Klappen, Bügel usw.) setzt, die dann in der Spannlage zu verriegeln sind. Zu beachten ist, daß das Spannorgan sich der Lage des Werkstückes anpassen kann, also pendelnd ist.

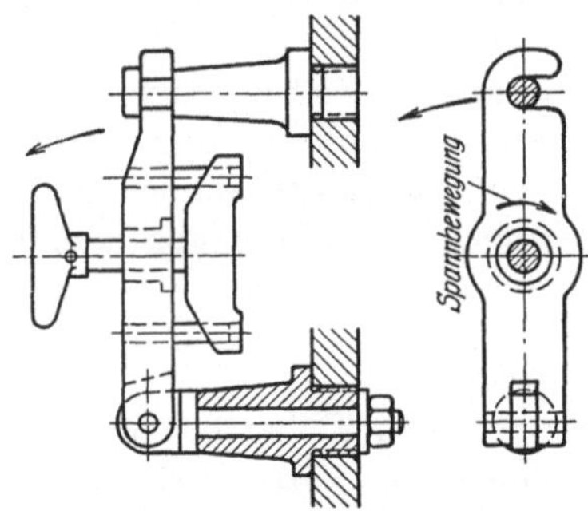

Abb. 194 u. 195. Schwenkbare Brücke.

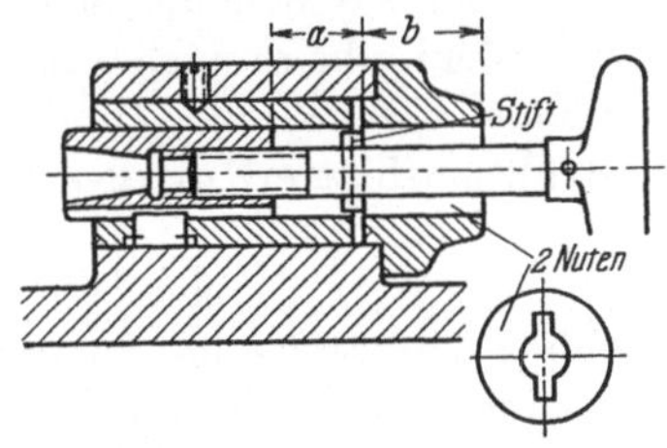

Abb. 196. Pinolspannung.

Abb. 196. Diese Ausführung ist eine gute Pinolspannung für Schnellspannung. Der Gewindebolzen erhält 1 Stift oder 2 Nocken und der Deckel diesen entsprechende Nuten. Dadurch ist ein geradliniges Zurückziehen möglich. Die Deckelnabe muß so lang sein, daß bei vollkommen zurückgezogener Pinole der Stift oder die Nocken nicht austreten. In Spannstellung genügt eine halbe Drehung zum Festspannen. Zweck und weitere Ausführungsformen siehe unter Kombinationen.

Abb. 197, 198. Hier wird das Zurückziehen durch teilweise abgenommenes Gewinde ermöglicht, wie es deutlich aus der Abbildung hervorgeht. Eine Begrenzung des Rückzuges durch Nute und Stift ist nötig, da sonst der Bolzen herausfällt. Es ist möglichst Flachgewinde zu wählen, und die Gewindekanten sind zuzuschärfen.

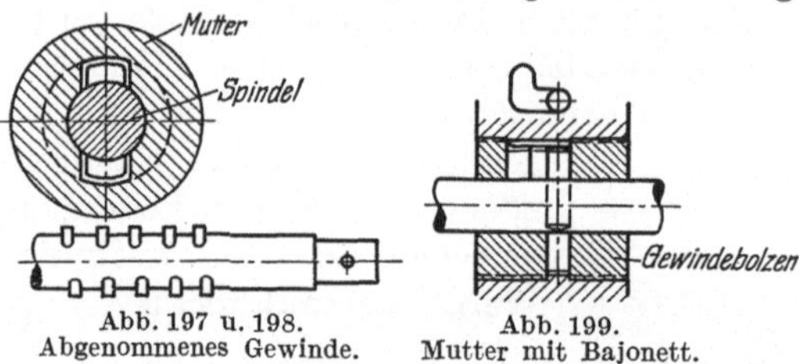

Abb. 197 u. 198. Abgenommenes Gewinde.

Abb. 199. Mutter mit Bajonett.

Abb. 199. Durch Einfräsen eines Langloches in das Muttergewinde wird eine der Abb. 197 ähnliche Wirkung erreicht. Zum Ausschlagen des Stiftes muß ein Loch in der Mutter durchgebohrt werden oder die Anordnung des Stiftes und des Bajonettlangloches doppelseitig sein.

Abb. 200. Kurvenexzenter.

Abb. 200. Andere gute Ausführungen der Pinolspannung sind die durch direkte Kurvenbetätigung (Kurven bajonettähnlich in Zylinder- oder in Scheibenform). Es muß für zwangläufigen Rücklauf der Pinole gesorgt sein. Eine zwischengeschaltete Feder stellt einen die Werkstücktoleranzen ausgleichenden Spannkrafterzeuger dar und kann kräftig gehalten werden. Diese Spannung ist geeignet zum Spannen mehrerer Stücke nebeneinander.

Auch Federspannungen mit durch Hand oder Fuß betätigten Lüfteinrichtungen können als Schnellspanner ausgebildet werden.

Außerdem gibt es noch andere, den Schnellspannern ähnliche Kombinationen, z. B. Klinken- und Hakenspanner, die auf den angehängten Konstruktionsblättern dargestellt sind.

4. Mehrfachspannung.

Abb. 207÷221. Zum Spannen von mehreren Teilen in einer Vorrichtung muß das Spannorgan so ausgebildet sein, daß alle Stücke mit einem Griff, also von einem Spannelement aus festgespannt werden können. Es ist nur in Notfällen zulässig, daß für jeden Teil je ein besonderes Spannorgan vorgesehen wird, z. B. wenn die Bearbeitungszeit im Verhältnis zur Spannzeit sehr groß ist oder aber wenn die bei der Bearbeitung auftretenden Kräfte von einem zentralen Spannorgan und dessen Ausgleichs- und

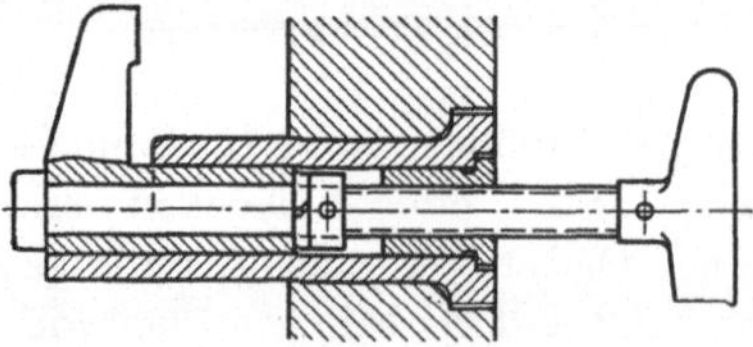
Abb. 201. Schwenkdaumen mit Schraube.

Übertragungselementen nicht genügend aufgenommen werden können. Meist ist eine einfache Spannvorrichtung bedeutend wirtschaftlicher als eine mehrfache. Der Zeitgewinn ist in jedem Falle vor dem Bau der Vorrichtung genau zu bestimmen, auch soll immer versucht werden, die Spannung auf einen Griff zu reduzieren.

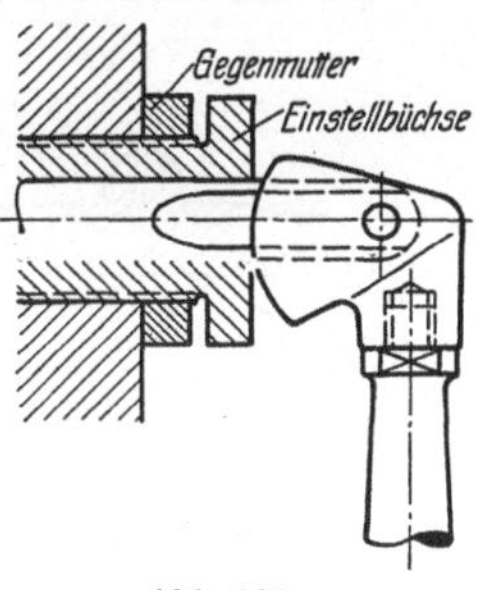

Abb. 202. Abgenommener Exzenter.

Bei der Mehrfachspannung mittels eines zentralen Organs muß auf die auftretenden je nach Größe verschiedenen Werkstücktoleranzen Rücksicht genommen werden, da ja, wie bekannt, die Stücke mit den Größtmaßen zuerst gespannt werden. Aus diesem Grunde sind die Spannungsübertragungselemente so zu bauen, daß ein selbsttätiger Ausgleich der Spannkräfte je nach Werkstücktoleranz eintreten kann und sich die Kräfte auf die Unterorgane gleichmäßig verteilen (siehe auch Spannungsübertragungsorgane).

Besonders empfehlenswert ist ein Aufzeichnen des Kräfteplanes, wie eingangs geschildert, da nur durch ihn eine genaue Übersicht über die Kraftverteilung, Kräfteverhältnisse und Ausgleichsmöglichkeiten möglich ist. Wie in der Statik üblich, sind feste Auflage- und Gelenkpunkte als solche zu kennzeichnen und zu behandeln. Es ist wichtig, daß entweder statisch eindeutig bestimmte Kraftverhältnisse durch den Mechanismus erreicht werden oder aber ein oder mehrere elastische Glieder (Federn, Knaggen usw.) für eine gleichmäßige Verteilung der Kräfte sorgen. Es lassen sich bei Anordnung einer rein mechanischen Kraftverteilung nur Mengen von 2 und 3 Stück sowie die ein- oder mehrfachen Produkte dieser beiden Zahlen einwandfrei von einem Zentralorgan spannen. Es sollen jedoch die Zahlen 4 und 6 nicht überschritten werden, da sonst der Ausgleichorganismus

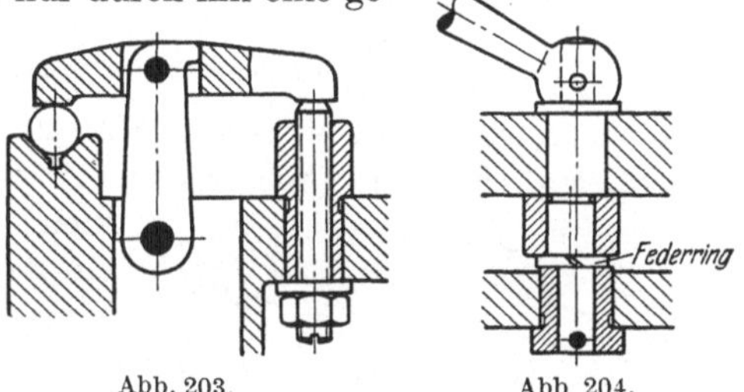

Abb. 203. Abb. 204.
Schwenkpratze mit Wellenexzenter.

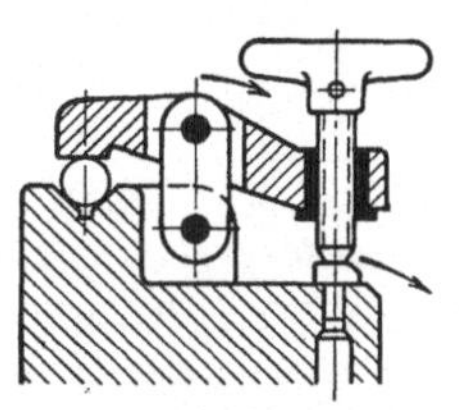
Abb. 205. Wipppratze mit Schraube.

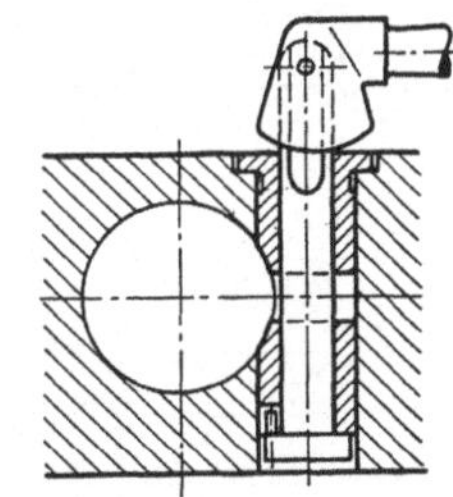
Abb. 206. Zylindrische Klemmstücke mit Exzenter.

zu groß und die Vorrichtung unhandlich, also unrentabel wird. Auf 2 Stücke läßt sich der Spanndruck durch Einschalten eines wage-

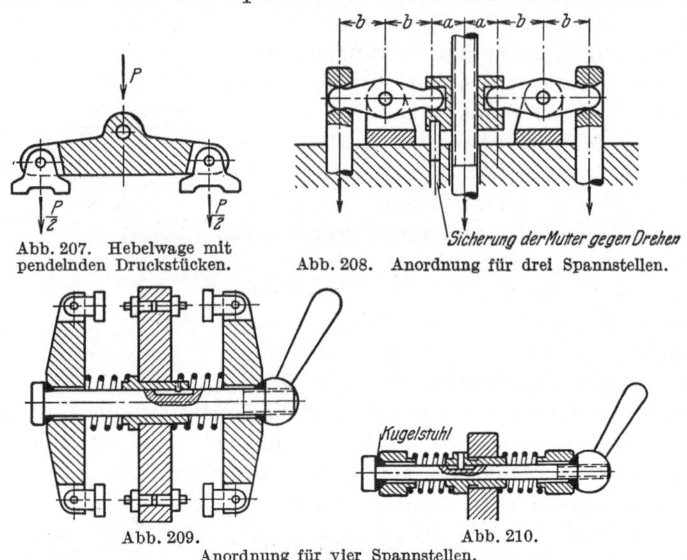

Abb. 207. Hebelwage mit pendelnden Druckstücken.

Abb. 208. Anordnung für drei Spannstellen.

Abb. 209. Abb. 210.
Anordnung für vier Spannstellen.

ähnlichen Hebels leicht verteilen (Abb. 207). Wenn 2 Stücke zwischen 2 parallelen Backen (Schraubstock) gespannt werden, muß bei kleineren einfachen Druckflächen ein Backen federnd gebaut werden. Haben die Werkstücke größere Spannflächen oder erfolgt die Spannung in der Außenform von Teilen, sollen auch die formtragenden Einsatzbacken einstellbar (pendelnd) sein.

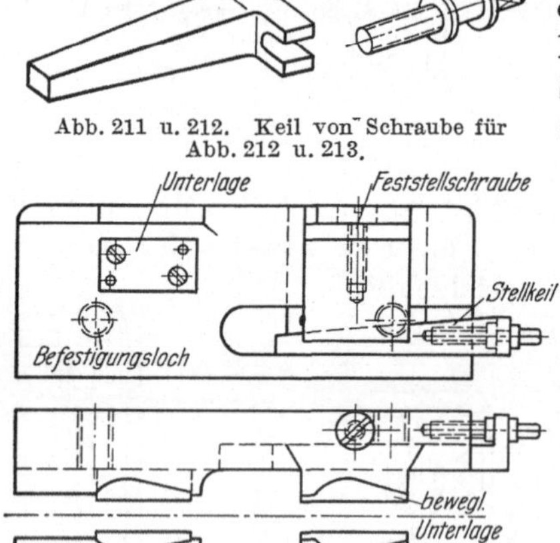

Abb. 211 u. 212. Keil von Schraube für Abb. 212 u. 213.

Abb. 213 u. 214. Sonderbacken für 2-Stück-Spannung im Schraubstock.

Abb. 208 zeigt ein gutes Ausgleichorgan für eine Spannung von 3 Werkstücken, die sich bei doppelseitiger Anordnung, ähnlich Abb. 209, für das Spannen von 6 Werkstücken gut eignet.

Abb. 210÷215. Vorteilhaft werden beim Fräsen 2 oder mehrere Werkstücke nebeneinander, nicht mit Zwischenraum hintereinander gespannt, da in diesem Falle bei einem Hingang des Tisches alle Stücke in derselben Zeit fertig werden wie eines; das Hintereinanderspannen ist meistens nicht zu empfehlen, weil sich die Leerlaufzeiten zwischen den einzeln gespannten Stücken bemerkbar machen und sich außerdem die Bearbeitungszeiten addieren. Es ist vorwiegend dann von Vorteil, wenn die Stücke **ohne Zwischenraum** aufeinandergespannt werden können und 1 Loch zur Aufnahme haben. Ein direktes Aufeinanderspannen von mehreren Stücken empfiehlt sich auch deshalb nicht, weil sich die mittleren Stücke durch den Spanndruck emporheben, was zu großen Herstellungstoleranzen führt.

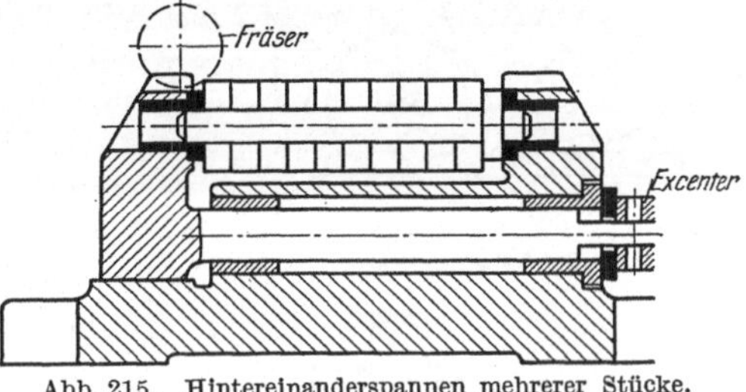

Abb. 215. Hintereinanderspannen mehrerer Stücke.

Abb. 216÷220. Wenn 2 oder mehrere Stücke zum Fräsen nebeneinander gespannt werden, dürfen die Aufnahmeorgane für nur **ein** Stück fest mit der Grundplatte verbunden sein. Alle übrigen sind durch Keil oder Schraube einstellbar zu bauen, weil die Fräser beim Nachschleifen untereinander nicht den gleichen Durchmesser behalten. Ausnahmen sind einfache, spitzgezahnte Schlitz- oder Walzenfräser, die auf gleichem Durchmesser gehalten werden können. Die einstellbaren Teile der Vorrichtung sollen mit dem Grundkörper der Vorrichtung durch

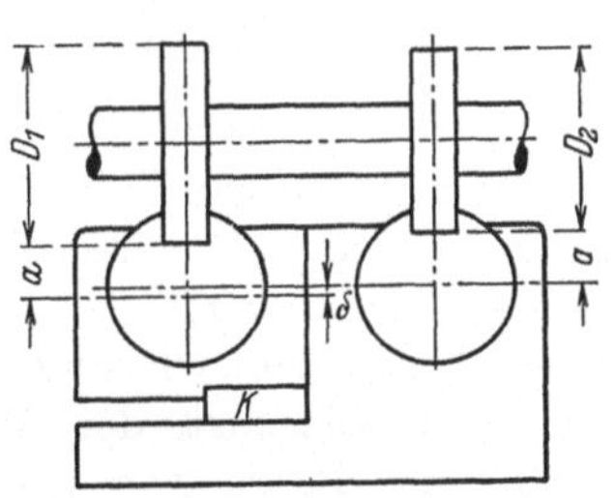

Abb. 216. Schema der Einstellungsmöglichkeit bei 2-Stück-Spannung.

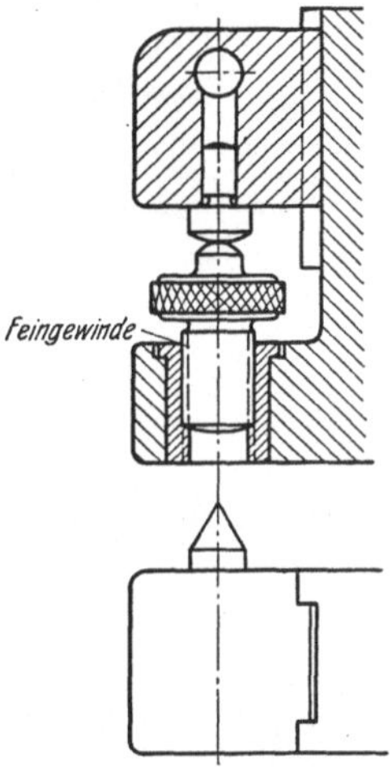

Feingewinde

Abb. 217 u. 218. Schraube als Einstellorgan.

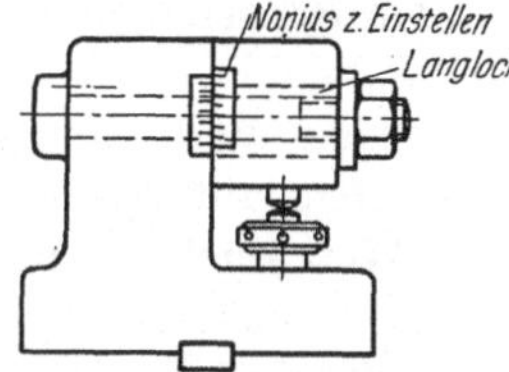

Abb. 219. Nonius als Hilfsmittel beim Einstellen.

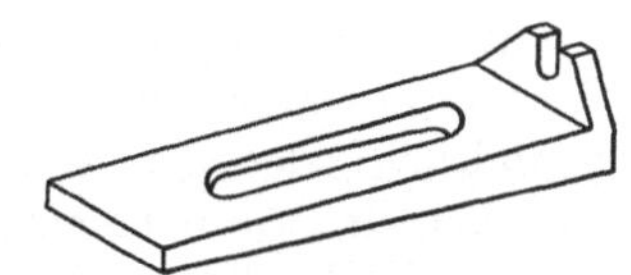
Abb. 220. Keil als Einstellungsorgan nach Abb. 216.

Nut oder Feder verbunden sowie durch Schrauben fest einstellbar sein.

Abb. 210, 211. Der Keil in Verwendung mit Schraube eignet sich

gut als Einstellorgan, da er ein sehr genaues Einstellen möglich macht. Die Steigung richtet sich nach der durch die Schraube gegebenen zwangläufigen Längsbewegung und Größe der auftretenden Bearbeitungstoleranzen.

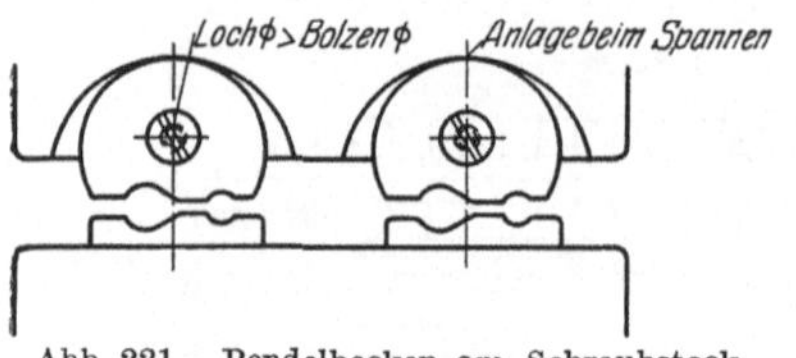

Abb. 221. Pendelbecken am Schraubstock.

Abb. 217, 218. Die Schraube muß Feingewinde und harte Druckstellen haben.

Abb. 219. Als besonders gut hat sich auch die Anbringung eines Nonius erwiesen, der die Einstellung sehr erleichtert.

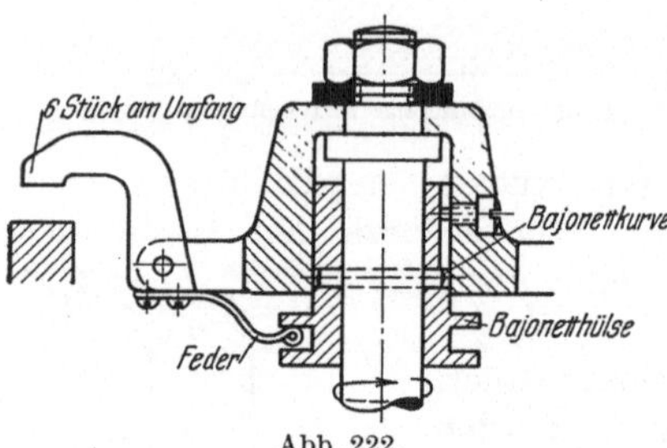

Abb. 222. Mehrstückspannung durch Federausgleich.

Abb. 221 zeigt eine sich selbsttätig einstellende Aufnahme am Schraubstock für eine Zweistückspannung.

Abb. 222 stellt einen durch Federn erreichten Ausgleich der Toleranzen durch das Übertragungsorgan dar. Die Spannung erfolgt durch Kurve oder Schraube.

b) Die Aufnahme.

1. u. 2. Aufnahmen und Unterlagen.

Abb. 223÷233. Das Aufnahmeorgan hat den Zweck, ein Festspannen der Werkstücke an ein und derselben Stelle der Vorrichtung zu ermöglichen, damit nach der Bearbeitung die Werkstücke maßlich genau gleich sind. Deshalb müssen die Aufnahmen der Eigenart der Werkstücke, der der Vorrichtung, der Bearbeitungsweise, vor allem aber dem Genauigkeitsgrad angepaßt werden. Es sind die Aufnahmen zu härten, sehr genau auf Edelpassung, Gleit- oder Schiebesitz zu bearbeiten. Das Werkstück muß leicht, ohne zu sperren und ohne große Kraftanstrengungen von den Organen aufgenommen werden.

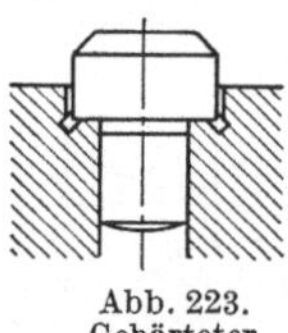
Abb. 223. Gehärteter Unterlagsbolzen.

Alle Aufnahmen müssen unbedingt fest gegen Verdrehung und Verschiebung gesichert, so in die Vorrichtung eingebaut werden, daß der Spanndruck oder der Arbeitsdruck das Werkstück nicht verschieben, noch das Aufnahmeorgan deformieren können.

Es soll vielmehr dieser das Werkstück immer in die Aufnahme hinein und auf die Unterlage pressen.

Das Werkstück muß in der Vorrichtung immer auf gehärteten Unterlagen, die bei rohem Werkstück nach Abb. 223 abgerundet, bei bearbeiteten sauber geschliffen sein müssen, in nicht mehr als 3 festen Punkten oder kleinen Flächen aufliegen.

Unterlagen müssen an allen Stellen angebracht werden, wo eine Bearbeitung des Werkstückes stattfindet oder ein Durchbiegen des Stückes durch den Arbeitsdruck zu befürchten ist.

Aufnahmen und Unterlagen werden am besten miteinander kombiniert, wo dies nicht möglich ist, doch voneinander abhängig eingebaut, so daß keine Veränderung in ihrer Lage zueinander eintreten kann. An den Stoßstellen, d. h. da, wo die Kanten des Werkstückes zu liegen kommen, sind kleine Nuten für Grat und Schmutz vorzusehen (Abb. 224÷227).

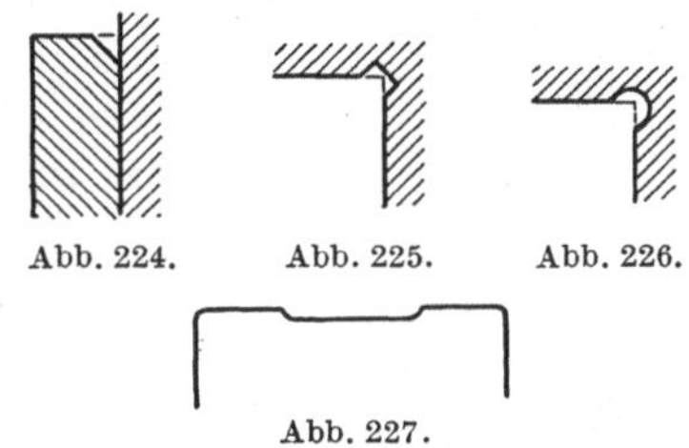

Abb. 224. Abb. 225. Abb. 226.

Abb. 227.

Abb. 224÷227. Anordnung von Schmutznuten.

Die Konstruktion der Aufnahmeelemente richtet sich nach obigen Gesichtspunkten mit der Berücksichtigung, daß sie mit der genügenden Genauigkeit hergestellt und zusammengepaßt werden können.

Die Flächen, in denen das Werkstück anliegt, sind, um eine genaue Passung zu erreichen, möglichst klein zu halten. Sie müssen unbedingt von Schmutz und Spänen rein gehalten werden können und sind deswegen unter Beachtung der Dreipunktauflage für das Werkstück genügend abzusetzen. Ferner ist zu beachten, daß sich zu schwache Aufnahmeorgane leicht verziehen und trotz genauester Herstellung die Genauigkeit der Arbeit am Werkstück in Frage stellen.

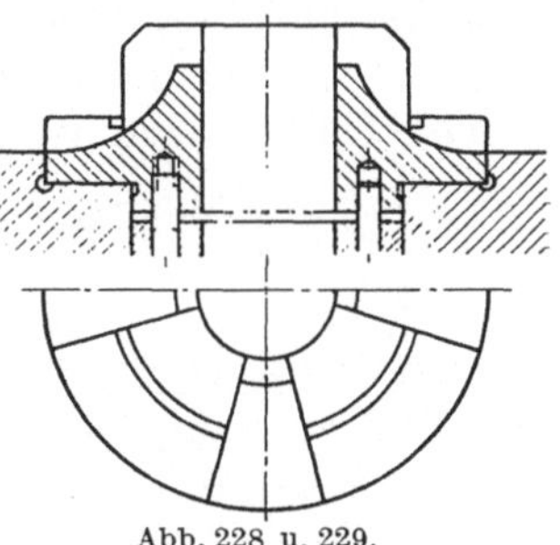

Abb. 228 u. 229. Ausgesparte Aufnahme.

Bohrungsaufnahmen sollen möglichst viel angewendet werden, da eine Fixierung des Werkstückes durch 1 oder 2 Bohrungen stets eine gute und sichere Spannung gestattet und die Vorrichtung einfache Formen erhält.

Es dürfen nie mehr als 2 Aufnahmestifte vorgesehen sein. Eine Ausnahme machen Aufnahmen, bei denen das Werkstück verkehrt eingelegt werden könnte und so ein dritter Stift zur genauen sicheren Aufnahme eingebohrt werden muß. Dieser ist dann ungefähr um $^1/_{50}$ des Lochdurchmessers schwächer zu halten. Als Entfernung der beiden eigentlichen Aufnahmestifte soll stets die größte von 2 vorhandenen Bohrungen gewählt werden. Es wäre also bei 4 im Rechteck liegenden Löchern 2 diametral liegende zu wählen.

Stifte und Bolzen dürfen nie in Sacklöcher eingeschlagen werden, sondern nur in durchgehende, wenn auch schwächer als Bolzenschaftdurchmesser durchgeführte, damit sie ausgewechselt werden können.

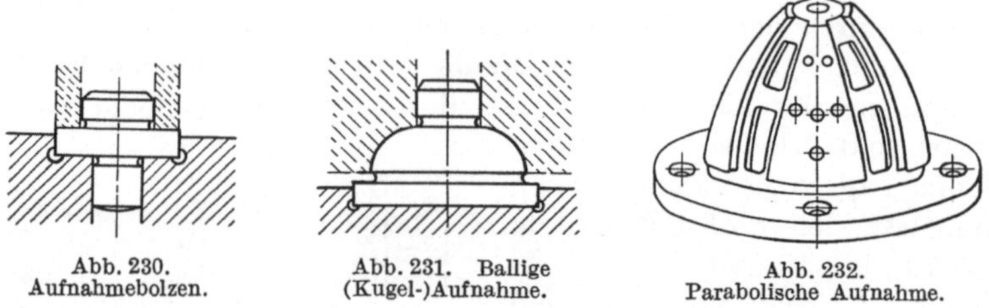

Abb. 230. Aufnahmebolzen. Abb. 231. Ballige (Kugel-)Aufnahme. Abb. 232. Parabolische Aufnahme.

Abb. 228, 230. Die Unterlage kann mit dem Aufnahmebolzen bei großen Bohrungen aus einem Stück gefertigt werden.

Abb. 231, 232. Von Formbohrungen sind nur keglige oder kuglige oder einfache, durch Rotation enstandene, als Aufnahme zu verwenden.

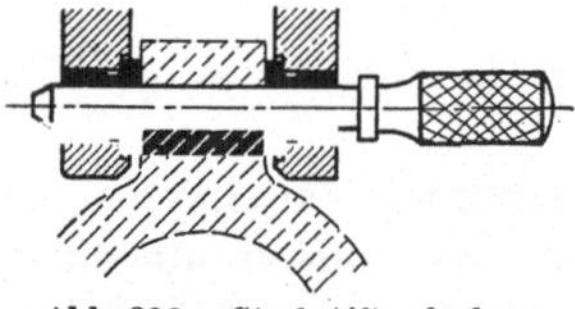

Abb. 233. Steckstiftaufnahme.

Vier- oder Mehrkantlöcher dürfen, der schwer kontrollierbaren Toleranzen wegen, nicht verwendet werden. Ausnahme kann dann gemacht werden, wenn das Vier- oder Mehrkantloch groß und ein Spannen in der Aufnahme selbst (Aufnahmespannung) möglich ist.

Abb. 233. Für scharnierartige Werkstücke wird die Aufnahmebohrung mit Vorteil durch Steckstift aufgenommen. Der Steckstift sowie die Führungshülsen sind zu härten.

Abb. 232 zeigt die Formaufnahmen eines gewölbten hohlen Werkstückes. Bei kleinen Werkstücken ist sie aus einem Stück einsatz-

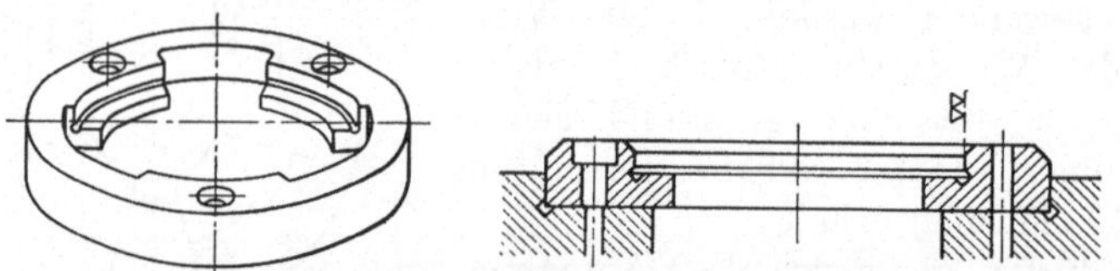

Abb. 234 u. 235. Normale Ringaufnahme Abb. 234 ausgespart.

fähigem Werkstoff anzufertigen, zu härten und zu schleifen. Bei größeren sind nur harte Leisten auf einem Gußkörper zu befestigen und danach in die Form zu schleifen.

Abb. 234, 235. Zylindrische Zapfen, Zentrieransätze usw. sind in Zentrierringen, die meistens gleichzeitig als Unterlage benutzt werden, aufzunehmen.

Abb. 236, 238, 240. Beliebige Umfangsformen, von Kurven- oder Kreisbögen gebildet, können zwischen prismatisch ausgearbeiteten

Platten oder Stücken aufgenommen werden. Sind mehr als 2 Prismen nötig, ist möglichst nur noch ein einstellbares Prisma hinzuzufügen. Mehr als 3 Stück anzubringen ist zwecklos.

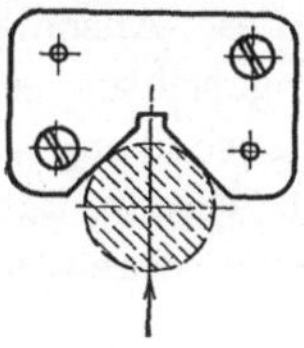

Abb. 236. Aufnahme im Prisma.

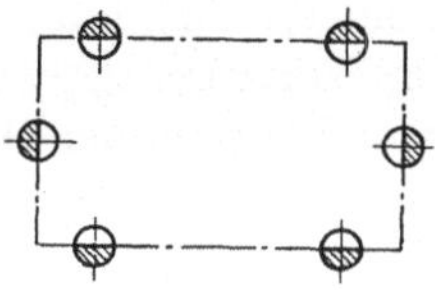

Abb. 237.

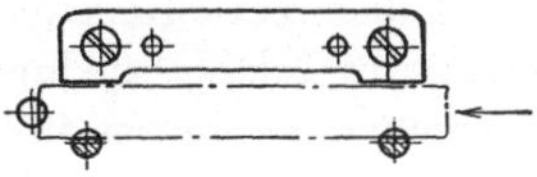

Abb. 238.

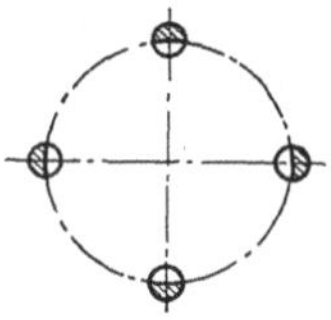

Abb. 239.

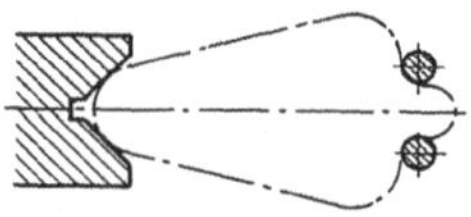

Abb. 240.

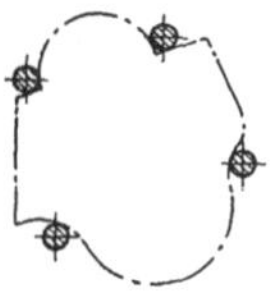

Abb. 241.

Abb. 237÷241. Stift- und Prismenaufnahmen.

Abb. 237÷241. Auch hier können beliebig andere Formen zwischen Stiften aufgenommen werden, deren Zahl 4 (6) Stück nicht überschreiten soll. Diese Stifte sind soweit als möglich nach außen zu setzen, da sie dort besser und gleichmäßiger zentrieren.

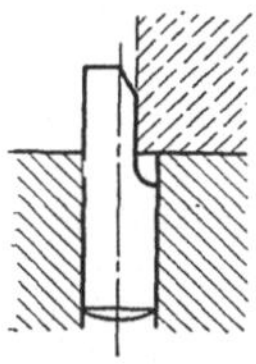

Abb. 242. Abgeflachter Stift.

Abb. 242. Stifte werden abgeflacht und zwecks leichteren Einführens des Werkstückes gut abgeschrägt.

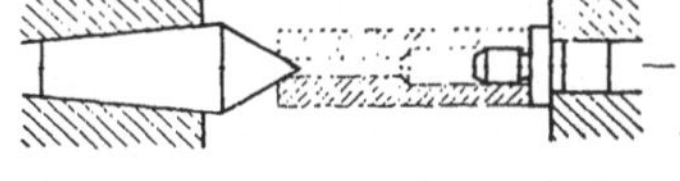

Abb. 243. Körner und Zapfenaufnahme.

Abb. 243 zeigt eine Aufnahme zwischen Spitze und Zentrierzapfen. Diese Art wird am besten für angebohrte oder zentrierte wellenartige Werkstücke verwendet.

3. und 4. Anschläge, Einstellorgane.

Abb. 254÷276. Anschläge sind die Elemente der Vorrichtung, die dem in der Aufnahme fixierten Werkstück die endgültige Stellung zum Werkzeuge geben.

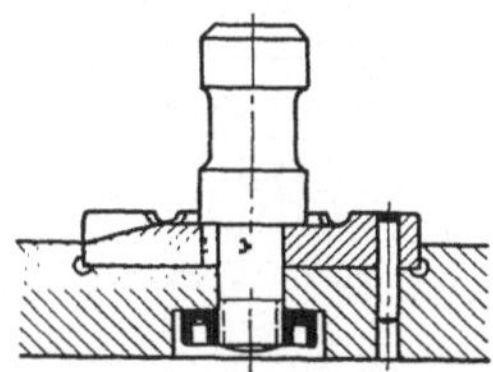

Abb. 244. Kombinierte Unterlage und Aufnahme. Unterlage wird durch Aufnahme gehalten.

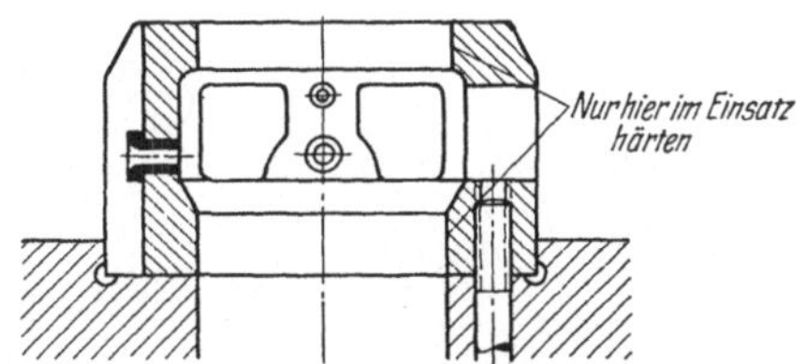

Abb. 245. Aufnahme mit eingebauten Bohrbüchsen für tiefe Stücke.

Flächen, Schlitze, Zapfen, Löcher an exponierten Stellen des Werkstückes werden meist als „Anschlag“ benutzt. Je nach Art dieser ist auch der Anschlag selbst auszubilden. Oft müssen diese Anschläge zurückziehbar, zum Schwenken oder Umklappen eingerichtet sein, damit das Werkstück nach vollendeter Spannung zur Bearbeitung freiliegt oder leicht wieder aus der Vorrichtung gebracht werden kann. In solchen Fällen ist für eine gute Führung der Organe zu sorgen, und alle laufenden Flächen sind sauber zu passen.

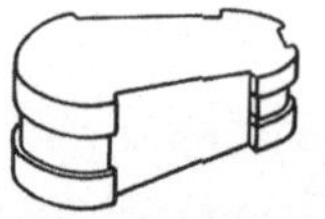

Abb. 246. Ausgesparte Blockaufnahme.

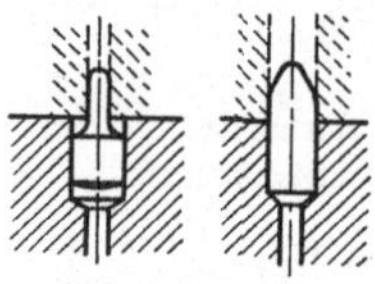

Abb. 247 u. 248. Aufnahmestifte.

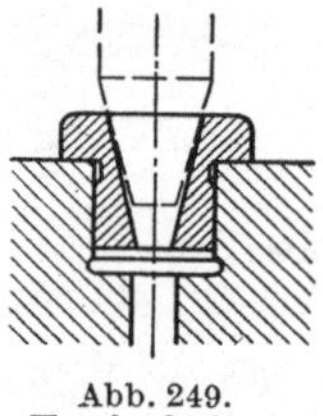

Abb. 249. Kegelaufnahme in Büchse.

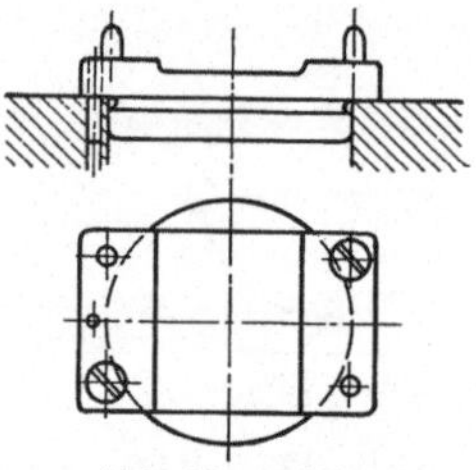

Abb. 250 u. 251. Unterlagsplatte mit Rundpassung eingesetzt.

Vorteilhaft sind die Anschläge einstellbar zu bauen, damit sie bei serienweise auftretenden Toleranzen sowie bei Abnützung eine genaue Wiedereinstellung ermöglichen.

Abb. 254÷258, 252. Einfache feste Anschläge für Schlitze sind entweder aus Stiften oder kleinen Platten herauszuarbeiten.

Abb. 252 u. 253. Unterlagsplatte mit Stiftaufnahme.

Abb. 259÷261. Für ebene Flächen verwendet man am besten einstellbare Schrauben oder Leisten. Beide müssen an der Anschlagfläche gehärtet sein.

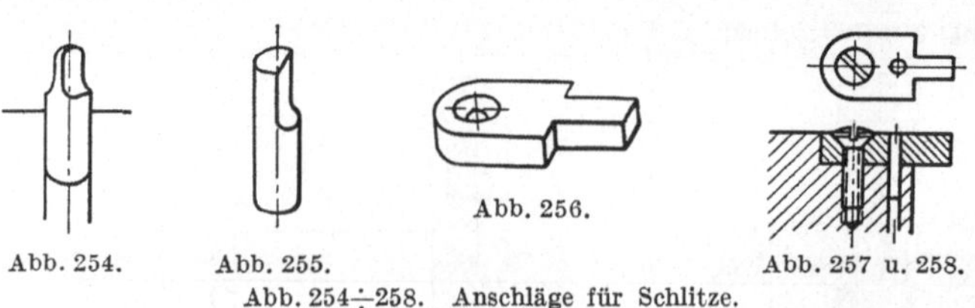

Abb. 254. Abb. 255. Abb. 256. Abb. 257 u. 258.

Abb. 254÷258. Anschläge für Schlitze.

Abb. 262. Gebogene Flächen werden in prismatisch ausgearbeiteten Stücken oder Platten angeschlagen.

Abb. 263 zeigt einen rückziehbaren Stift für Lochanschlag, wenn ein einfacher, fest eingeschlagener Stift nicht möglich ist.

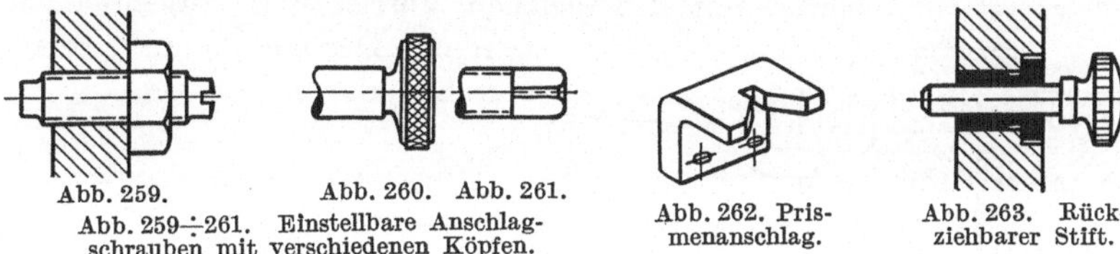

Abb. 259. Abb. 260. Abb. 261.
Abb. 259÷261. Einstellbare Anschlagschrauben mit verschiedenen Köpfen.

Abb. 262. Prismenanschlag.

Abb. 263. Rückziehbarer Stift.

Abb. 264. Dienen als Anschlagteile des Werkstückes Nasen oder Zapfen, werden die Anschlagorgane mit geraden, schrägen oder prismatischen Schlitzen versehen. Die Abbildung stellt einen solchen zum Abklappen eingerichteten Anschlag dar. Zur besseren Bedienung ist ein Knopf oder kleiner Handgriff anzubringen.

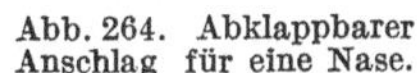

Abb. 264. Abklappbarer Anschlag für eine Nase.

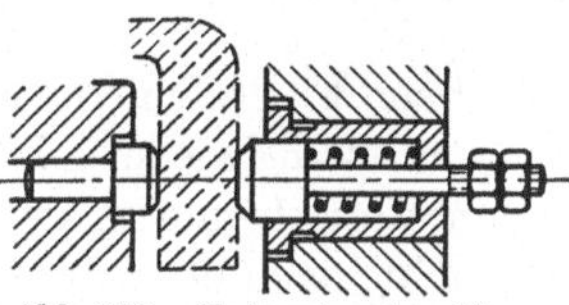

Abb. 265. Federnder Anschlagbolzen (Einstellbolzen).

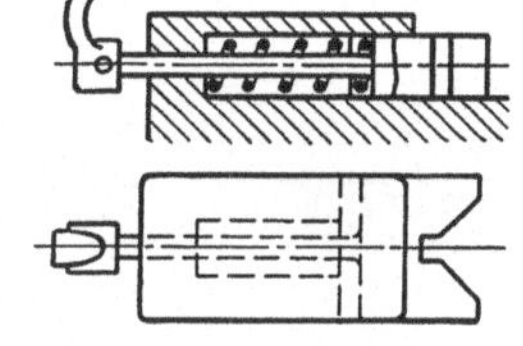

Abb. 266 u. 267. Federnder Prismenanschlag als Einstellorgan.

Abb. 265. Es soll das Werkstück immer gegen den Anschlag gedrückt werden. Geschieht dies nicht durch das Spannorgan, werden „Einstellorgane“, wie Federbolzen oder sonstige durch Federdruck oder auch durch Schraube betätigte Druckstücke, vorgesehen.

Abb. 270. Derartige Einstellorgane können auch mit den Spannorganen kombiniert werden. Es ist dann aber das Druckstück gut abzufedern, und es darf in gespanntem Zustande nicht in der Endlage stehen, sondern muß noch freien Nachzug haben.

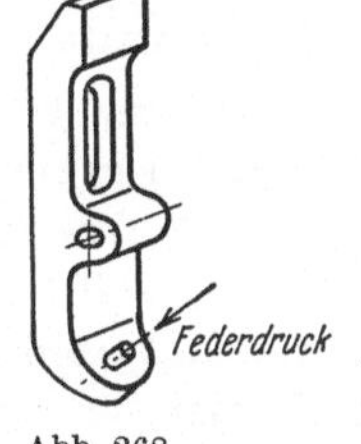

Abb. 268.

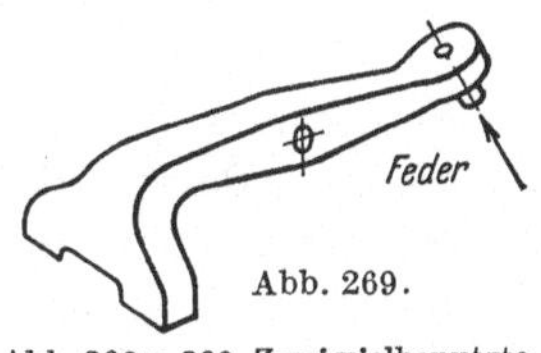

Abb. 269.

Abb. 268 u. 269. Zwei vielbenutzte Anschlagformen, die als Einstellorgane federnd eingebaut werden.

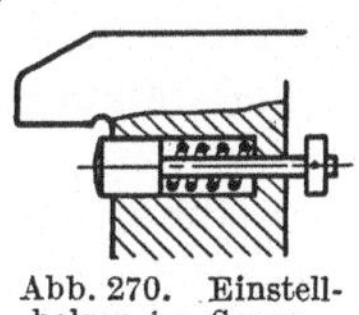

Abb. 270. Einstellbolzen im Spannorgan.

Aufnahme

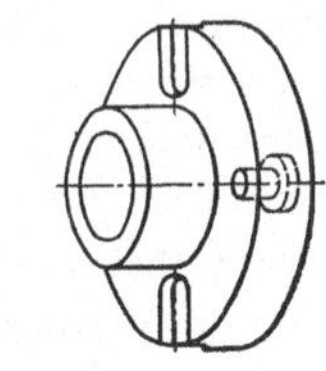

Abb. 271 u. 272. Wechselanschlag.

Abb. 271 stellt einen Wechselanschlag dar. Er wird benutzt, wenn von einer Stelle des Werkstückes (Loch, Nute usw.) 2 um 180° versetzte Arbeiten mit der gleichen Vorrichtung vorgenommen werden. Der nichtbenutzte Stift verschwindet selbsttätig.

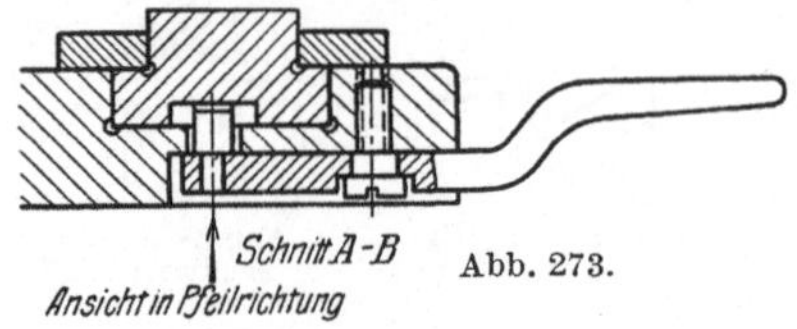

Abb. 273.

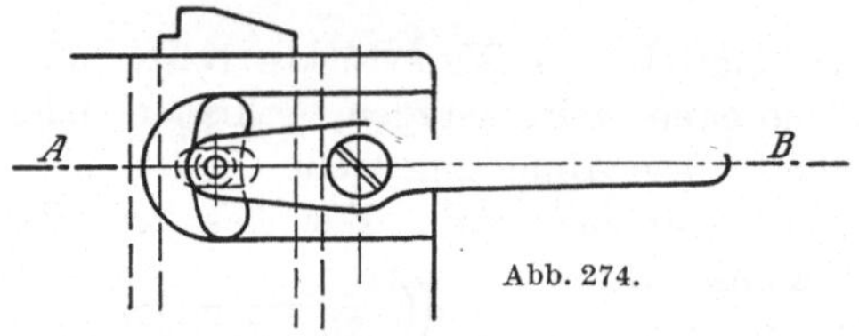

Abb. 274.

Abb. 273 u. 274. Schieberanschlag für schwere Stücke.

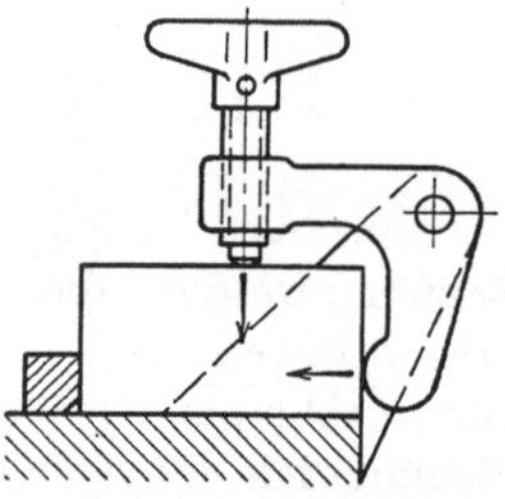

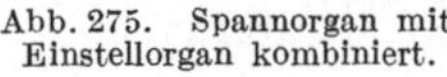

Abb. 275. Spannorgan mit Einstellorgan kombiniert.

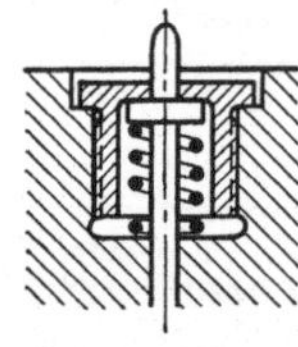

Abb. 276. Federnder (verschwindender) Anschlagstift.

Damit man beim Einstellen von Maschinen keine große Arbeit mit dauerndem wiederholtem Nachmessen hat, werden an den Vorrichtungen soweit als möglich Meßflächen angebracht, nach denen das Werkzeug eingestellt wird, oder besondere Einstellehren vorgesehen, die leicht auf die Vorrichtung, möglichst an Stelle des Werkstückes, aufgebracht und wie dieses eingespannt werden.

c) Verschluß der Vorrichtung.

1. Riegelnde Organe.

Abb. 277÷298. Riegelnde Organe sind die Vorrichtungselemente, die ein Teil (Bolzen, Brücke usw.) in seiner Lage festhalten (verriegeln). Die Konstruktionen nähern sich bei manchen Ausführungen der der Spannorgane. Die Verriegelung soll leicht lösbar sein. Die zu diesem Zwecke angebrachten Griffe und Hebel müssen freiliegen.

Die ursprünglichsten Formen sind einfache Steckstifte, die jedoch nur im Notfalle angewendet werden sollen, da der Stift ein loses Teil ist. Eine gute Sonderbauart ist der in Bajonettschlitzen geführte Stift nach Abb. 295. Der Stift bleibt bei dieser Ausführung an der Vorrichtung und kann nicht herausgezogen werden oder herausfallen. Die Kurve braucht keinen Anzug, nur ein steiles Vorschubstück aufzuweisen und muß an den Endpunkten ein Stück am Zylinderumfang der Drehrichtung parallel laufen.

Vorreiber nach Abb. 277 sind nicht gut, da bei der Abnutzung der Flächen ein Spiel zwischen Vorreiber und dem zu verriegelnden Organ entsteht.

Abb. 278 zeigt eine gute Durchbildung. Die eingesetzte Vierkantmutter gestattet ein genaues Einstellen des Vorreibers, auch wird durch das Gewinde das zu verriegelnde Element festgezogen. Die Kanten am Vorreiber sind dem Drehsinn entsprechend abzuschrägen.

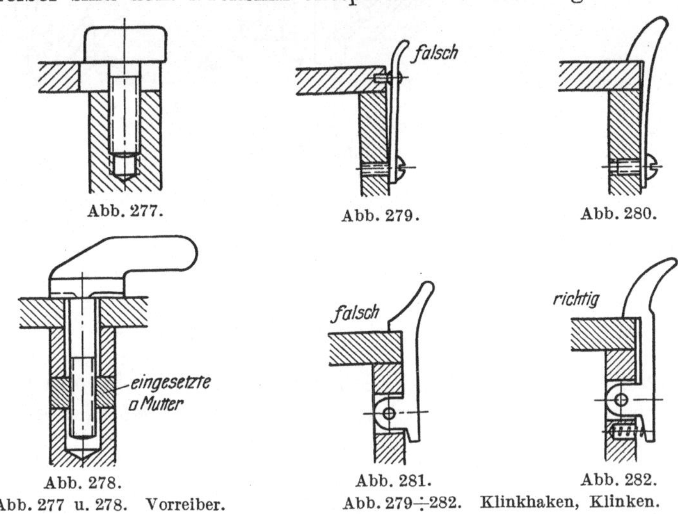

Abb. 277. Abb. 279. Abb. 280.

Abb. 278. Abb. 281. Abb. 282.

Abb. 277 u. 278. Vorreiber. Abb. 279÷282. Klinkhaken, Klinken.

Abb. 279, 280. Diese Klinkhaken sind schlecht, die nach Abb. 281, 282 besser. Die Abfederung erfolgt nicht durch die Klinke selbst, sondern durch eingelassene Druckfedern. In der Arbeitsfläche des zu ver-

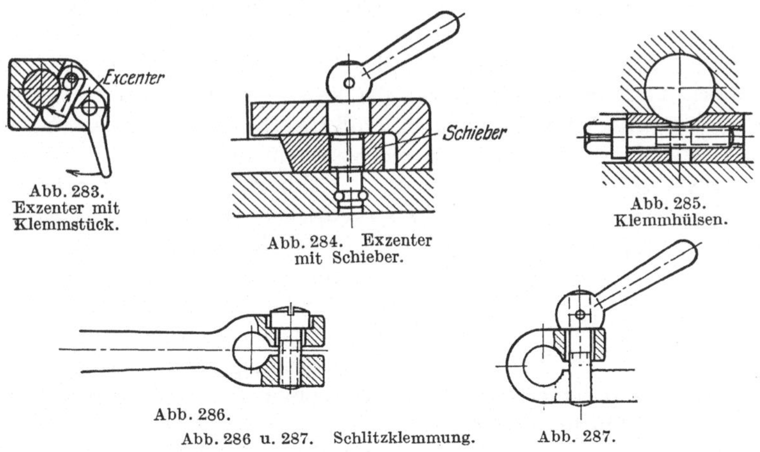

Abb. 283. Exzenter mit Klemmstück.

Abb. 284. Exzenter mit Schieber.

Abb. 285. Klemmhülsen.

Abb. 286. Abb. 287.

Abb. 286 u. 287. Schlitzklemmung.

riegelnden Elementes soll eine harte Platte eingebaut werden (vgl. unter Brücken).

Abb. 283÷287 zeigen Verriegelungen gegen Drehbewegung.

Abb. 285 zeigt eine gute Klemmriegelung, wie sie zum Festhalten von Pinolen und anderen zylindrischen Organen gegen Dreh- und Schraubbewegung benutzt wird.

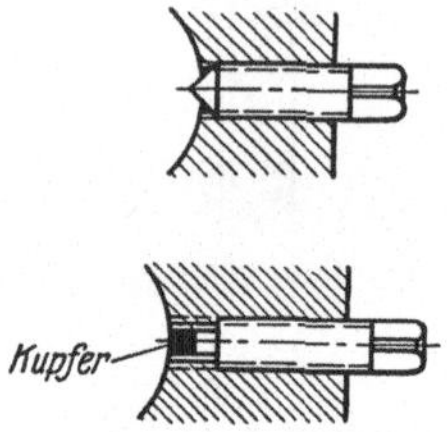

Kupfer

Brücke

Stehbolzen

Abb. 288 u. 289. Klemmschrauben.

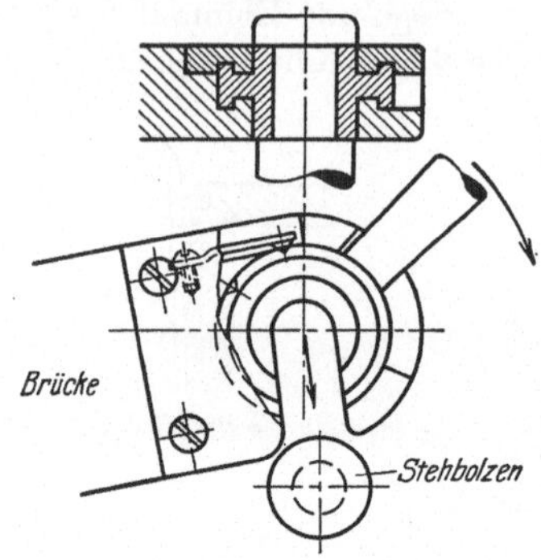

Abb. 290 u. 291. Ringriegel an Brücke.

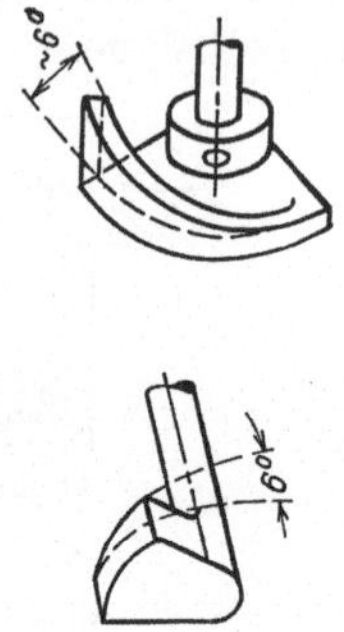

Abb. 292 u. 293. Keilscheibenriegel.

Abb. 288, 289. Schrauben sollen zur Klemmung nur mit Kupfer oder weichen Eisenbutzen verwendet werden. Spitzschrauben sind ganz zu vermeiden.

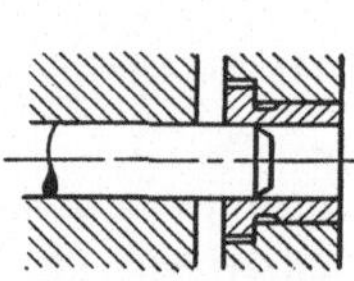

Abb. 294. Rundriegel.

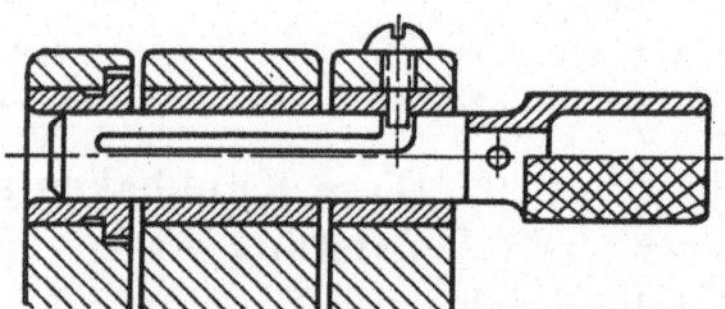

Abb. 295. Bajonettstecker als Rundriegel.

Abb. 290, 291 stellen einen Ringriegel dar, der als sehr gute Riegelung für horizontal drehbare Brücken anzusprechen ist. Wird er für eine vertikal drehbare Brücke benutzt, muß die Riegelstellung so sein, daß das Gewicht des Hebels diesen nicht verschiebt.

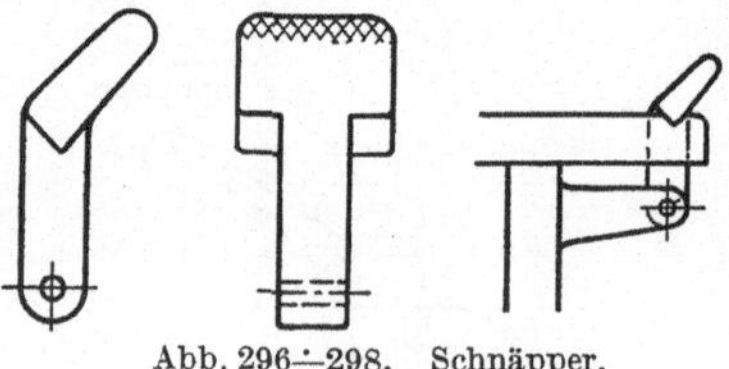

Abb. 296÷298. Schnäpper.

Abb. 292, 293. Der Scheibenkeilriegel wird zur Verriegelung von großen Klappen, Türen und Schlitten benutzt. Vorteilhaft wird eine Verdrehfeder eingebaut, die das Organ immer in riegelnder Stellung hält, so daß nach dem Einfahren, z. B. eines Schlittens, der Schieberkeil selbsttätig in die Verriegelung hineinschnappt.

Riegelungen für Teilscheiben siehe diese.

Oft werden auch Spannorgane mit der Riegelung zwangläufig verbunden, z. B. Haken, Hebel, Exzenter und Schrauben. Diese sind unter Kombinationen zu ersehen.

2. Klappen und Brücken.

Abb. 299÷310. Brücken sind die Teile einer Vorrichtung, die das Werkstück „überbrücken", um, als Aufnahmeorgan für Bohrhülsen und Spannorgane ausgebildet, ein leichtes Aus- und Einbringen des Werkstückes aus der Vorrichtung zu ermöglichen.

Abb. 299. Die Brücke als direktes Spannorgan darf nur angewendet werden, wenn sie keine Bohrbüchsen trägt. Das Spann- oder Druckstück muß pendelnd gelagert oder einstellbar sein. Die Konstruktion der gezeichneten Art ist aus der Abbildung zu ersehen.

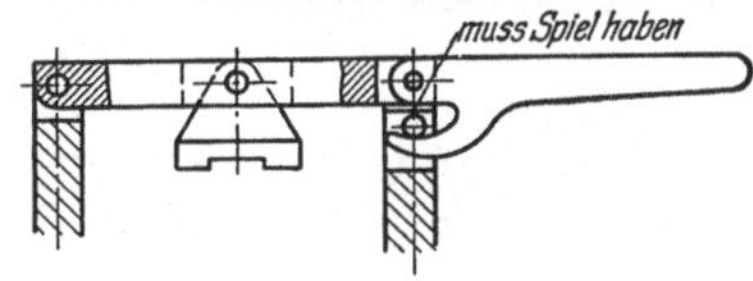

Abb. 299. Die Brücke spannt das Werkstück.

Klappschrauben sind als Anzugsorgan für Brückenspannung zu vermeiden und nur bei großen Vorrichtungen (Trogform) mit losem Deckel zu benutzen. Die Verriegelung der Brücke kann entweder mit der Spannung kombiniert oder von ihr gesondert geschehen. Es werden Klinkhaken, Vorreiber, Hakenhebel und Rundriegel zu diesem Zwecke verwendet. Am meisten wird der Klinkhaken mit Feder angebracht, da bei dieser Art Verriegelung nur ein Handgriff zum Lösen der Verriegelung beim Öffnen der Vorrichtung nötig ist, während das Schließen selbsttätig erfolgt.

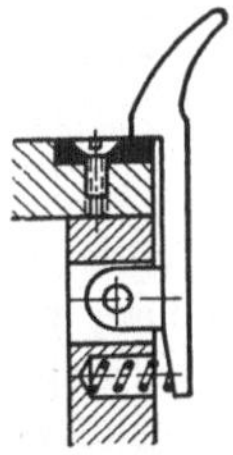

Abb. 300. Bei Verwendung der Klinkhaken ist an der Angriffsstelle in die Brücke eine gehärtete Platte einzusetzen, um zu rasche Abnützung und dadurch entstehende Ungenauigkeit zu vermeiden.

Abb. 300. Anordnung des Klinkhakens.

Abb. 301. Die Vorreiber sind nach Abb. 278 auszubilden. Die Vierkantmutter gestattet ein Ein- und Nachstellen des Vorreibers bei evtl. Abnützung. Ein Vorreiber ist nur dann anzubringen, wenn genügend Raum vorhanden ist, daß er ohne Schwierigkeit bedient werden kann.

Abb. 302. Bei Benutzung des Hakenhebels als Verriegelungsorgan

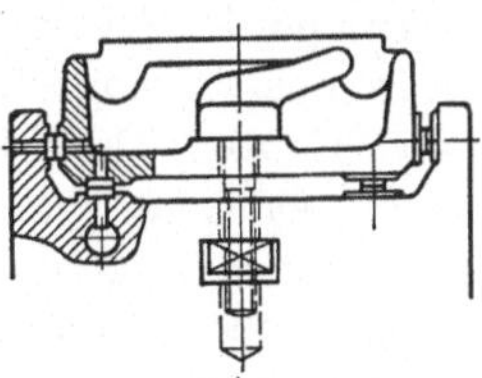
Abb. 301. Anordnung eines Vorreibers.

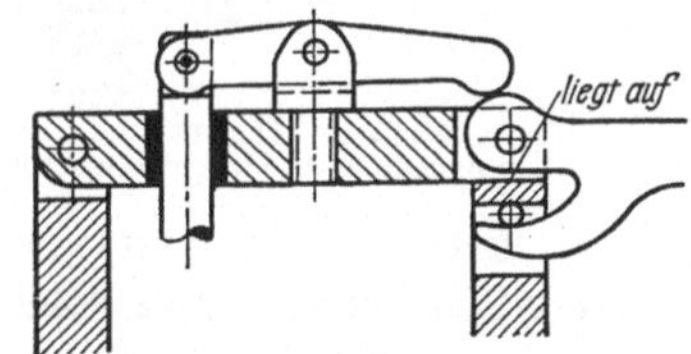

Abb. 302. Verriegelung durch Hakenhebel.

wird am besten die Spannung des Werkstückes mit dem Hebel kombiniert. Der Haken darf nur eine kleine Strecke den Deckel spannen und muß dann in verriegelter Stellung weiter drehbar sein, damit für das Spannorgan noch genügend Anzug vorhanden ist. Die Brücke muß in diesem Falle an der Verriegelungsstelle gut aufliegen, damit sie stets in genau wagerechter Lage bleibt.

Trägt die Brücke Bohrbüchsen, muß sie an der Verriegelungsstelle fest auf gehärteten Flächen aufliegen, damit immer eine genaue Lage gewahrt bleibt. Auch muß sie gegen eine seitliche Verschiebung durch gute Aufnahmen gesichert sein.

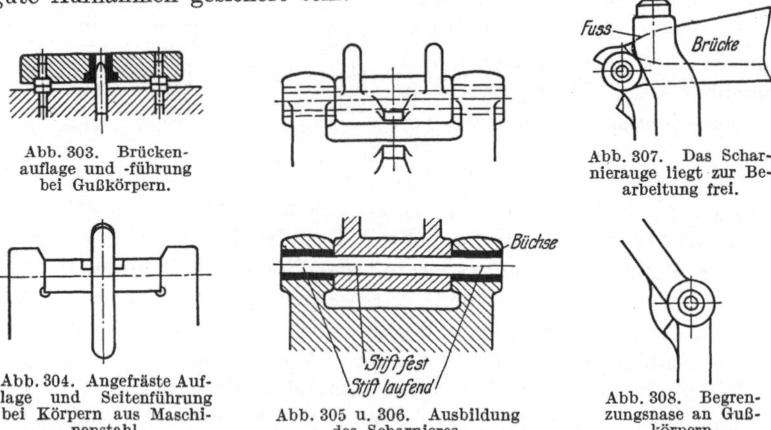

Abb. 303. Brückenauflage und -führung bei Gußkörpern.

Abb. 307. Das Scharnierauge liegt zur Bearbeitung frei.

Abb. 304. Angefräste Auflage und Seitenführung bei Körpern aus Maschinenstahl.

Abb. 305 u. 306. Ausbildung des Scharnieres.

Abb. 308. Begrenzungsnase an Gußkörpern.

Abb. 303. Als Auflagen werden vorteilhaft gehärtete Bolzen in Brücke und Vorrichtungskörper eingeschlagen. Gegen seitliche Verschiebung ist sie durch einen abgeschrägten Stift oder an den Vorrichtungskörpern angearbeiteten Flächen gesichert.

Abb. 304 u. 301 zeigen eine gut durchgeführte Konstruktion einer Brückenaufnahme. Auflage und Führung ist durch gehärtete Bolzen herbeigeführt.

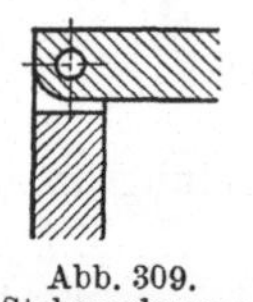

Abb. 309. Stehengelassene Kante an Brücken aus Maschinenstahl.

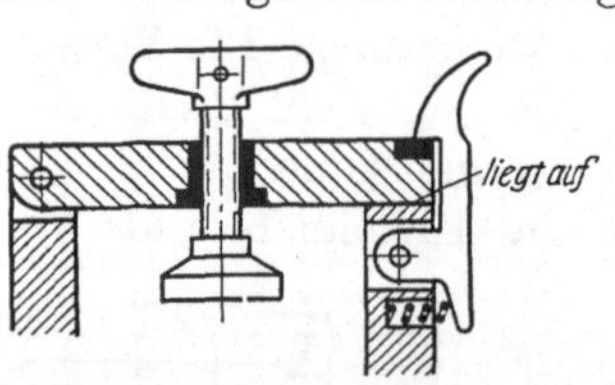

Abb. 310. Schema einer normalen Brücke mit Klinkhakenverriegelung.

Abb. 305, 306. Um eine gute Führung der Brücke zu erhalten, ist das Scharnier und der Scharnierstiftdurchmesser möglichst groß auszuführen. Der Stift muß gehärtet und geschliffen sein, in der Brücke festsitzen und in den seitlichen Lagern laufen. Bei größeren Scharnieren und solchen, die mit größter Präzision bewegt werden, sind in diese seitlichen Lager gehärtete und geschliffene Büchsen einzupressen.

Die Scharnierlagerlappen, die an den Vorrichtungskörper angegossen werden, sind mit Bearbeitungsaugen zu versehen.

Abb. 307. Das Loch für den Scharnierstift ist so zu legen, daß es ohne Schwierigkeit und ohne andere Teile der Vorrichtung zu schwächen gebohrt werden kann.

Abb. 308. Um ein zu weites Zurückklappen der Brücke zu vermeiden, ist am Scharnier eine Begrenzungsnase und am Vorrichtungskörper eine entsprechende Anschlagwarze anzubringen. An Brücken aus Maschinenstahl ist aus diesem Grunde die obere Kante **nicht** abzurunden (Abb. 309).

d) Paß- und Führungsteile.

1. u. 2. Verschiedene Paßverbindungen und Führungen.

Abb. 311÷363. Alle an Vorrichtungen angeschraubten oder eingepreßten Teile, wie Platten, Arme, Bohrbüchsenträger, Aufnahmen usw., sind gegen Verschieben nach beiden Richtungen der Paßebene unbedingt zu sichern. Und zwar hat diese Sicherung immer **eindeutig** zu erfolgen, d. h. es sollen nie mehr als 2 Paßteile das angeschraubte oder eingepreßte Teil „tragen". Es sind deshalb immer 2 zylindrische Stifte, die gehärtet und geschliffen mit Treibsitz angeschlagen werden, oder 1 Stift und 1 Nute mit Feder oder 1 Stift und 1 Einpaßringfläche zu verwenden.

Man unterscheidet zweierlei Arten von Passungssicherungen, „bewegliche" und „feste" Schiebungs- und Drehungssicherung. Die erstere kommt in Frage bei verschiebbaren Schlitten, Passungen der Vorrichtungen auf Maschinentischen mit Nutensteinen usw. und kann als Übergang zu den Führungsteilen betrachtet mit diesen besprochen werden.

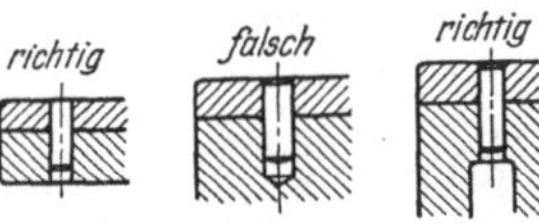

Abb. 311÷313. Anordnung der Stifte in prismatischen Platten.

Die zweite Art, die festen Sicherungen, sind solche, bei denen das befestigte Stück unter keinen Umständen verschoben werden darf, Schnittplatten, Aufnahmeplatten, Bohrbüchsen usw. Die Sicherung selbst erfolgt in solchen Fällen am besten durch 2 zylindrische Stifte.

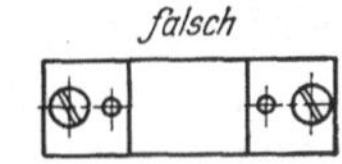

Abb. 314 u. 315. Richtige Lage der Stifte.

Abb. 311÷313. Die Löcher, in die die Stifte eingeschlagen werden, sind entweder in der Stärke des Stiftes oder wie bei starken Stiften durch den ganzen Befestigungskörper zu führen, damit die Stifte schwächer jederzeit wieder ausgeschlagen werden können. „**Stifte nie in Sacklöcher einschlagen.**"

Abb. 314, 315. Werden 2 Stifte zur Sicherung angeordnet, so sind sie soweit als möglich an den äußersten Umfang des zu sichernden Stückes zu setzen, da sie so am besten ihren Zweck erfüllen.

Abb. 316, 317. Treten an einer Vorrichtung größere Kräfte auf, die ein Verschieben des zu sichernden Teiles veranlassen können, z. B. Gegenlagen an Fräsvorrichtungen, Aufnahmen usw., werden vorteilhaft an das betreffende Teil Federn angehobelt oder gefräst, die in eine entsprechende Nute des Körpers sauber einzupassen sind und die Kräfte aufnehmen (quer zur Kraftrichtung). Eine Sicherung gegen Verschieben in Richtung der Nute kann dann durch nur einen kräftigen Stift erfolgen.

Abb. 318÷327. Bei Passungen von runden Teilen, wie Aufnahmen, Schieber, Bolzen, Ansätzen usw., die eingepreßt oder geschraubt werden,

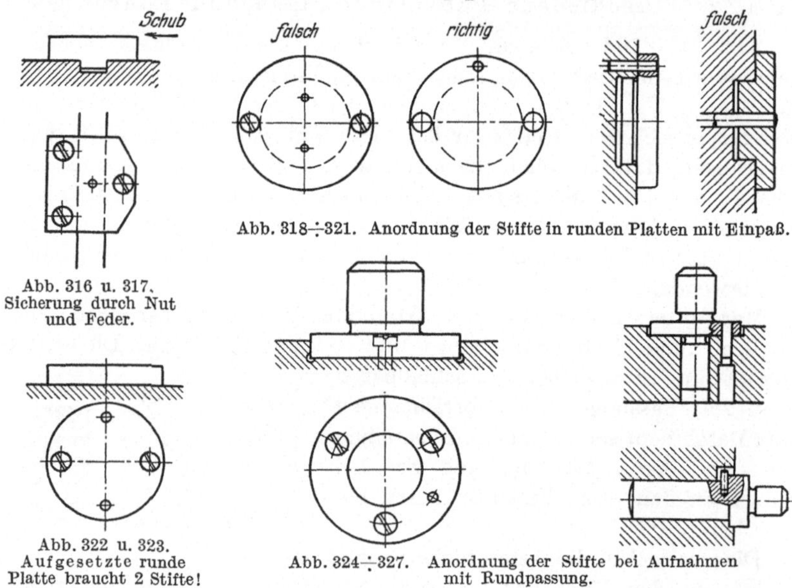

Abb. 316 u. 317. Sicherung durch Nut und Feder.

Abb. 318÷321. Anordnung der Stifte in runden Platten mit Einpaß.

Abb. 322 u. 323. Aufgesetzte runde Platte braucht 2 Stifte!

Abb. 324÷327. Anordnung der Stifte bei Aufnahmen mit Rundpassung.

soll nur eine Sicherung gegen Verdrehen in Frage kommen. Um das zu erreichen, wird ein Einpaßrand an das Stück angedreht und sauber geschliffen, so daß die Sicherung gegen Drehen von nur einem Stift, der möglichst weit nach dem äußeren Umfange gesetzt wird, übernommen werden kann.

Eine Ausführung nach Abb. 321 ist falsch, da beim Einbohren des Stiftes im Zentrum ein Drehen immer noch möglich und beim Anbringen von 2 Stiften einer unnötig ist. Eine runde Platte soll, wenn irgend angängig, entweder mit einem Zentrieransatz (Paßrand) versehen und einige Millimeter tief eingelassen werden oder mit 2 Paßstiften aufzusetzen sein.

Kegelstifte. Kegelstifte sind möglichst zu vermeiden, da sie keine genaue Paßarbeit gestatten und nach dem Einschlagen immer noch über umgebende Flächen herausragen, was zu Schmutzansammlungen führen kann. Auch ist ein Nacharbeiten des gesicherten Teiles in Richtung der Stiftlöcher schwierig, da meist nach erneutem Ausreiben das Stiftloch seine Mittelachse seitlich verschoben hat. Die Kegelstifte sollen nur angeordnet werden, wenn entweder die Löcher zur Aufnahme der Stifte nicht durch das Werkstück gebohrt und somit ein Ausschlagen der Stifte unmöglich ist oder wenn größere Vorrichtungen auf dem Maschinentisch aufgeschraubt sind und im evtl. Falle eines Auseinandernehmens zwecks Reinigung oder Instandsetzung Führungsplatten, Leisten usw. gelöst werden müssen, oder wenn man die Vorrichtung von der Maschine nehmen will.

Abb. 328. Verbindungsstift.

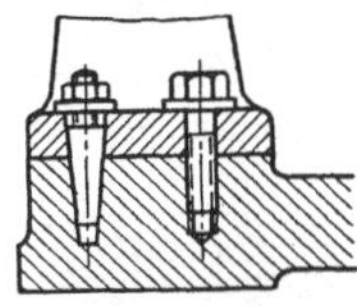

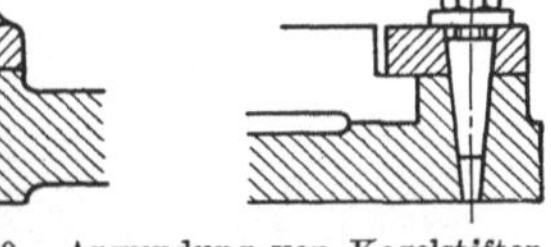

Abb. 329 u. 330. Anwendung von Kegelstiften mit Gewindezapfen.

Außerdem werden sie noch verwendet, wenn 2 Teile, z. B. Kurbel und Welle, fest verbunden werden sollen. Doch genügt in den meisten Fällen auch hier ein geeigneter zylindrischer Stift, der mit Treibsitz eingeschlagen wird, oder ein Kerbstift (Abb. 328)[1].

Werden in den genannten Fällen Kegelstifte verwendet, so sind dieselben immer mit einem Gewindezapfen zu versehen, so daß sie jederzeit leicht ausgezogen werden können.

In gehärtete Teile sollen Kegelstifte nie eingeschlagen werden, da sie leicht zum Zerspringen Anlaß geben und außerdem bei evtl. Nacharbeit dieser Teile (Schärfen, Schleifen) die Kegellöcher nicht nachgerieben werden können.

Abb. 329, 330 zeigt die Anordnung solcher Stifte.

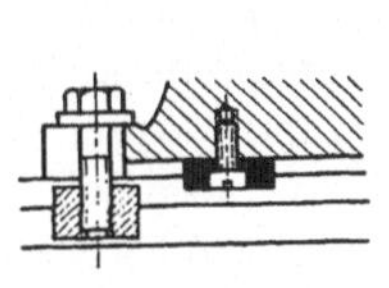

Abb. 331. Normale Anordnung der Nutensteine.

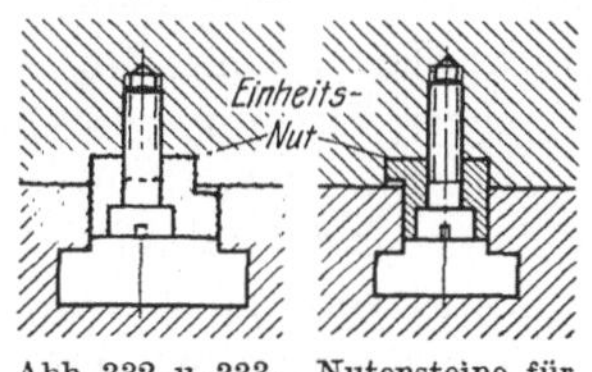

Abb. 332 u. 333. Nutensteine für Einheitsnute.

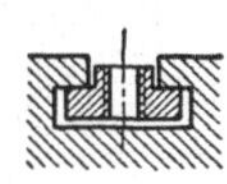

Abb. 334. Unterstein.

Nutensteine. Abb. 331, 334, 332÷333. Bei allen Vorrichtungen, die auf Maschinentischen mit Nuten aufgebracht werden, ist ein falsches (schiefes) Aufspannen durch Anordnung von Nutensteinen zu verhindern.

[1]) Der jetzt in den Handel gekommene „Kerbstift“ eignet sich gut für derartige Verbindungen, die jedoch nicht gelöst werden dürfen.

Die Ausführungsformen der Nutensteine sind wie folgt zu wählen:

Abb. 331. Wenn die Vorrichtung immer auf derselben Maschine gebraucht wird.

Abb. 332, 333. Bei Vorrichtungen, die auf verschiedenen Maschinen mit verschiedenen Nutenbreiten verwendet werden.

Abb. 334. „Untersteine“ (Gleitsteine) zum Festziehen der Vorrichtung auf dem Tisch oder bei beweglichen Teilen, die beim Lösen der Schrauben nicht von der Aufspannfläche abfallen dürfen.

Vorteilhaft ist es, an alle Vorrichtungen eine „Einheitsnute“ einzuarbeiten und Nutensteine nach Abb. 332, 333 mit verschiedenen Ansätzen auf Lager zu legen, so daß das Verwendungsbereich einer Vorrichtung weiter ausgedehnt werden kann.

Führungen. Abb. 325÷363. Wie bekannt, wird zur Führung von beweglichen Teilen die Schwalbenschwanzführung, die Führung in der

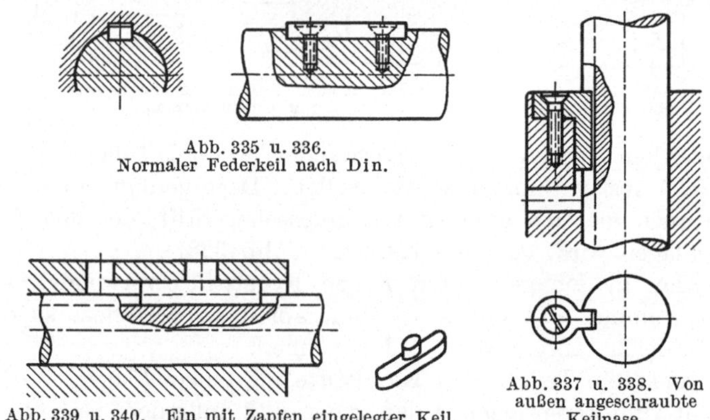

Abb. 335 u. 336. Normaler Federkeil nach Din.

Abb. 337 u. 338. Von außen angeschraubte Keilnase.

Abb. 339 u. 340. Ein mit Zapfen eingelegter Keil.

T-Nute sowie vorteilhaft die Rundführung verwendet. Letztere soll möglichst weitgehend benutzt werden, da sie eine leichte Paßarbeit ergibt, nicht so leicht ausläuft und nach DIN-Toleranzen hergestellt werden kann. Nur sind solche geführte Teile gegen Drehung durch eingelegte Federkeile zu sichern. Durchmesser der Rundführung sind möglichst groß zu wählen. Darf praktisch kein Spiel vorhanden sein, so ist ein nachstellbarer Trapezkeil mit entsprechender Nute mit Stell- sowie Befestigungsschrauben vorzusehen (Abb. 342).

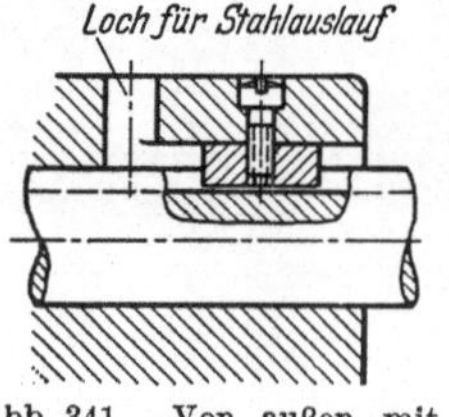

Abb. 341. Von außen mit Schraube gehaltener Keil.

Abb. 337÷341. Kann bei einer zylindrischen Führung in die Welle kein Keil eingelegt werden, ist der Keil entweder, wie die Abbildung zeigt, auszuführen oder, wenn möglich, in der Bohrung selbst durch eine von außen kommende Schraube zu befestigen.

Führungsorgane für Werkzeuge, wie Bohrer, Reibahlen, Fräser usw., siehe Bohrbüchsen.

Abb. 343÷346. Bei Schwalbenschwanzführungen ist zu beachten, daß der Winkel immer 55° beträgt, Arbeits- (Lauf-) Flächen ausgespart werden, und wenn es der Platz einigermaßen erlaubt, Einlagen zum Ausgleichen des Spieles und der Abnützung angebracht werden, die entweder durch Schrauben und Gegenmuttern oder besser durch zweiteilige keilförmige Ausführung nachstellbar eingerichtet sind.

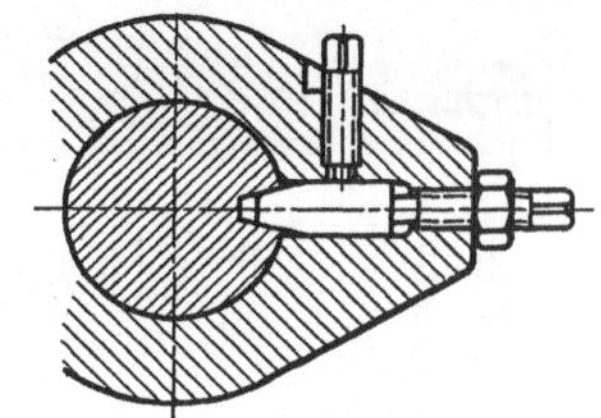

Abb. 342. Sicherung durch Trapezkeil bei Rundführung.

Kurze Führungen in T-Nuten sind, wenn irgend angängig, zu umgehen, da solche geführten Teile leicht ecken. Wird hingegen ein Vorrichtungs- oder Maschinenteil sehr viel bewegt und besteht die Möglichkeit, alle

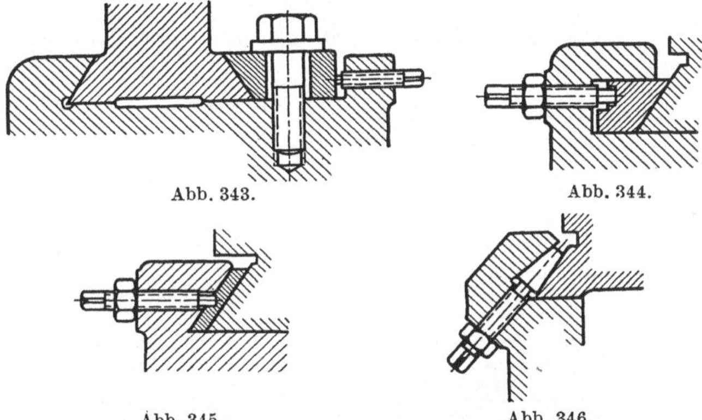

Abb. 343. Abb. 344.

Abb. 345. Abb. 346.

Abb. 343÷346. Verschiedene Anordnungen von Paßkeilen (Einlegekeilen) bei Schwalbenschwanzführung. Die Ausführung nach Abb. 346 gewährt die beste Führung, ist jedoch am schwierigsten in der Herstellung.

Teile der Flachführung sauber zu schleifen und zu passen, muß sie der Schwalbenschwanzführung vorgezogen werden, da sie ein leichteres Nacharbeiten gestattet.

Abb. 354÷356. Es ist zu beachten, daß nur der Fuß der T-Führung

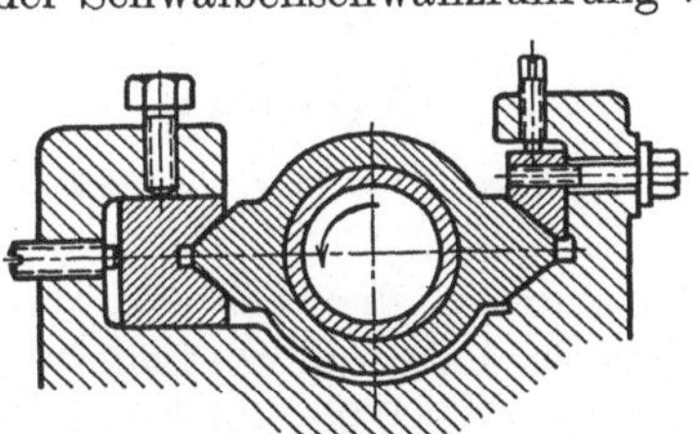

Abb. 347. Diese Konstruktion wird mit Vorteil verwendet, wenn eine Drehbewegung durch einen hin- und hergehenden Schlitten übertragen werden soll. Sie gestattet eine sehr genaue Einstellung.

Abb. 348 u. 349. Leistenanstellung durch halbes Gewinde im Einstellstück.

gepaßt wird, während die Schiene das geführte Stück nur in der Gleitbahn erhalten soll. Es ist deshalb zwischen Leiste (Schiene) und Gleitstück etwas Spiel zu geben.

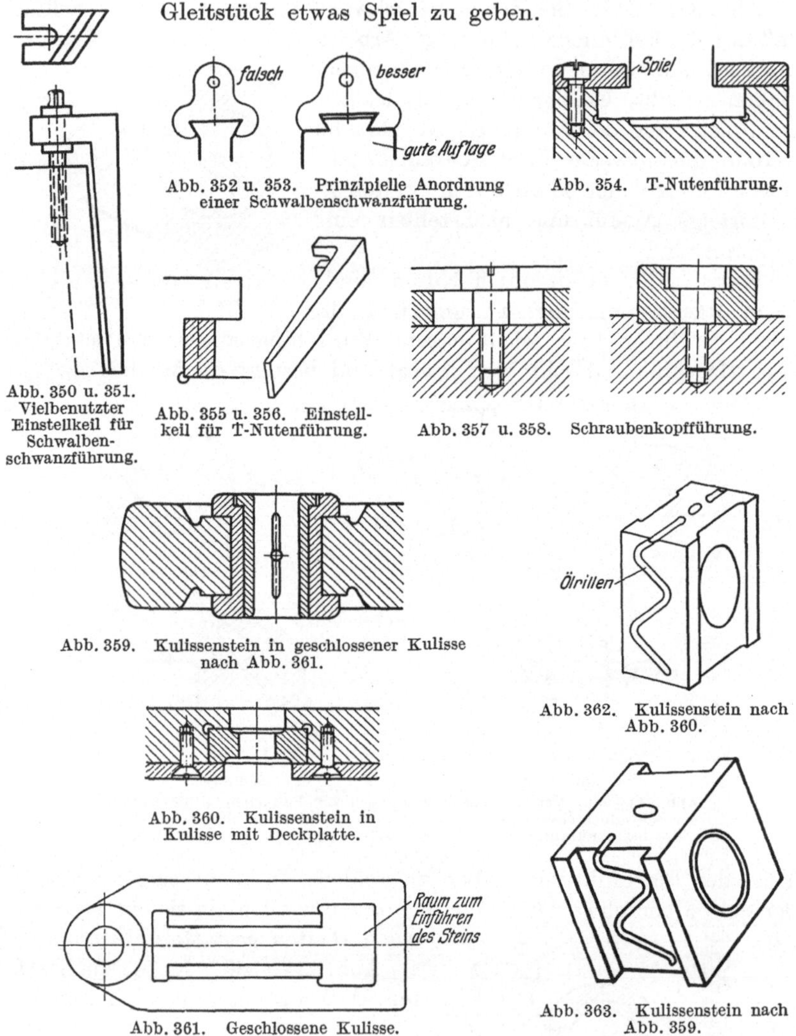

Abb. 350 u. 351. Vielbenutzter Einstellkeil für Schwalbenschwanzführung.

Abb. 352 u. 353. Prinzipielle Anordnung einer Schwalbenschwanzführung.

Abb. 354. T-Nutenführung.

Abb. 355 u. 356. Einstellkeil für T-Nutenführung.

Abb. 357 u. 358. Schraubenkopfführung.

Abb. 359. Kulissenstein in geschlossener Kulisse nach Abb. 361.

Abb. 362. Kulissenstein nach Abb. 360.

Abb. 360. Kulissenstein in Kulisse mit Deckplatte.

Abb. 361. Geschlossene Kulisse.

Abb. 363. Kulissenstein nach Abb. 359.

Abb. 357, 358 stellt eine Führung für untergeordnete Zwecke dar. Nicht der Schraubenkopf soll führen, sondern der Paßrand. Die Schraube ist mit einem zylindrischen Ansatz zu versehen, der 0,05÷0,1 höher ist als der Ansatz im Gleitstück..

Abb. 359÷363. Kulissensteine erhalten I-Führungen. Bei der Konstruktion muß darauf gesehen werden, daß der Stein in die Kulisse eingebracht werden kann; das wird erreicht durch genügend große Aussparung in der Kulisse oder durch Aufsetzen von Führungsplatten.

3. Bohrbüchsen.

Abb. 364÷392. Bohrbüchsen dienen zur sicheren Führung des Werkzeuges, Bohrers oder Senkers in der Vorrichtung. Sie werden entweder aus Werkzeugstahl oder aus im Einsatz gehärteten Eisen gefertigt, innen und außen geschliffen. Zur guten Einführung des Werkzeuges ist die obere Kante der Bohrung gut abzurunden.

Alle Bohrbüchsen sollen nur in dem Vorrichtungskörper selbst oder in Teilen, die fest und unverschiebbar mit ihm verbunden sind, befestigt werden. Auch die Brücke als Bohrbüchsenträger auszubilden, ist möglichst zu vermeiden. Läßt es sich aber nicht umgehen, muß die Brücke besonders gut gelagert und geführt werden (siehe Brücken).

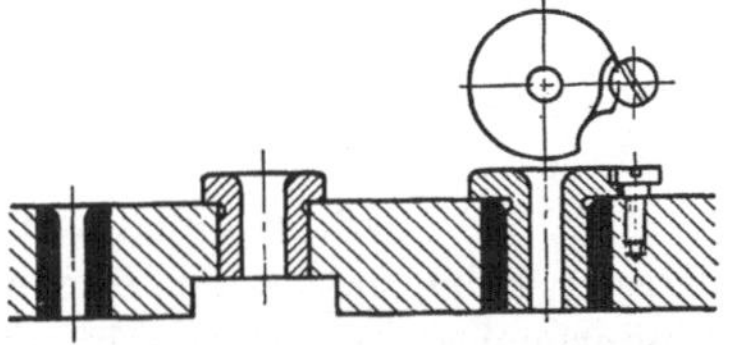

Abb. 364÷367. Normale Bohrbüchsen.
Abb. 364. Einfache Bohrbüchse, Abb. 365. Bohrbüchse mit Bund, Abb. 366 u. 367. Wechselbüchse.

Andere sich bewegende Teile sollen nur Bohrbüchsen tragen, wenn die Genauigkeit des herzustellenden Loches nicht groß oder bei der Herstellung sich ergebende Ungenauigkeiten in der Führung des Organes ausgeschaltet werden können.

Abb. 364÷367 zeigt die normalen Ausführungsformen der Bohrbüchsen.

Die einfache Bohrbüchse ohne Bund wird vorwiegend angewendet, sie wird fest in den Vorrichtungskörper mit Festsitz eingepreßt. Die Büchse soll nach der Seite der Bohrereinführung etwas über die umgebenden Flächen herausragen. Die Bohrbüchsen mit Bund werden dann benutzt, wenn eine Büchse ohne Bund nicht genügend lange Führung für das Werkzeug ergibt.

Abb. 368÷369. Die Büchsen sind so nahe als möglich, nötigenfalls unter Ausrundung oder Abschrägung, an das Werkstück heranzuführen. Jedoch soll die dem Werkstück zugekehrte Seite der Büchse möglichst gerade sein und senkrecht zur Bohrungsachse und parallel der Oberfläche des Werkstückes an der betreffenden Stelle sein. Die Führungsbohrung darf nicht angeschliffen werden, da sich sonst die Späne klemmen.

Abb. 368 u. 369. Abgenommene Bohrbüchsen.

Abb. 370÷373. Liegt die zu bohrende Stelle des Werkstückes weit entfernt vom Bohrbüchsenträger, und kann sie nicht näher gehalten werden, sind die Bohrbüchsen als tiefliegende Büchsen auszuführen. Sie müssen mit Treibsitz gut eingepreßt werden, der

Bund muß ringsum fest anliegen. Eine Ausführung nach Abb. 371 ist nicht einwandfrei. Bei sehr schwachen Bohrerdurchmessern ist die obere Ausdrehung der Büchse so groß zu machen, daß der verstärkte Bohrerschaft noch frei läuft.

Abb. 374, 375. Müssen die Bohrbüchsen durch Unter- oder Zwischenlagen geführt werden, dürfen sie nicht in ihnen festsitzen. Das Durchgangsloch muß in den betreffenden Teilen 1 mm bei kleinen, 2 mm bei

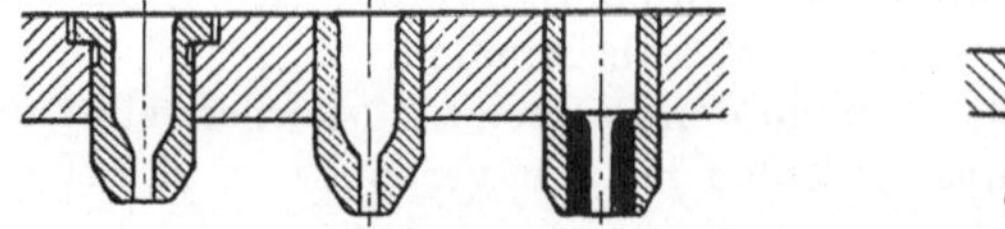

Abb. 370÷373. Tiefliegende Bohrbüchsen.

mittleren und 3 mm bei großen Bohrbüchsen größer sein als der Außendurchmesser.

Abb. 376÷378. Können in den Vorrichtungskörpern aus irgendeinem Grunde keine normalen Büchsen eingeschlagen werden, müssen oft Sonderbüchsen angeschraubt werden. Sie sind mit größter Sorgfalt und Genauigkeit herzustellen und gegen Verschieben durch 2 Stifte oder besser durch Nut und Feder und einem Stift zu sichern.

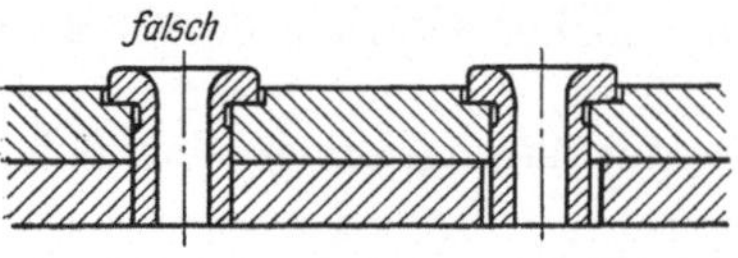

Abb. 374 u. 375. Durch eine Unterlage geführte Büchse.

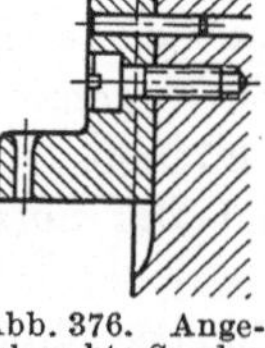

Abb. 376. Angeschraubte Sonderbüchse in Winkelform.

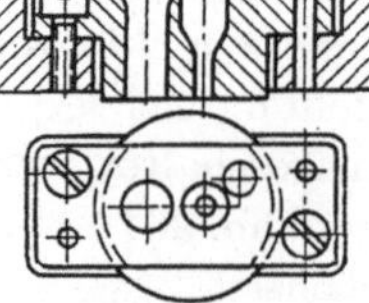

Abb. 377 u. 378. Eingelassene Sonderbüchse.

Abb. 379÷387. Sollen 2 nahe aneinanderliegende Löcher gebohrt werden, sind entweder 2 Büchsen mit Abflachung aneinander zu setzen oder beide Löcher in eine Büchse einzubohren. In letzterem Falle ist diese Büchse gegen Verdrehen zu sichern.

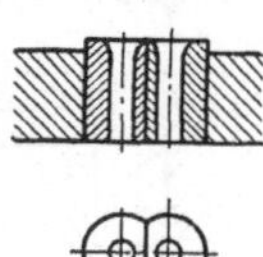

Abb. 379 u. 380. Abgeflacht aneinandergesetzte Büchsen.

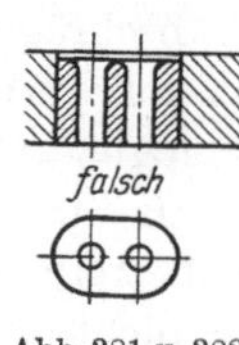

Abb. 381 u. 382. Ovale Büchse ermöglicht keine genaue Passung.

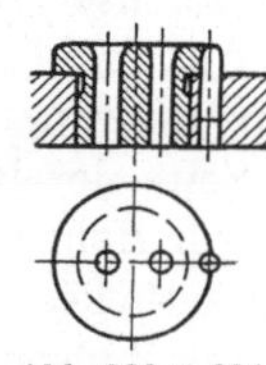

Abb. 383 u. 384. Runde Doppelbohrbüchse gegen Drehen gesichert.

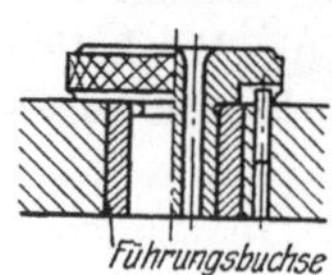

Abb. 385. Umschlagbohrbüchse.

Abb. 385. Es kann auch eine Umschlagbüchse verwendet werden, wenn die beiden Lochdurchmesser gleich sind. In jeder Stellung muß eine gut festsitzende Rast angebracht sein.

Abb. 388. Oft ist es vorteilhaft, die Bohrbüchse als Spannorgan auszubilden. Sie ist dann mit Gewinde und zylindrischen geschliffenen Führungsflächen auszuführen, der Bund zu rändrieren und ein genügend großer Abstand des Bundes vom Bohrbüchsenträger einzuhalten.

Abb. 389 zeigt eine mangelhafte Ausführung, da kein Führungsorgan vorgesehen ist.

Abb. 390, 391. Muß die Spannung bei größeren Bohrerdurchmessern stärker sein, wird eine durch Hebel und Schraube oder Exzenter gespannte Büchse verwendet. Die Konstruktion ist so zu halten, daß ein Festsetzen der Büchse durch Späne vermieden wird. Die Büchse gleitet in einer gehärteten und geschliffenen Hülse, die fest eingepreßt ist.

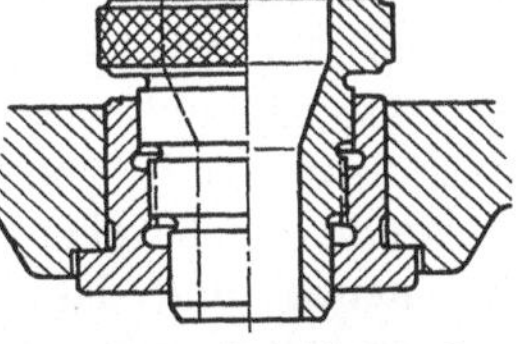

Abb. 388. Bohrbüchse als Spannorgan; gute Ausführung.

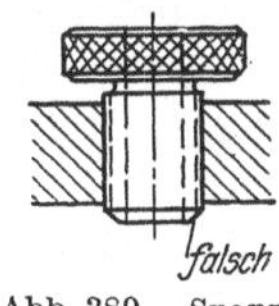

Abb. 389. Spannbohrbüchse; falsche Ausführung.

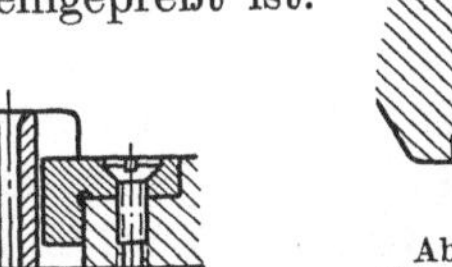

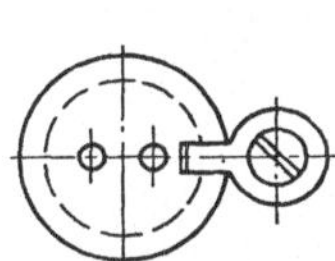

Abb. 386 u. 387. Größere Doppelbüchse mit Keilnase gesichert.

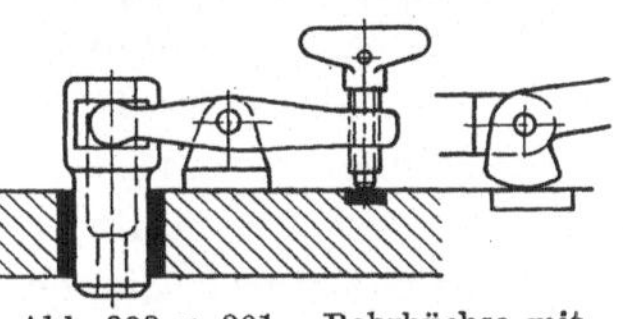

Abb. 390 u. 391. Bohrbüchse mit Hebelspannung durch Schraube Abb. 390 und Exzenter Abb. 391.

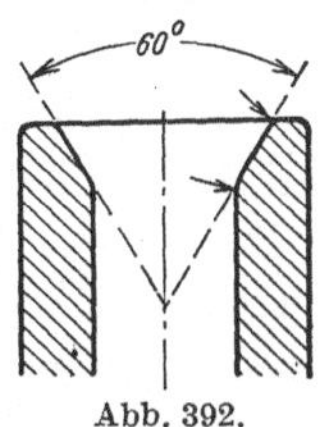

Abb. 392.

Erfolgt beim Lösen kein automatisches Abheben der Bohrbüchse vom Werkstück, ist unter dem Bund der Büchse eine Feder, die gegen Späne geschützt sein muß, einzusetzen.

Abb. 366. Muß ein gebohrtes Loch des Werkstückes in der Vorrichtung aufgerieben oder nachgesenkt werden, ist die Bohrbüchse herausnehmbar anzuordnen. Diese Büchse, die in harten Hülsen, welche gleich als Führungsorgan für das Senkwerkzeug benutzt werden, gleiten, sind gegen Verdrehen und Herauswandern zu sichern.

Kommen an einer Vorrichtung mehrere solche Büchsen mit verschiedenen großen Bohrungsdurchmessern vor, sind die Außendurchmesser auch verschieden groß zu halten, damit die Büchsen nicht verwechselt werden können.

Abb. 392. Die Einführungskanten aller Büchsen sind gut abzuschrägen und zu runden.

4. Passungen im Vorrichtungsbau.

Toleranzen. Wie bekannt, ist es nicht möglich, bei der Bearbeitung eines Werkstückes ein genaues Maß einzuhalten. Es müssen die Körper, die zusammen- oder ineinandergepaßt werden sollen, in bestimmten Maßgrenzen hergestellt sein. Der Unterschied in den Abmessungen, der durch die obere und untere Grenze, d. h. zwischen maximalen und minimalen Maßen gegeben ist, heißt „Toleranz". Ist G das maximale und K das minimale Maß eines Stückes, wird $G - K = T$ die Toleranz. Es wird also das wirklich erreichbare Maß W zwischen den beiden Grenzmaßen liegen.

Die Lehre, die den Durchmesser G mißt, muß über das Stück geführt werden können, d. h. daß das Stück, wenn es noch nicht lehrenhaltig ist, so lange bearbeitet werden muß, bis die Lehre paßt, das Werkstück also „gut" ist. Deshalb nennt man diese Lehre „Gutseite", entgegen der Lehre mit dem Maß K, die nicht über das Stück gehen darf und somit Ausschußseite genannt wird. Bildet die Gutseite AB das Begrenzungsmaß, von dem aus alle Toleranzen und Abmaße nach oben oder unten eingetragen werden, nennt man das Toleranzsystem das „Gutseiten-Begrenzungslinien-System". Wird hingegen das Maß W, d. h. das Maß, das man wirklich erreichen will, als die Linie genommen, von der die Toleranzen nach oben und unten, also als $\pm$ Maße eingetragen werden, nennt man dieses das „Symmetrieliniensystem".

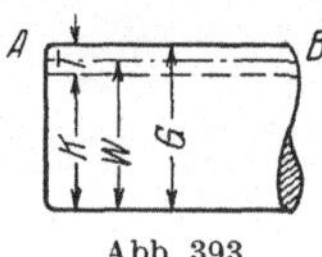

Abb. 393.

Passungen. Eine Passung ist das Maßverhältnis zweier ineinandergesteckter Körper, ausgedrückt durch die Größe ihrer positiven oder negativen Bewegungsmöglichkeiten gegeneinander.

Die Größe der Bewegungsmöglichkeit wird dargestellt durch das „Spiel", das ist der freie Raum zwischen beiden Körpern. Das Spiel kann auch negative Werte annehmen, d. h. dann, die Körper haben „Übermaß". Hat das Spiel einen positiven Wert, so können die Paßteile gegeneinander bewegt werden, hat das Spiel hingegen einen negativen Wert, ist also Übermaß vorhanden, so sitzen sie mit mehr oder weniger Spannung fest ineinander.

Die Verteilung der Toleranzen und Abmaße auf die jeweilig zu passenden Werkstücke (Bohrungen und Wellen) richtet sich nach dem zugrunde gelegten Passungssystem. Für uns kommt vorwiegend Einheitsbohrung und Einheitswelle in Frage.

Bei dem Einheitsbohrungssystem werden für die verschiedenen Passungen (Sitzarten) die Bohrungsdurchmesser gleich groß gehalten und durch jeweilig schwächere oder stärkere Wellen die gewünschte Passung herbeigeführt. Es werden also Wellen in Bohrungen eingepaßt.

Bei dem Einheitswellensystem werden für die verschiedenen Passungen (Sitzarten) die Wellendurchmesser gleich groß gehalten und durch jeweilig größere oder kleinere Bohrungen die gewünschte Passung herbeigeführt. Es werden also Bohrungen auf Wellen aufgepaßt.

Die Größe der zulässigen Abmaße und Toleranzen hängt ab:

1. Von der Güte der Bearbeitung, d. h. von der Beschaffenheit der Oberfläche, ob geschruppte, geschlichtete, geschliffene, polierte oder gezogene Werkstücke verwendet werden. Deshalb nennt man die Grade, abhängig von der Bearbeitung, „Gütegrade", z. B. Edel-, Fein-, Schlicht- und Grobpassung.

2. Von der Art der zu erreichenden Verbindung, je nachdem die Stücke fest ineinander sitzen, sich gegenseitig verschieben oder verdrehen lassen sollen. Die verschiedenen Abstufungen der Verbindungen nennt man „Sitzarten" oder „Sitze", z. B. Laufsitz, Schiebesitz, Festsitz usw.

Rundpassungen nach DIN. Für die Rundpassungen (Wellen und Bohrungen) ist die Gutseite als Begrenzungslinie gewählt, weil hierbei das in die Zeichnung einzutragende Grundmaß (Nennmaß) praktisch erreicht wird, während das Maß der Ausschußseite nicht erreicht werden darf.

Die Anwendung der Einheitsbohrung oder Einheitswelle wird nach folgenden Gesichtspunkten festgelegt:

EB = Einheitsbohrung soll normalerweise bevorzugt werden, wenn nicht unbedingt das Einheitswellensystem erforderlich ist. Jede Welle mit mehr als einer Sitzart ist bei der Ausführung nach Einheitsbohrung für die einzelnen Sitzarten stets abzusetzen.

Vorteile der EB: Für alle Sitzarten eines Durchmessers nur eine Reibahle mit dem Nennmaß als Durchmesser erforderlich. Die dazu passenden Wellenabstufungen können leicht durch Drehen und Schleifen hergestellt werden.

EW = Einheitswelle muß dann genommen werden, wenn bei glatter Welle zwischen 2 Ruhesitzen 1 Bewegungssitz liegt, wenn gezogene oder vorhandene Wellen ohne Nacharbeit verwendet werden sollen, überhaupt bei allen durchgehenden Wellen und solchen, die nicht abgesetzt werden können oder dürfen, z. B. Vorgelege, Transmissions- und Kurvenwellen bei Automaten usw.

5. Passungsanwendungen im Vorrichtungs- und Werkzeugbau.

Bestimmen des Gütegrades. Die Edelpassung ist da anzuwenden, wo ein äußerst gleichmäßiger Sitz verlangt wird. Genau laufende oder gleitende Teile in Vorrichtungen, Füße in schwachen Gußkörpern oder 2 gehärtete Stücke, die fest ineinandergepaßt werden sollen (Lehrenbau).

Die Feinpassung kommt für alle Passungen im Vorrichtungs-, Lehren- und Werkzeugbau in Frage, wo nicht unbedingt die Edelspannung verwendet werden muß.

Die Schlicht- und Grobpassung kann im Werkzeugbau nur für ganz untergeordnete Zwecke Verwendung finden.

Bestimmung der Sitzarten (aus Betriebsbücher Nr. 1, V. d. I.-Verlag, entnommen und für Vorrichtungsbau zugeschnitten).

Der Preßsitz wird für Teile, die mit einer starken Spannung in nachgiebiges Material, wie Schmiedeeisen und weichen Stahl, eingepreßt werden, verwendet. Festsitzende Bolzen, Bohrfüße, harte Teile, die nicht ausgewechselt werden und alle unbedingt sicher sitzenden Teile, soweit es die Elastizität des Körpers zuläßt.

Der Festsitz wird für Paßteile verwendet, die unter allen Umständen sicher mit einer geringen Spannung festsitzen müssen und nur unter Druck zusammengefügt werden können. Sie sind gegen Verdrehung zu sichern. Bohr-, Gewinde- und Führungsbüchsen, Bolzen, Lagerbüchsen, die von Zeit zu Zeit ausgewechselt werden müssen.

Der Treibsitz wird bei Teilen verwendet, die stets gegenseitig festsitzen müssen und nur mit dem Handhammer auseinandergetrieben werden können. Die Teile sind gegen Verdrehung zu sichern. Stifte für Dauerbefestigung, sitzende Bolzen bei Werkzeugmaschinen.

Der Haftsitz wird bei Teilen verwendet, die gegenseitig festsitzen sollen, aber ohne erheblichen Kraftaufwand zusammengefügt werden können. Die Teile sind gegen Verdrehung zu sichern. Teile, die öfters ausgewechselt werden müssen und doch festsitzen sollen. Größere Büchsen, Hülsen, Einpässe je nach Konstruktion.

Der Schiebesitz wird dann verwendet, wenn sich die Teile von Hand aus schwer oder mit leichten Holzhammerschlägen verschieben lassen müssen. Gegen Verdrehung sichern! Zentrierflanschen, Aufnahmeringe, Schnittplatten, Aufnahmebolzen, Exzenter auf Wellen, Gabelzapfen, Handräder und Griffe auf Spindeln.

Der Gleitsitz kommt für solche Teile in Frage, die sicher gelagert sein müssen, sich aber von Hand noch eben verschieben lassen. Pinolen, Kolben, Ziehringe, Aufnahmen der Bohrungen auf Bolzen oder Stiften, drehbare Arme und Tische, Riemenscheiben und Stellringe.

Der enge Laufsitz wird für Paßteile verwendet, die sich gegenseitig ohne merkliches Spiel leicht bewegen lassen. Indexstifte in Büchsen, Teilscheiben im Lager, drehbare Teile, Schiebelehren, Maschinenspindeln.

Der Laufsitz wird für Teile verwendet, die sich mit merklichem Spiel bewegen sollen. Losscheiben, drehbare Vorrichtungsteile, Bügel und Brücken um den Zapfen.

Der leichte Laufsitz kommt für Teile, die sich mit reichlichem Spiel bewegen sollen, in Frage. Mehrfach gelagerte Wellen, Pinolen und Kolben für untergeordnete Zwecke.

Der weite Laufsitz wird verwendet, wenn sich die Teile mit reichlichem Spiel, mit gleichmäßiger Genauigkeit bewegen sollen. Flanschen und Kränze in Ausdrehungen, wenn die Zentrierung des Stückes am Schaft oder der Büchse geschieht.

Flachpassungen. Werkstücke für Flachpassungen werden mit den entsprechenden Toleranzen und Abmaßen der Rundpassung versehen. Es kommen nur Gleit-, Haft- und Schiebesitz für rechteckige Querschnitte in Frage. Andere Sitze sind von Fall zu Fall zu tolerieren (Voraussetzung ist, daß genau rechtwinklige Stücke gepaßt werden).

Passungslose Maße sind solche, die wohl innerhalb gewisser Grenzen eingehalten werden sollen, aber nicht für Passungen im engeren Sinne Verwendung finden. Diese Toleranzen werden nach dem Symmetrieliniensystem mit $\pm$ vom Nennmaß eingetragen.

Ihre Größe hängt von der geforderten Genauigkeit und der Bearbeitung ab.

Kugellagerpassung. Da die Kugellager durchweg eine Minustoleranz haben, die den normalen Größen nicht entspricht, ergeben sich für alle Kugellager, für den Außenring sowie für die Bohrung, Sonderpassungen, die aus nachstehender Zahlentafel I (aus „Schuchardt und Schütte") zu entnehmen sind.

Bei der Passung des Außenringes des Kugellagers wird nach dem Prinzip der Einheitswelle, bei der der Bohrung nach Einheitsbohrung verfahren und Lagerbohrung im ersten, die Welle im zweiten Fall den Abmessungen des Kugellagers entsprechend toleriert.

Zahlentafel I.

Ruhesitz (Wellentoleranz) nach Einheitsbohrung.				
Durchmesser	4÷30	30÷50	50÷80	80÷250
Gutseite +	0,003÷0,008	0,012	0,017	0,022÷0,04
Ausschußseite	0	0	0	0

Gehäusetoleranz nach Einheitswelle			
Durchmesser	10÷260		10÷260
Gutseite	H	oder	G
Ausschußseite	S		G

Wird der äußere Kugellagerring in ein Gehäuse aus Aluminium oder sonstigem weichem Werkstoff eingesetzt, sind die Toleranzen so zu wählen, daß ein Festsitz erreicht wird.

Angewendete Passungen. Aus den Abb. 394÷429 ist zu ersehen, welche Sitzarten im Vorrichtungsbau, bei den meist in Frage kommenden Teilen, angestrebt werden sollen. Hat ein Werk nicht die Normallehren für die DIN-Passungen am Lager und sollen doch Sitze erreicht

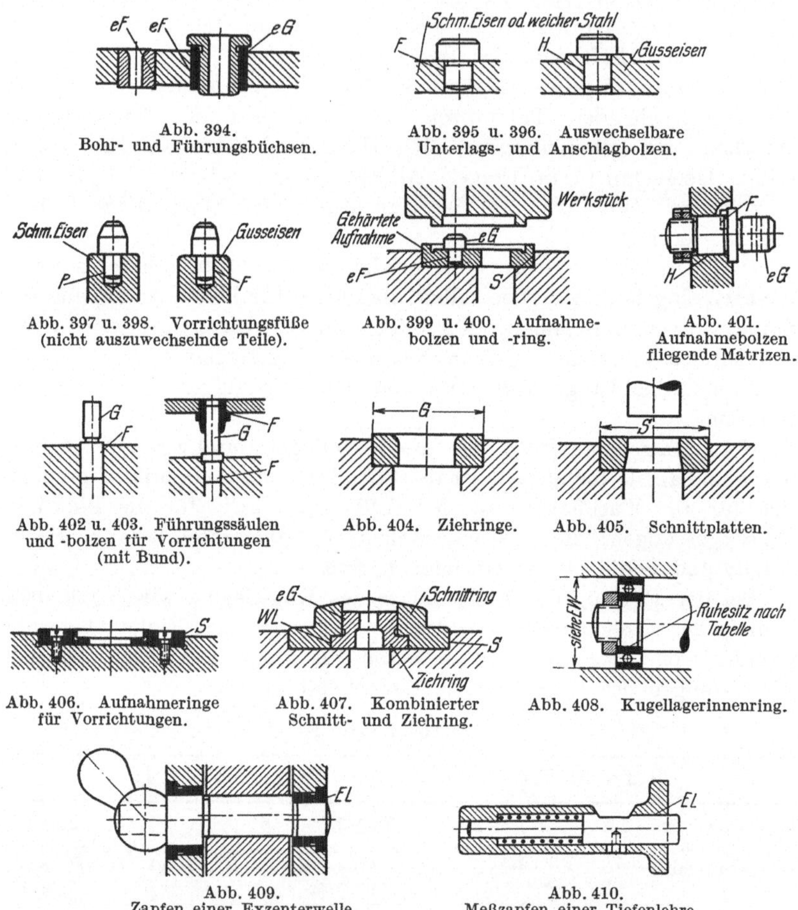

Abb. 394. Bohr- und Führungsbüchsen.

Abb. 395 u. 396. Auswechselbare Unterlags- und Anschlagbolzen.

Abb. 397 u. 398. Vorrichtungsfüße (nicht auszuwechselnde Teile).

Abb. 399 u. 400. Aufnahmebolzen und -ring.

Abb. 401. Aufnahmebolzen fliegende Matrizen.

Abb. 402 u. 403. Führungssäulen und -bolzen für Vorrichtungen (mit Bund).

Abb. 404. Ziehringe.

Abb. 405. Schnittplatten.

Abb. 406. Aufnahmeringe für Vorrichtungen.

Abb. 407. Kombinierter Schnitt- und Ziehring.

Abb. 408. Kugellagerinnenring.

Abb. 409. Zapfen einer Exzenterwelle.

Abb. 410. Meßzapfen einer Tiefenlehre.

werden, die den Sitzen der Normalpassungen nahekommen, kann nach folgender Richtlinie verfahren werden.

Es werden zur Tolerierung von Werkzeugteilen die in nachstehenden Zahlentafeln festgelegten Toleranzen benutzt. Sie stellen einen Auszug aus der DIN-Passung, Einheitsbohrung, Feinpassung dar. Diese Toleranzen werden für alle wichtigen Paßteile an allen Werkzeugen, soweit nicht durch irgendeinen Umstand eine engere Tolerierung erforderlich ist, verwendet. Die Toleranzen sind auf 0,005 mm auf- oder abgerundet.

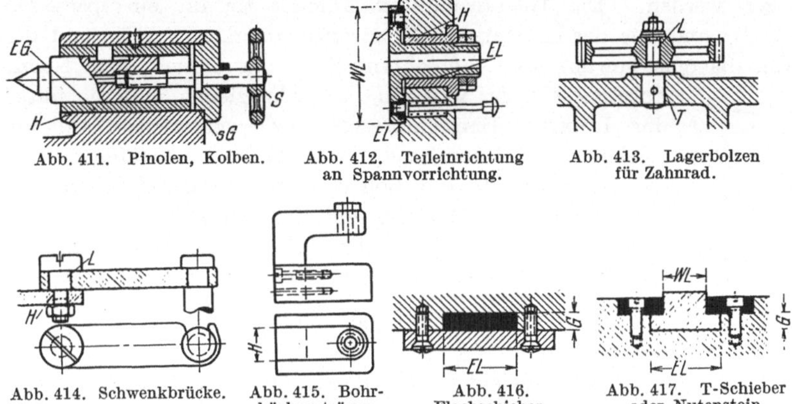

Abb. 411. Pinolen, Kolben. Abb. 412. Teileinrichtung an Spannvorrichtung. Abb. 413. Lagerbolzen für Zahnrad.

Abb. 414. Schwenkbrücke. Abb. 415. Bohrbüchsenträger. Abb. 416. Flachschieber. Abb. 417. T-Schieber oder Nutenstein.

Abb. 394÷417. Passungsbeispiele für Einheitsbohrung.

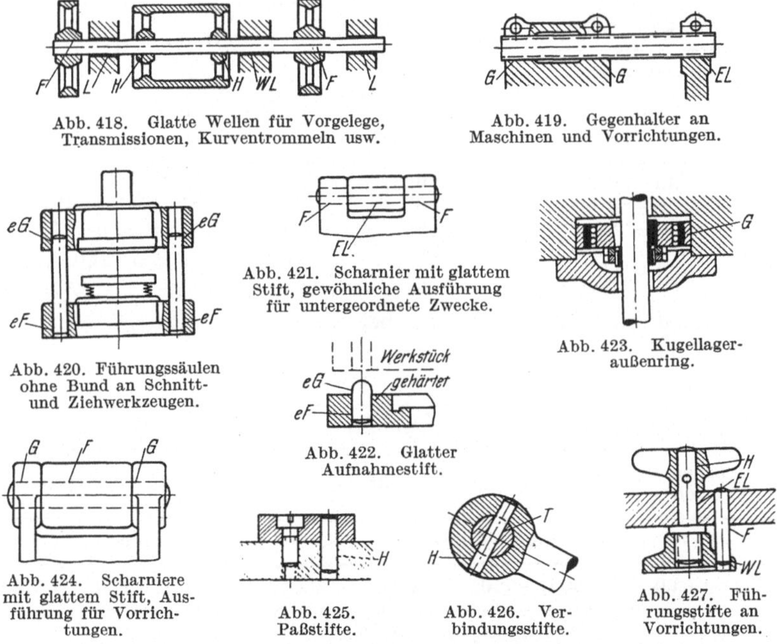

Abb. 418. Glatte Wellen für Vorgelege, Transmissionen, Kurventrommeln usw. Abb. 419. Gegenhalter an Maschinen und Vorrichtungen.

Abb. 420. Führungssäulen ohne Bund an Schnitt- und Ziehwerkzeugen. Abb. 421. Scharnier mit glattem Stift, gewöhnliche Ausführung für untergeordnete Zwecke. Abb. 422. Glatter Aufnahmestift. Abb. 423. Kugellageraußenring.

Abb. 424. Scharniere mit glattem Stift, Ausführung für Vorrichtungen. Abb. 425. Paßstifte. Abb. 426. Verbindungsstifte. Abb. 427. Führungsstifte an Vorrichtungen.

Abb. 418÷427. Passungsbeispiele für Einheitswelle.

Die Eintragung dieser Toleranzen in die Werkzeugzeichnung erfolgt so, daß die für die entsprechenden Paßdurchmesser in der Zahlentafel II festgelegten Toleranzen für die Bohrung auf das Nennmaß der Bohrung, welches gleichzeitig das Gutseitenmaß darstellt, bezogen werden. Die Toleranzen und Abmaße für die einzupassende Welle sind aus der Zahlentafel III zu entnehmen, und zwar sind die Abmaße dem gewünschten Sitz entsprechend zu wählen, zum Nenndurchmesser zu addieren bzw. abzuziehen und die unter der Rubrik „Herstellungstoleranz" gefundene Zahl als solche zum Solldurchmesser der Welle hinzuzufügen.

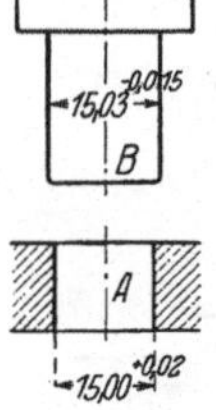

Abb. 428.

Beispiel. In die Bohrung $A = 15$ Durchmesser von nebenstehender Abb. 428 soll der Bolzen B mit Festsitz eingepaßt werden. Aus Zahlentafel II ist die Toleranz für die Bohrung 0,02 zu entnehmen. Es ist also in die Zeichnung

$$15{,}00 + 0{,}02$$

einzutragen.

Aus Zahlentafel III ersieht man, daß das Abmaß für Festsitz + 0,03 und die Herstellungstoleranz — 0,015 beträgt. Der „Solldurchmesser" ist also 15,03. In die Zeichnung wird

$$15{,}03 - 0{,}015$$

eingetragen.

Zu beachten ist, daß bei dem Passungssystem nach Einheitsbohrung die Bohrungen immer Plus- und die Wellen immer eine Minustoleranz haben, während die Abmaße für die Welle bei Ruhesitzen ein Plus- und nur bei Bewegungssitzen ein Minusvorzeichen haben.

Zahlentafel II.

Bohrungstoleranz für alle Sitze

Durchmesserbereich	Toleranz
1÷3	+ 0,01
3÷10	+ 0,015
10÷30	+ 0,02
30÷50	+ 0,025
50÷80	+ 0,03
80÷180	+ 0,04
180÷360	+ 0,05
360÷500	+ 0,06

Zahlentafel III.

Wellenabmaße und -toleranzen.							
Durchmesserbereich	1÷4	4÷10	10÷30	30÷50	50÷80	80÷180	180÷360
Herstellungstoleranz der Welle für alle Sitzarten							
Toleranzen	— 0,006	— 0,01	— 0,015	— 0,015	— 0,02	— 0,025	— 0,035
Sitzart	Abmaße für die einzelnen Sitze						
Fest-	+ 0,012	+ 0,02	+ 0,03	+ 0,035	+ 0,04	+ 0,05	+ 0,07
Haft-	+ 0,005	+ 0,01	+ 0,015	+ 0,02	+ 0,02	+ 0,025	+ 0,035
Schiebe-	+ 0,003	+ 0,005	+ 0,008	+ 0,01	+ 0,01	+ 0,015	+ 0,018
Lauf-	— 0,003	— 0,005	— 0,008	— 0,01	— 0,01	— 0,015	— 0,018

Die vorgesehenen Sitzarten genügen im allgemeinen für den Werkzeugbau. Die Toleranzen ergeben, wie die Einführung gezeigt hat, praktisch die entsprechenden Sitze und können auch von einem Werkzeugbau, der an eine einigermaßen genaue Arbeit gewöhnt ist, gut eingehalten werden.

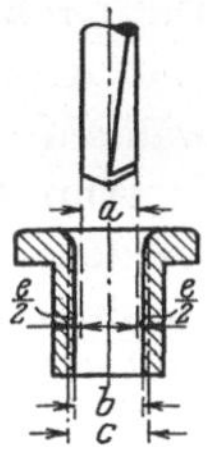

Passung für Bohrbüchsen. Für die Führungsbohrungen der Bohrbüchsen sind die Toleranzen so gehalten, daß ein dem Laufsitz ähnlicher Sitz zustande kommt. Es sind je nach dem Durchmesser des Spiralbohrers, Reibahlen, Senkers, Lippenbohrers usw. die Abmaße aus nachfolgender Zahlentafel IV zu entnehmen.

Abb. 429.

Damit für den Bohrer eine gute Führung in der Büchse und somit ein genaues maßhaltiges Loch garantiert ist, scheidet man für genaue Arbeiten zweckmäßig die angelieferten Bohrer nach einer Maßkontrolle in Gruppen mit 0,02 mm Toleranz. Manche Werke liefern die ausgelesenen Bohrer mit — 0,02 mm Toleranz ohne Aufpreis.

Zahlentafel IV.

Bohrer ⌀ a	Büchsenbohrung Übermaß e	Büchsenbohrung Toleranz d
1,00 ÷ 3,00	+ 0,01	+ 0,01
3,01 ÷ 10,00	+ 0,015	+ 0,02
10,01 ÷ 18,00	+ 0,02	+ 0,02
18,01 ÷ 30,00	+ 0,025	+ 0,025
30,01 ÷ 50,00	+ 0,03	+ 0,03

$a =$ Bohrerdurchmesser,
$b = a + e =$ Minimale Büchsenbohrung,
$c = a + e + d =$ Maximale Büchsenbohrung,
$e =$ Übermaß,
$d =$ Toleranz der Büchsenbohrung.

e) Griffe und Füße.

1. Füße.

Abb. 430 ÷ 444. Füße werden vorwiegend an Bohr-, Senk- und Aufreibvorrichtungen angebaut, denn solche Vorrichtungen, die nicht auf dem Maschinentisch befestigt werden, dürfen nie mit der ganzen Grundfläche ihres Körpers auf dem Tisch aufsitzen. Sie erhalten für jede Auflageebene vier Füße, die entweder an den Vorrichtungskörper angeschraubt, angegossen oder, wenn der Vorrichtungskörper aus Stahl oder Schmiedeeisen ist, aus dem Werkstoff herausgearbeitet werden.

Abb. 430. Die Füße dürfen nie unter 5 mm Höhe ausgeführt werden.

Die Auflageflächen dürfen nicht zu groß sein, da sonst leicht ein unsicherer Stand durch anhaftende Späne möglich ist. Zu kleine Flächen nützen sich schnell ab und drücken sich in den Bohrtisch ein. Die Größe dieser Flächen ist der Größe und Schwere der Vorrichtung und dem größten zu bohrenden Lochdurchmesser entsprechend zu wählen.

Abb. 431÷433. Füße, die an die Vorrichtungskörper angegossen werden, sollen nach Abb. 431, nie nach Abb. 432, 433 ausgeführt werden. Sie müssen durch Rippen gut und sicher mit den Wandungen

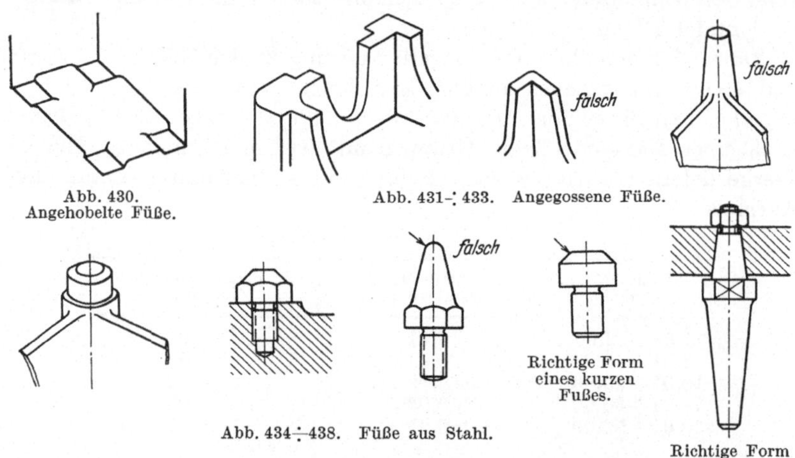

Abb. 430. Angehobelte Füße.

Abb. 431÷433. Angegossene Füße.

Richtige Form eines kurzen Fußes.

Abb. 434÷438. Füße aus Stahl.

Richtige Form eines langen Fußes.

des Körpers verbunden sein. Die Rippen sind kurz über die Auflagefläche in die Füße einlaufen zu lassen.

Am besten sind Füße aus Stahl nach Abb. 434÷438, die gehärtet und in den Vorrichtungskörper eingeschraubt oder gepreßt werden. Sind abnormal geformte Füße nötig, muß darauf gesehen werden, daß sie nicht zu schwach und mit ausreichend langem und starkem Gewindezapfen und Haftkegelsitz konstruiert werden (Abb. 438).

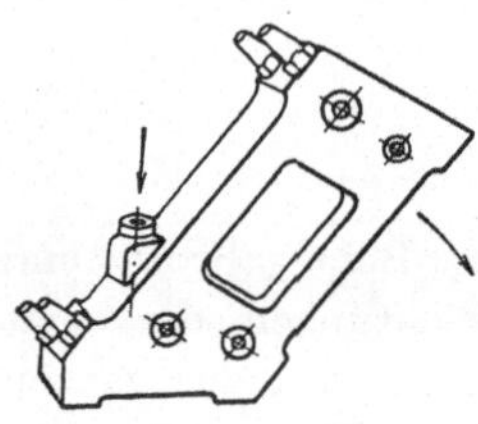
Abb. 439. Vorrichtung mit mehreren Standebenen. Falsche Anordnung der Füße.

Abb. 439. Muß die Vorrichtung in verschiedenen unter bestimmten Winkeln zueinander stehenden Ebenen arbeiten, sind in jeder Ebene die Füße soweit als mögl'ch auseinanderzuziehen, um einen sicheren Stand der Vorrichtung in jeder Ebene zu erzielen. Die Vorrichtung muß auf allen Auflageebenen allein stehen bleiben; die dargestellte Ausführung ist falsch.

Abb. 440÷443. Die Füße müssen so gelegt sein, daß der Bohrdruck stets in die durch die Verbindungslinien der Bohrfüße gebildete Fläche fällt, damit ein Kippen der Vorrichtung während des Arbeitens ausgeschlossen ist.

Die Höhe der Füße ist so zu bemessen, daß die Vorrichtung am Griff gehalten werden kann, ohne daß die Finger den Bohrtisch berühren.

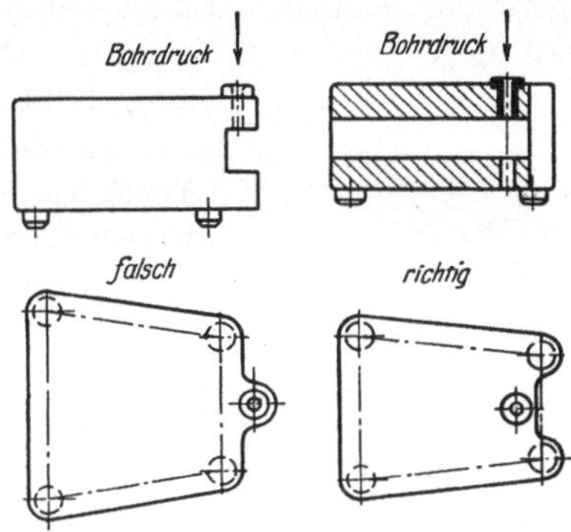

Abb. 440÷443. Falsche und richtige Anordnung der Füße an Vorrichtungen mit einer Standebene.

Werden in einer Bohrvorrichtung in ein Werkstück nicht durchgehende Löcher (Sacklöcher) mit gleichem Durchmesser in verschiedenen Ebenen gebohrt, ist die Höhe der Füße so zu bemessen, daß die Entfernung der Auflageflächen vom Lochgrund in allen Flächen die gleiche ist, damit mit der einmal eingestellten Bohrspindel alle Löcher gebohrt werden können.

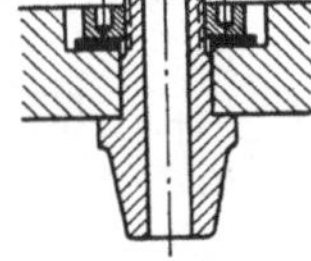
Abb. 444. Fuß für Körper aus Aluminium.

Abb. 444 zeigt Füße für größere Aluminiumgehäuse, die wegen Gewichtserleichterung durchbohrt werden sollen. Alle Auflageflächen auf dem Aluminium müssen groß sein.

2. u. 3. Griffe, Knebel, Knöpfe usw.

Abb. 445÷463. Alle Griffe müssen so angebracht sein, daß die Vorrichtung bequem gehalten werden kann, ohne daß die Fingerknöchel den Arbeitstisch berühren; Griffe zu nahe dem Tisch oder einem Organe der Vorrichtung sind vollkommen zwecklos.

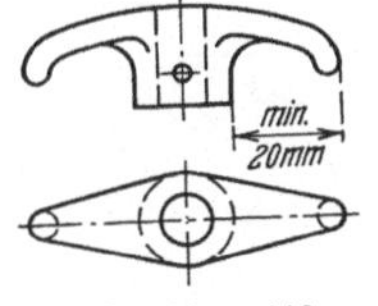

Abb. 445 u. 446. Zweifingergriff.

Die Spannorgane werden durch Spanngriffe bewegt, angezogen und gelüftet.

Abb. 445, 446. Dieser Griff ist immer anzuwenden, wo eine gedrängte Bauart der Spannorgane nötig ist und keine großen Kräfte gebraucht werden.

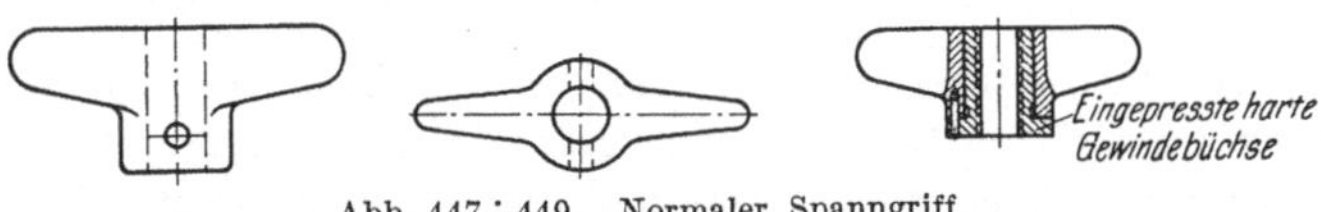

Abb. 447÷449. Normaler Spanngriff.

Auch zum Bewegen einer Zugfeder, eines Auswerfers usw. sind diese Griffe gut geeignet.

Abb. 447÷449. Für stärkere Spannkräfte ist der Griff nach Abb. 449 zu benutzen. Er kann im Bedarfsfalle mit einem Schlüssel angezogen werden.

Abb. 450. Kugelgriffe nach DIN werden vorteilhaft für Exzenterspannung benutzt. Es ist bei dieser Art Spanngriffen zu beachten, daß in gespannter Stellung der Griff nicht ein Aufstellen der Vorrichtung hindert, bei Fräsvorrichtungen nicht an den Fräsdorn stößt und er sich, um genügend Anzug zu erhalten, um einen halben Kreisbogen drehen kann (Stuhl untersetzen).

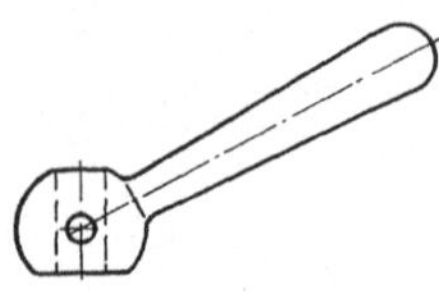
Abb. 450. Kugelgriff.

Sterngriffe sollen nach Möglichkeit vermieden werden, da sie die Hand ermüden und keine gleichmäßige Spannung ermöglichen.

Für sehr starke Spannung sind größere Handräder vorzusehen. Sie werden vorwiegend an Winkelvorrichtungen benutzt.

Kleine Knöpfe werden meist für Auswerfer und Indexstifte usw. benutzt.

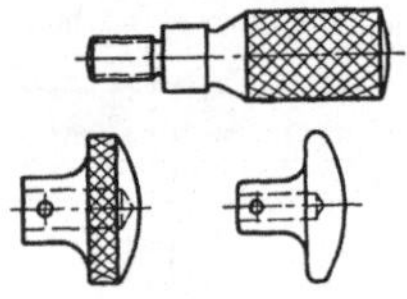
Abb. 451÷453. Kordelgriffe und Knopf.

Abb. 451÷453 zeigt kleine Griffe, wie sie vorteilhaft zur besseren Handhabung von Spannpratzen, Brücken, Einstellorgane usw. angebracht werden.

Abb. 454÷458. Einfache Knebel, Flügelmuttern, Flügelschrauben, Hakenschrauben sind der unzulänglichen und primitiven Ausführungsart und Arbeitsweise (Ermüdungen, Erzeugung von Druckstellen an den Fingern) wegen nicht zu benützen.

Die Spanngriffe sind stets so anzubringen, daß sie leicht zugänglich sind und gut bedient werden können, ohne daß man die Finger an vorstehenden Teilen, z. B. Bohrfüßen, Einstellorganen oder anderen Handgriffen, klemmt.

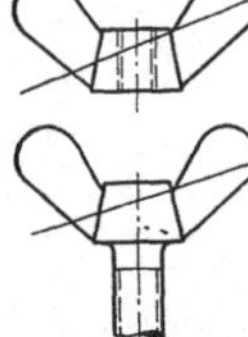
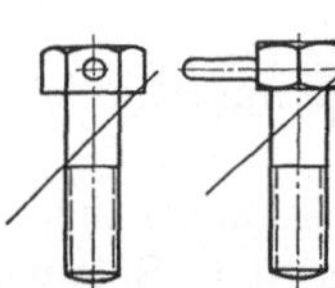
Abb. 454÷457. Flügel und Knebel.

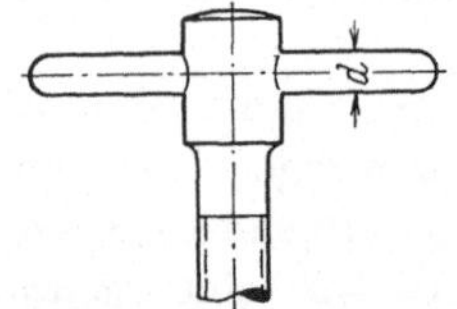

Abb. 458. Knebelgriffe sind nur dann anzuwenden, wenn $d \geqq 8$ mm sein kann.

Es soll der Spanngriff nicht nur innerhalb eines kleinen Kreissegmentes bewegt werden, sondern eine volle Kreisumdrehung machen können, ohne daß die Hand oder der Griff irgendwo anstößt.

Haltegriffe sollen an einer Vorrichtung immer dann angebracht werden, wenn es die Form und Konstruktion des Körpers gestattet und die Vorrichtung nicht auf den Arbeitstisch aufgeschraubt, also von Hand bewegt wird, da eine Vorrichtung durch diese Haltegriffe eine größere Beweglichkeit und Handlichkeit erhält.

Abb. 461, 462, 463. An kleinen und leichten Vorrichtungen wird je 1 Stielgriff nach Abb. 461, 462 angebracht, während bei größeren und schwereren Vorrichtungen zwei ösenförmige Griffe nach Abb. 463 zu verwenden sind. Diese Griffe werden

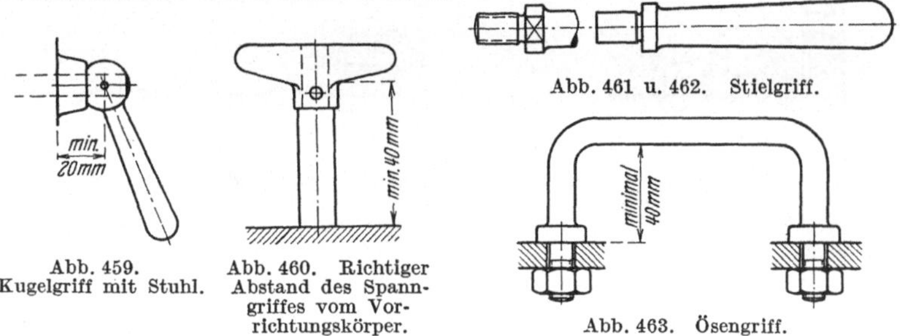

Abb. 459. Kugelgriff mit Stuhl.

Abb. 460. Richtiger Abstand des Spanngriffes vom Vorrichtungskörper.

Abb. 461 u. 462. Stielgriff.

Abb. 463. Ösengriff.

an den Vorrichtungskörper angeschraubt und gestatten eine bequeme Handhabung auch schwerer Vorrichtungen. Bei kleineren Vorrichtungen wird der Griff mit dem Vorrichtungskörper aus einem Stück gearbeitet.

f) Sondereinrichtungen.

1. Teileinrichtungen.

Abb. 464÷476. Einstellorgane, genannt Index, für Teilscheiben sind, wenn hohe Präzision verlangt wird, äußerst genau zu arbeiten. Jede Teileinrichtung muß eine besondere Verriegelungseinrichtung besitzen, damit

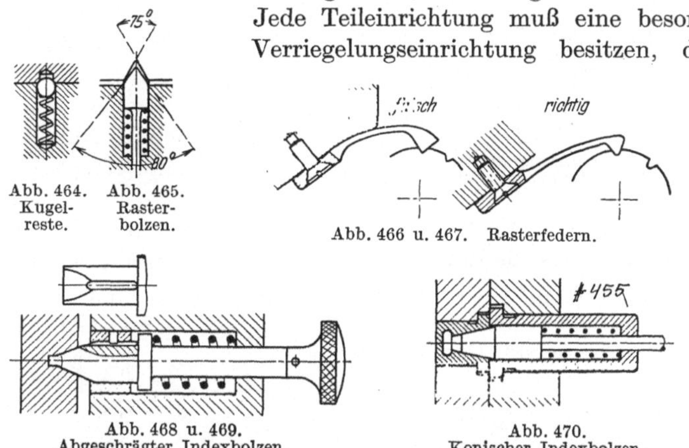

Abb. 464. Kugelreste.

Abb. 465. Rasterbolzen.

Abb. 466 u. 467. Rasterfedern.

Abb. 468 u. 469. Abgeschrägter Indexbolzen.

Abb. 470. Konischer Indexbolzen.

nicht durch toten Gang oder zu schwachen Federdruck des Indexbolzens oder sonst irgendeiner Ungenauigkeit sich Differenzen in der Teilung der Werkstücke ergeben.

Abb. 464, 465 stellen Rasterbolzen für untergeordnete Zwecke dar.

Abb. 466, 467 zeigen eine Rasterfeder in richtiger und falscher Ausführung. Auch dieses Element kann nur für weniger genaue Arbeiten, bei denen keine großen Kräfte auftreten, benutzt werden.

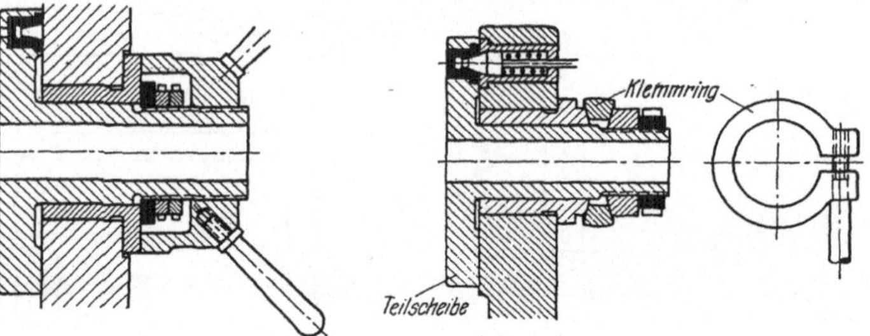

Abb. 471.
Verriegelung durch Gewinde.

Abb. 472 u. 473.
Verriegelung durch Klemmring.

Abb. 468. Wird als Träger der Grundteilung ein Ring oder eine Scheibe mit eingefrästen Rasternuten benutzt, kommt ein Indexbolzen mit abgeschrägtem Kopf zur Verwendung.

Abb. 470. Wird als Teilscheibe der Träger des Werkstückes ausgebildet, z. B. bei Fräsvorrichtungen die Aufnahmescheibe, werden harte Hülsen eingepreßt, die mit einer nicht durchgehenden konisch geschliffenen Bohrung versehen sind. Der Indexbolzen soll möglichst auch in einer Harthülse gleiten.

Abb. 474. Verriegelung durch Federdruck und Reibung an automatisch geschalteten Teilvorrichtungen.

Abb. 471. Eine Verriegelung für Teilscheiben durch Gewinde und Überwurfmutter ist dann mit Vorteil zu benutzen, wenn für die Mutter Handgriffe zum Anziehen vorgesehen werden können und diese zum Schwenken genügend Raum haben.

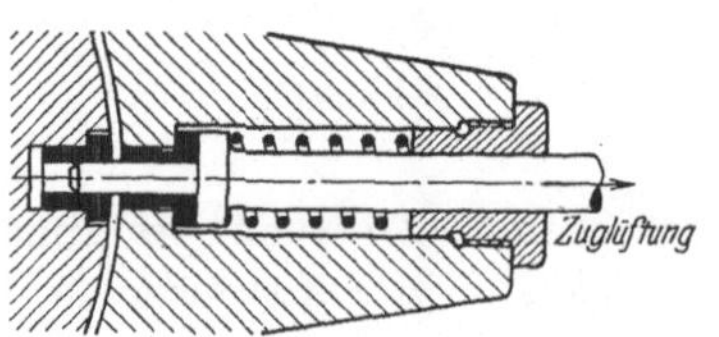

Abb. 475.
Radial zur Teilscheibe gestellter Index.

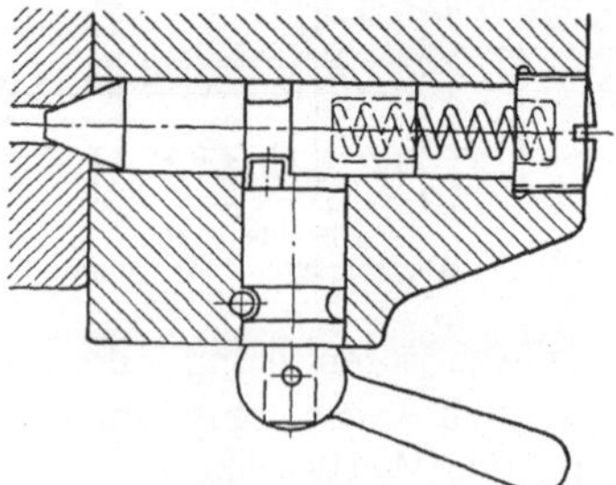

Abb. 476. Index mit Exzenterlüftung.

Abb. 472, 473. Teilvorrichtungen, bei denen eine gedrängte Bauart nötig ist, muß die Verriegelung durch den konisch geschlitzten Klemmring erfolgen. Die Anzugsschraube ist so schräg zu stellen, daß sie bequem bedient werden kann. Als Sicherung gegen Drehen des Spannringes dient ein eingebohrter Stift. Auch mit dem Index kombinierte Verriegelungen sind gut (siehe Kombinationen).

2. Auswerfer.

Abb. 477÷487. Auswerfer oder Ausstoßorgane sind möglichst immer anzubringen, damit Werkstücke, die klein oder schlecht zu fassen sind, aus einer komplizierten Vorrichtung gut herausgebracht werden können.

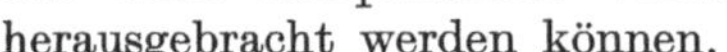

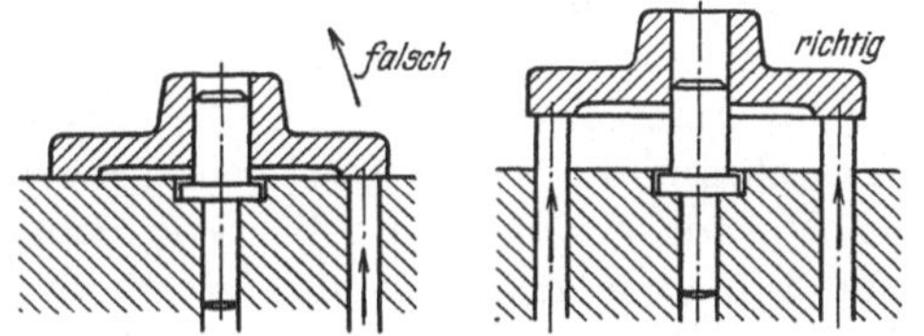

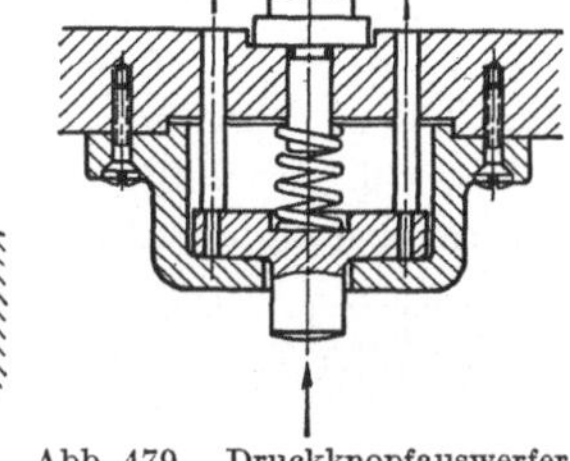

Abb. 477 u. 478. Anordnung der Auswerfer. Abb. 479. Druckknopfauswerfer.

Der Auswerfer muß so konstruiert sein, daß nicht besondere zusätzliche Handbewegung zu seiner Bedienung nötig sind. Er soll deshalb möglichst in unmittelbarer Nähe des Spanngriffes liegen oder aber mit der linken Hand bedient werden können.

Oft ist auch ein Auswerfer vorteilhaft bei größeren Werkstücken anzuwenden, wenn durch seinen Einbau eine Zeitersparnis beim Ausspannen des Werkstückes erreicht werden kann. Es ist jedoch in jedem Fall genau zu erwägen, ob eine Zeitersparnis auch wirklich möglich ist.

Die Konstruktion der Auswerfer muß so durchgeführt sein, daß sie nach Auswerfen des Werkstückes selbsttätig in ihre Ruhelage zurückgehen. Es werden deswegen geeignete Federn oder sonstige Organe eingebaut.

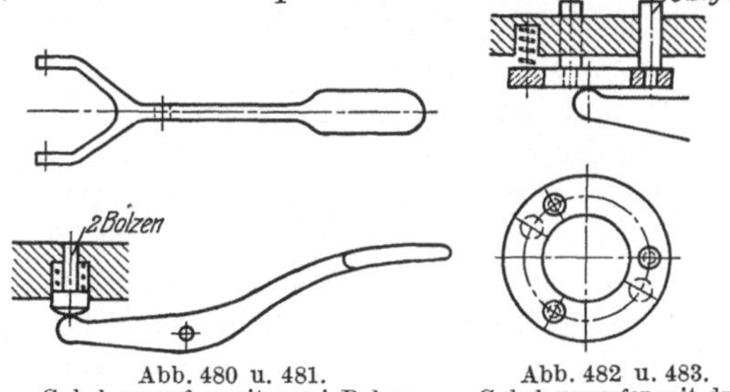

Abb. 480 u. 481. Gabelauswerfer mit zwei Bolzen.

Abb. 482 u. 483. Gabelauswerfer mit drei Auswerferstiften auf einem Ring.

Auch darf durch den Einbau der Auswerfer keine Anhäufung von Schmutz oder Spänen herbeigeführt werden, die Betriebsstörungen veranlassen können.

Abb. 477, 478. Beim Ausstoßen des Werkstückes darf kein Kippmoment in diesem entstehen, da das Werkstück sich sonst entweder in der Aufnahme oder irgendwo klemmen würde. Es sind in solchen Fällen, in denen ein Kippen entstehen könnte, gabelförmige oder sonstig

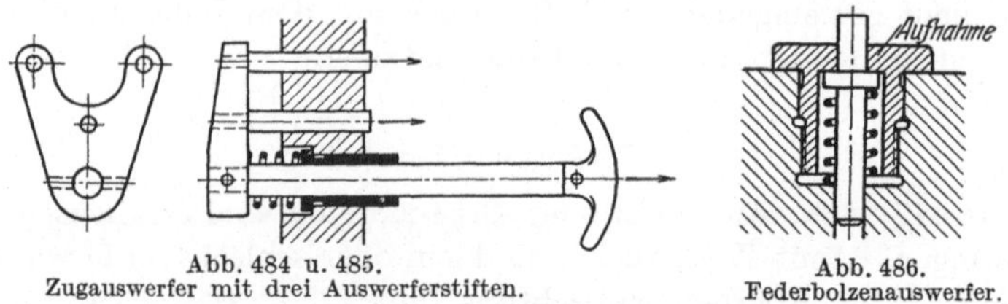

Abb. 484 u. 485. Zugauswerfer mit drei Auswerferstiften.

Abb. 486. Federbolzenauswerfer.

geformte Auswerfer mit 3 Angriffspunkten zu verwenden, so daß das Werkstück gleichmäßig, ohne zu ecken, ausgestoßen wird.

Abb. 479. Vorteilhaft wird für Fräsvorrichtungen der Druckknopfauswerfer verwendet, der ein rasches und sicheres Ausstoßen gestattet und den Vorteil ergibt, daß die Vorrichtung gleich zur Aufnahme des folgenden Werkstückes bereit ist. Wenn irgend angängig, sollen Auswerfer zwangsläufig mit der Spannung verbunden werden.

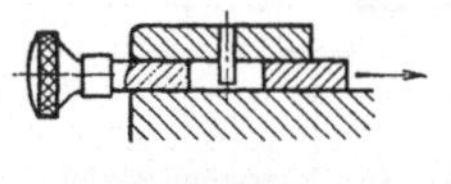

Abb. 487. Auswerferschieber.

Abb. 480÷485. Für Bohrvorrichtungen oder größere Hübe eignet sich besser ein Hebel- oder Gabelauswerfer. Jeder einzelne Ausstoßbolzen ist abzufedern.

3. Kopiereinrichtungen.

Abb. 488÷513. Zur Bearbeitung (Fräsen, Drehen, Polieren, Gravieren) von besonders schwierigen Formen an Werkstücken muß das Werkzeug zwangsläufig am Werkstück der Sonderform entsprechend entlang geführt werden. Zu diesem Zwecke benutzt man ein der Werkstücks- und der Werkzeugbewegung analoges Formelement, die sogenannte Kopie. Die Form dieser Kopie aus Scheiben oder Trommeln, hergestellt, wird durch den geeigneten Bewegungsmechanismus unter Zuhilfenahme eines Fühlstiftes oder einer Fühlrolle auf das Werkstück durch die spanabhebende Arbeit des Werkzeuges übertragen. Man nennt diese Einrichtungen Kopiereinrichtungen, die Kopierform je nach Ausführungsart, Kopierplatten, -trommeln, -scheiben usw.

Die Herstellung der Kopierform ist sehr wichtig und muß genau sein. Die Abmessungen an den Formen im Verhältnis zum fertigen Werkstück sind je nach der gewählten Anordnung der Kopiereinrichtungen und dem Übersetzungsverhältnis des übertragenden Mechanismusses verschieden. Zu ihrer Feststellung muß man sich zuerst über die Art der Anordnung im klaren sein, deshalb sollen erst die einzelnen üblichsten Arten geschrieben werden.

Werkstück und Kopierform auf einer Achse. Abb. 488, 489. Ursprünglichste Formen. Kopierform wird mit den Abmessungen des fertigen Stückes versehen, gehärtet und geschliffen und auf das Werkstück in derselben Achse festgespannt. Kopierrolle oder Schaft muß entsprechend der Abnutzung des Werkzeuges geschliffen werden. Abweichungen sind nur in geringen Grenzen möglich. Werkzeug- und Rollendurchmesser sind gleich.

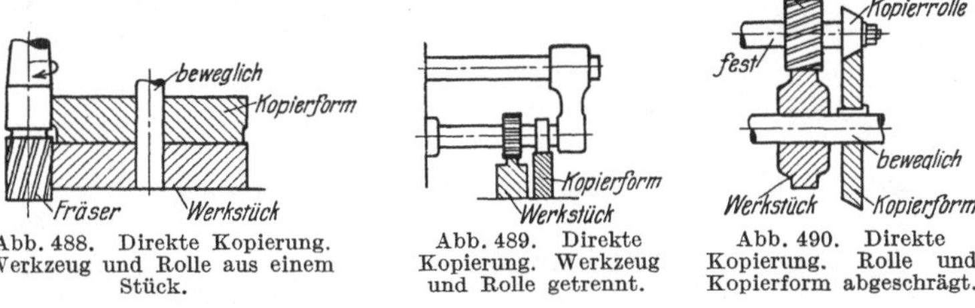

Abb. 488. Direkte Kopierung. Werkzeug und Rolle aus einem Stück.

Abb. 489. Direkte Kopierung. Werkzeug und Rolle getrennt.

Abb. 490. Direkte Kopierung. Rolle und Kopierform abgeschrägt.

Abb. 490. Werkstück und Kopierform auf einer Achse. Kopierformabmessungen weichen von der des Werkstückes um ein kleines ab. Das Werkstück macht alle Bewegungen. Werkzeug und Rolle sind fest gelagert.

Abb. 491, 492. Werkstück und Kopierform führen auf einer Achse

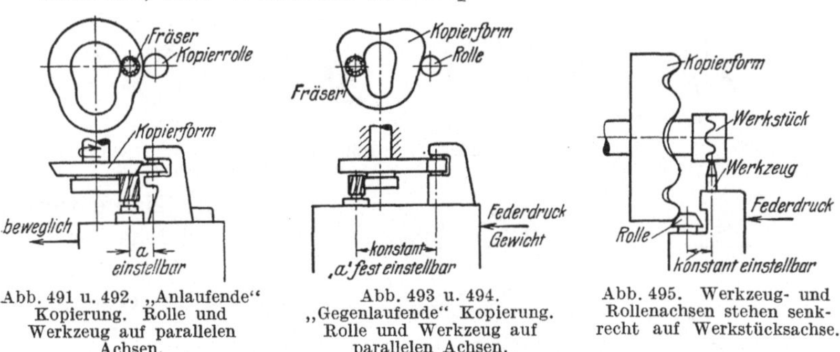

Abb. 491 u. 492. „Anlaufende“ Kopierung. Rolle und Werkzeug auf parallelen Achsen.

Abb. 493 u. 494. „Gegenlaufende“ Kopierung. Rolle und Werkzeug auf parallelen Achsen.

Abb. 495. Werkzeug- und Rollenachsen stehen senkrecht auf Werkstücksachse.

eine rotierende Bewegung aus. Werkzeug und Rolle sitzen gemeinsam gegeneinander einstellbar auf hin- und hergehenden Schlitten. Übersetzung bedingt durch die Entfernung a.

Abb. 493, 494. Werkstück und Kopierform liegen zwischen Rolle und Werkzeug. Kopierform weicht stark von der Form des Werkstückes ab. Gute Anordnung für einfache Formen.

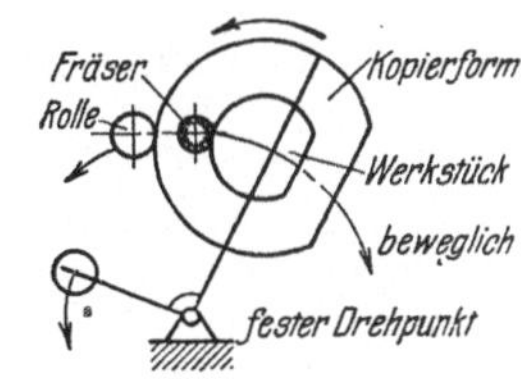

Abb. 496. Pendelkopierung.

Abb. 495. Anordnung zum Eindrehen von

Schmiernuten in Achsen und Bolzen auf der Drehbank. Kurve auf der Stirnseite eines Topfes.

Abb. 496. Anordnung ähnelt Abb. 492, jedoch führen Werkzeug und Rolle bzw. das Werkstück und die Kopierform eine pendelnde Bewegung aus.

Kopierform und Werkstück auf parallelen Achsen. Abb. 497÷499. Werkstück und Kopierform (Platte) liegen fest. Werkzeug und Rolle werden mit Längs- und Querbewegung entlang geführt, hauptsächlich bei vertikalen Kopierfräsmaschinen.

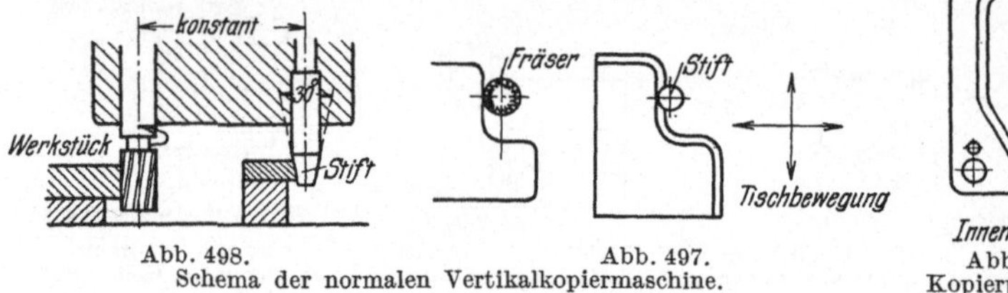

Abb. 498. Abb. 497.
Schema der normalen Vertikalkopiermaschine.

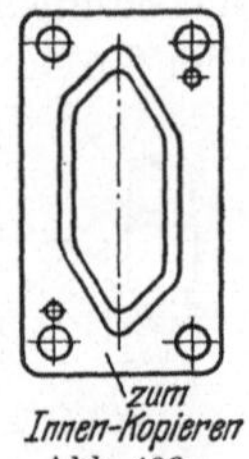

Abb. 499.
Kopierplatte für Lochkopierung.

Abb. 499 zeigt die Kopierung von Hohlformen (Durchbrüchen).

Abb. 500, 501. Werkstück und Kopierform haben gleiche Umlaufzeiten und Drehzahl; Werkzeug und Rolle sitzen gegeneinander einstellbar fest auf einem beweglichen

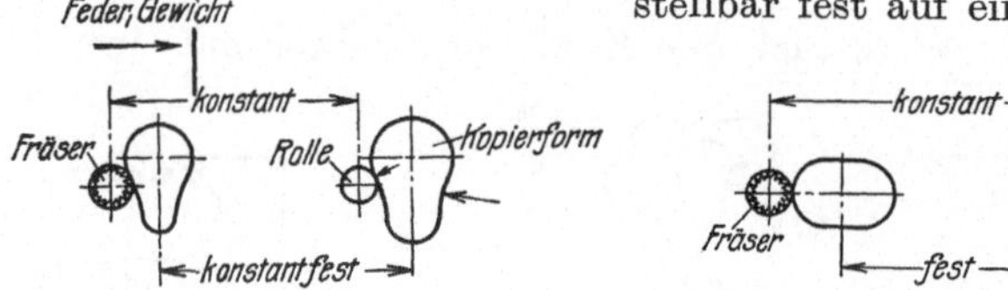

Abb. 500. Anlaufende Kopierung ähnlich Abb. 491 u. 492.

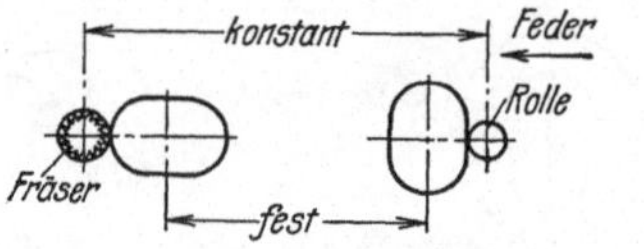

Abb. 501. Gegenlaufende Kopierung ähnlich Abb. 493 u. 494.

Schlitten. Man entscheidet je nach Lage der Rolle anlaufende und gegenlaufende Kopierung; zum Kopieren der verschiedensten Außenformen. Zu beachten ist, daß r stets kleiner als R sein muß.

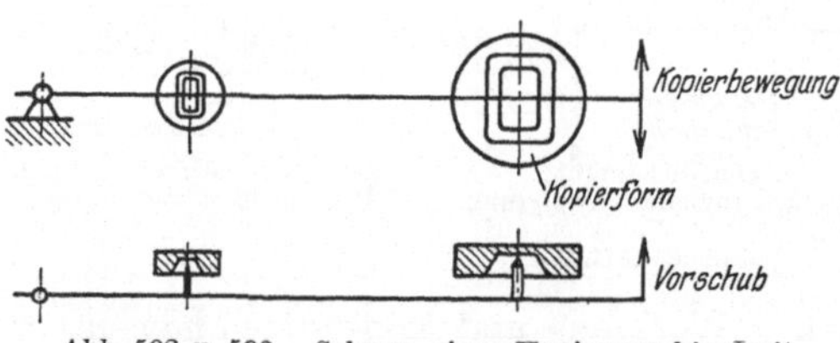

Abb. 502 u. 503. Schema einer Kopiermaschine mit einarmigem Hebel.

Abb. 502÷504 zeigen die Arbeitsprinzipien

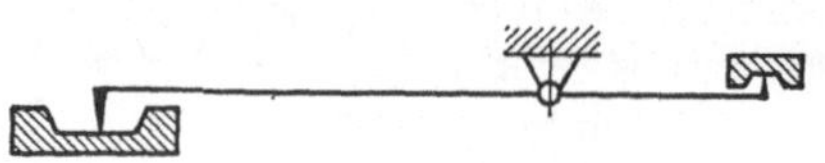

Abb. 504. Schema einer Kopiermaschine mit zweiarmigem Hebel.

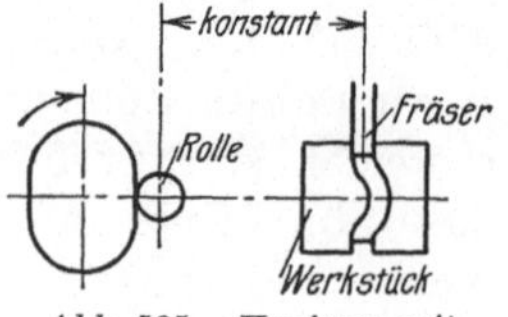

Abb. 505. Kopieren mit versetzten Drehachsen.

der bekannten Kopierfräsmaschine für Gesenke, Modellplatten usw. in erhabener oder vertiefter Form.

Abb. 505. Die Kopierform hat Trommelgestalt, vorwiegend verwendet zum Fräsen von Schlitzkurven und Nocken.

Selbsttätiges Kopieren gebrochener Formen ist nur möglich, wenn Winkel α so groß ist, daß der aus der Winkelgeschwindigkeit des Tisches und dem Anpressungsdruck sich ergebende Vorschub des Werkzeuges das zulässige Maß nicht überschreitet.

Abb. 506 zeigt eine Anordnung auf einer Fräsmaschine mit Längstischbewegung.

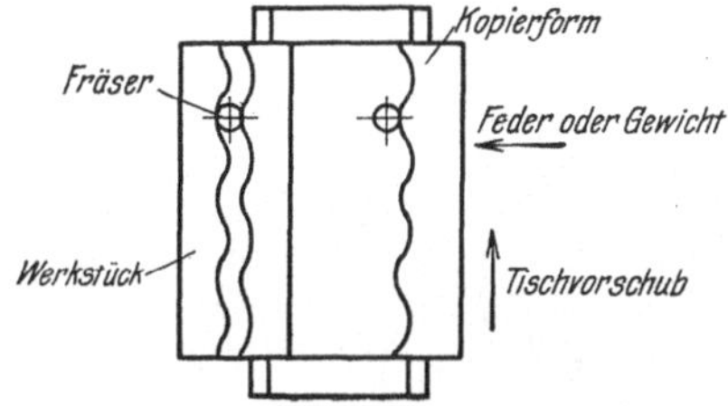

Abb. 506. Fortlaufendes Kopieren mit geradliniger Tischbewegung.

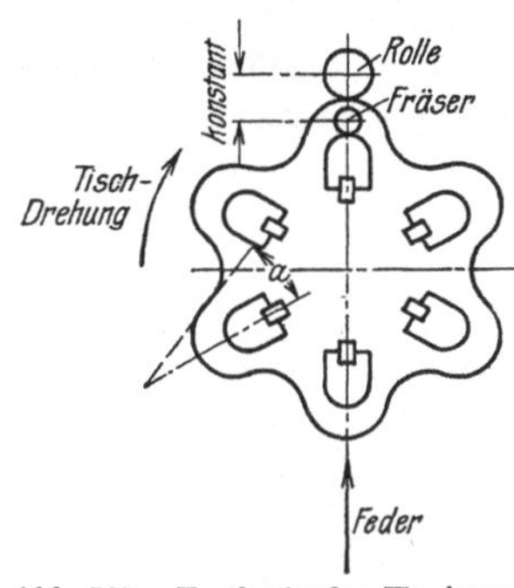

Abb. 507. Fortlaufendes Kopieren mit kreisender Tischbewegung (Rundtisch).

Abb. 507 zeigt eine solche mit Rundtischbewegung.

Das Schema der wohl am meisten bekannten Kopiereinrichtungen des Storchschnabels zeigt Abb. 508. Eine nähere Erläuterung ist wohl überflüssig, da diese Bauart genügend bekannt ist. Der Hauptvorteil dieser Einrichtung liegt in der Verstellbarkeit des Übersetzungsverhältnisses. Diese Anordnung ist jedoch für größere Bearbeitungen nicht gut geeignet, da die Hebel zu schwer und das ganze System zu unhandlich wird. Der Storchschnabel wird vorwiegend zum Übertragen der Schablonen, Bilder und Zahlen bei Gravierfräsmaschinen benutzt.

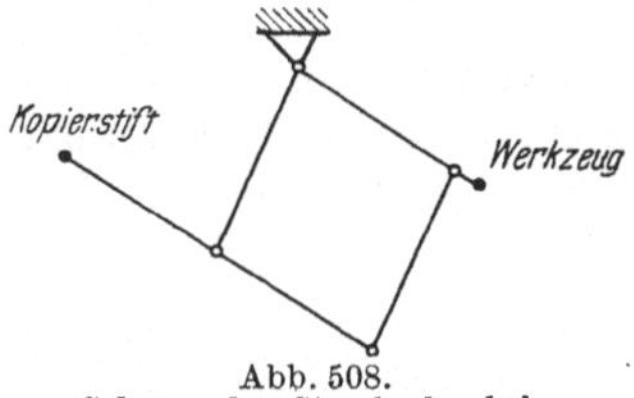

Abb. 508. Schema des Storchschnabels.

Es ist natürlich ohne weiteres möglich, in den angeführten Elementen noch die verschiedensten zu speziellen Zwecken am besten geeigneten Kombinationen zusammenzustellen.

Ferner ist zu beachten, daß alle Hohlkehlen und Ausrundungen an den Kopierformen so groß sind, daß die Rolle oder der Stift sich abwälzen kann, da sonst keine saubere Kopierung möglich ist.

Für Spezialmaschinen mit auswechselbaren Kurven empfiehlt es sich, eine Fräseinrichtung zu bauen, die auf die Maschine an Stelle der Rolle gesetzt durch umgekehrtes Kopierverfahren die Kopierform automatisch herstellt.

Wichtig ist bei allen Kopiereinrichtungen, daß Späne und Schmutz leicht abgeführt und die Kopierformen davon rein gehalten werden können. Die Konstruktion aller Kopierformen, gleichgültig, ob sie auf Scheiben, Platten, Trommeln oder Ringen aufgebracht werden sollen, geht aus folgender Beschreibung und Beispielen hervor.

Allgemein wird zuerst die genaue Form des Werkstückes aufgezeichnet, hierauf teilt man den Umfang, je nachdem die Kopierbewegung durch rotierende Längs- und Quer- oder pendelnde Bewegung erfolgt, in gleiche Winkel oder Längenteile, danach legt man die Mittelpunktsbewegung des Werkzeuges fest und hierauf den Übersetzungs- und Übertragungsmechanismus, entsprechend den Mittelpunktsweg der

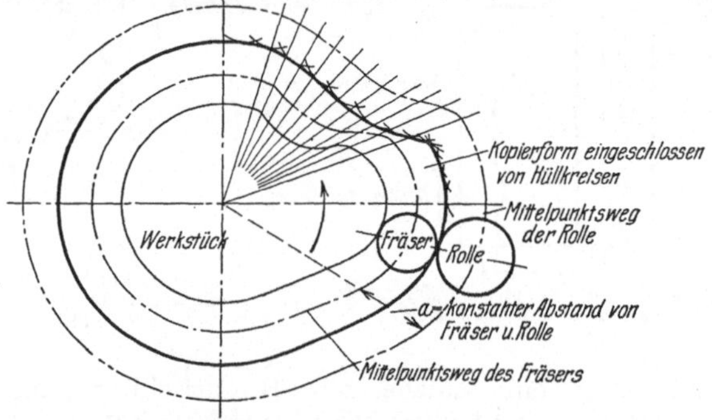

Abb. 509. Konstruktionsschema der Kopierform für anlaufende Kopierung. Merkpunkte: 1. Werkstücksform aufzeichnen. 2. Mittelpunktsweg des Werkzeuges nach dem Bewegungssinn der Kopierung mittels Strahlen oder Netz festlegen. 3. Entsprechend dem Sinne der Kopierbewegung und der Übersetzung oder des Zusammenhanges von Rolle und Werkzeug Mittelpunktsweg für Rolle festlegen. 4. Mit Hüllkreisen Kopierform einschließen.

Kopierrolle oder des Stiftes. Vom gefundenen Linienzug aus findet man die Kopierform durch einhüllende Kreise mit dem Radius der Rolle bzw. des Stiftes. Ist die Einrichtung so konstruiert, daß Werkzeug und Kopierrolle zueinander nicht einstellbar sind, also einen konstanten Abstand haben, werden Kopierform und Rolle gegeneinander abgeschrägt, so daß durch eine axiale Bewegung der Rolle bzw. des Stiftes ein genaues Einstellen des Werkzeuges möglich ist. Für die Bestimmung der Formen gilt dann der mittlere Durchmesser der Rolle.

Abb. 509. Hier wird die Konstruktion der Kopierform für anlaufende Kopierung nach Abb. 491 und 492 gezeigt. Man zeichnet zuerst die Werkstücksform genau auf und konstruiert den Mittelpunktsweg des Werkzeuges, indem man analog den geraden und kreisförmigen Umrißlinien des Werkstückes Parallelen und konzentrische Kreise im Abstand des Halbmessers des Werkzeuges von der Werkstücksumrißform zieht. Hierauf zeichnet man wieder entsprechend der Konstruktion des Mittelpunktsweges des Werkzeuges den Mittelpunktsweg der

Rolle, indem man wieder Parallele und konzentrische Bögen zum Mittelpunktsweg des Werkzeuges im konstanten Abstand a zieht. Bei schwierigen Stellen der Form (konvexe Bögen, spitze Winkel) am Werkstück, bei denen man nicht in einem Bogenmittelpunkt einsetzen kann, oder mit einer einfachen Parallelen auskommt, zieht man sich Hilfsstrahlen, die radial auf den Drehmittelpunkt des Werkstückes laufen, und trägt auf ihnen die konstante Entfernung a ab. Vom so erhaltenen Mittelpunktsweg der Rolle trägt man dem Rollenhalbmesser entsprechend die Hüllkreise nach dem Werkstück zu ab und erhält durch die Tangenten an allen Hüllkreisen die richtige Form der Kopierscheibe.

Abb. 510. Bei der gegenlaufenden Kopierung nach Abb. 493, 494 verfährt man, um die Form der Kopierscheibe zu erhalten, nach dem-

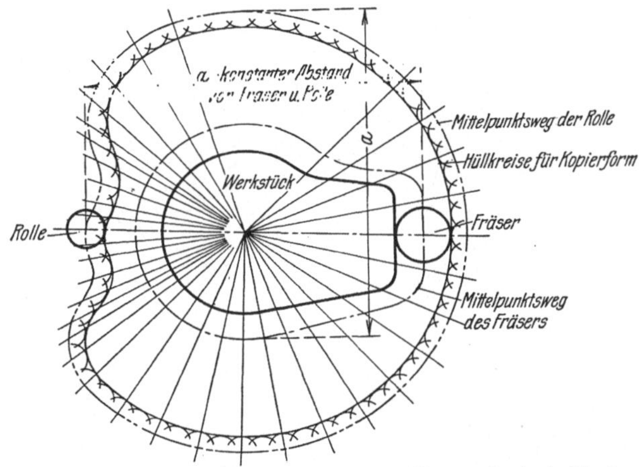

Abb. 510. Konstruktionsschema der Kopierform für gegenlaufende Kopierung.

selben Schema. Man zeichnet sich zuerst die Werkstücksform genau auf und konstruiert wie oben den Mittelpunktsweg des Werkzeuges. Hierauf zieht man durch den Drehpunkt des Werkstückes beliebig viele Strahlen und trägt vom Schnittpunkt dieser mit dem Mittelpunktsweg des Werkzeuges die konstante Entfernung a auf dem gegenüberliegenden Strahlenstück ab. So erhält man den Mittelpunktsweg der Rolle und von hier aus durch Hüllkreise mit dem Radius der Rolle die Umfangsform der Kopierscheibe.

Abb. 511 zeigt das Konstruktionsschema für das Suchen der Kopierform bei Pendelkopierung nach Abb. 496. Auch hier zeichnet man wie oben zuerst die Werkstücksform auf und denkt sich das Werkstück stillstehend und den ganzen Kopiermechanismus um die eigentliche Drehachse des Werkstückes um diese herumgedreht. Man zieht wieder die Strahlen vom Drehpunkt und sucht auf diesem tangierende Kreise in die Werkstücksform mit dem Radius des Werkzeughalbmessers zu legen. (Dieses ist nur eine Annäherungskonstruktion, da der Berührungspunkt zwischen Werkstück und Fräser entsprechend der Pendelbewegung wandert. Sie genügt jedoch mit ihrer Genauigkeit für den praktischen Gebrauch.) Die Verbindungslinien aller dieser auf den Strahlen festgelegten Mittelpunkte geben den Mittelpunktsweg des

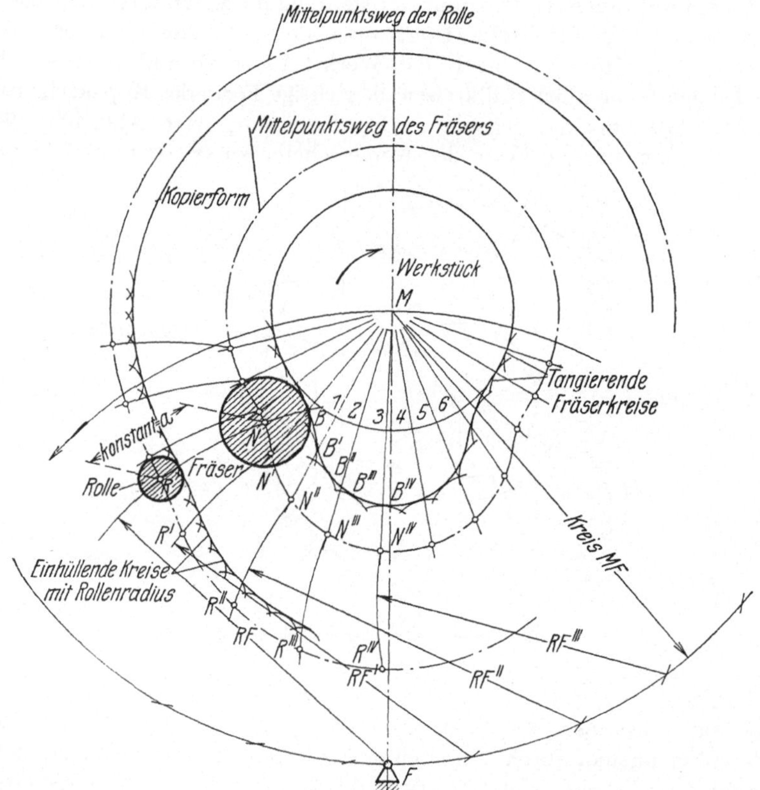

Abb. 511. Konstruktionsschema der Kopierform für pendelnde Kopierung.

Fräsers. Hierauf schlägt man um den Mittelpunkt M einen Kreis mit dem Abstand MF = Entfernung des Drehpunktes für die Pendelbewegung F vom Rotationspunkt des Werkstückes M entsprechend der gedachten Drehbewegung des Pendelmechanismus um M. Jetzt nimmt man den Abstand RF = fester Abstand der Rolle, R von Drehmitte der Pendelbewegung, F in den Zirkel und sucht auf den Kreis um M mit MF die Schnittpunkte analog des Abstandes NF von jedem Schnittpunkt eines jeden Strahles mit der Mittelpunktslinie des Fräsers. Hierauf schlägt man um diesen gefundenen Schnittpunkt den Kreis mit RF bzw. RF_1, RF_2 usw. durch N, N_1, N_2 usf. Jetzt findet man durch Abstechen der konstanten Entfernung von Rolle und Fräser a von N_1, N_2, N_3 auf den eben gezogenen Kreisen den Mittelpunktsweg für die Rolle. Von diesen aus wird wieder die Kopierform durch einhüllende Kreise mit dem Halbmesser der Rolle gefunden.

Abb. 512. Wenn bei einer anlaufenden Kopierung nach Abb. 500 die Kopierscheibe eine andere Drehzahl aufweist als das Werkstück, ergibt sich natürlich eine Kopierform, die dem Werkstück nicht ähnlich ist. Um sie zu finden, teilt man die aufgezeichnete Werkstücksform durch Mittelpunktsstrahlen um den ganzen Umfang in beliebig viele Teile. Die Kopierscheibe entsprechend dem Verhältnis der Drehzahlen ($1 : {}^1/_2$, $1 : {}^1/_3$ usw.) zur Hälfte, zu einem Drittel usw. in gleich viele Winkelteile.

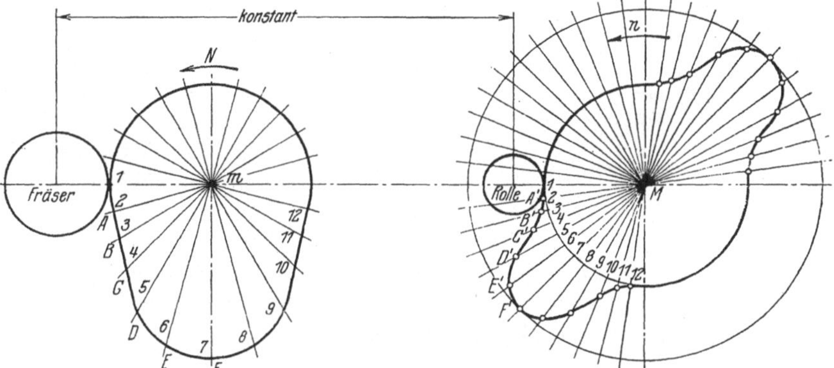

Abb. 512. Konstruktionsschema der Kopierform für anlaufende Kopierung mit getrennten Drehachsen. Kopierform macht die halbe Drehzahl des Werkstückes: $n = \frac{N}{2}$. Rollendurchmesser möglichst gleich dem Fräserdurchmesser.

Hierauf schlägt man um den Drehmittelpunkt des Werkstückes m und um den der Scheibe M den kleinstmöglichen, die Werkstücksform berührenden Kreis und trägt von diesem die Stücke A_2, B_3, C_4, D_5 von der Zeichnung des Werkstückes auf den entsprechenden Strahlen in der Zeichnung der Kopierform ab und erhält so die Umfangsform der Kopierscheibe. Um ein Verschieben der Kopierform durch das verschiedenartige Wandern des Berührungspunktes bei ungleichen Fräser- und Rollendurchmessers zu vermeiden, wählt man Fräser- und Rollendurchmesser möglichst gleich.

Allgemein gilt für die Konstruktionen Abb. 509÷512.

Ergeben sich bei der Konstruktion der Kopierform Überschneidungen oder zu spitze Winkel in der Umrißlinie der Kopierform, muß das Zeichenverfahren mit anderen Abmessungen der Übersetzungsverhältnisse oder der Rollen- und Fräserdurchmesser wiederholt werden. Führt auch dieses zu ungünstigen Formen, versucht man durch Wahl einer anderen Kopierart die Fehler zu umgehen. Zeigen sich jedoch auch hier wieder Mißverhältnisse, muß das Werkstück andere Formen erhalten (vorwiegend sind die Konvexformen ungünstig), oder es muß von einer Herstellung durch Kopierarbeit abgesehen werden.

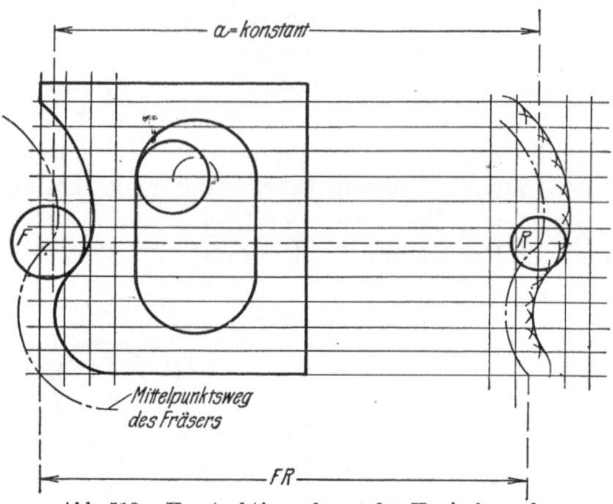

Abb. 513. Konstruktionsschema der Kopierform der gebräuchlichen Vertikalkopiermaschinen.

Abb. 513 stellt die einfachste Form einer Kopierplatte für einen Vorgang nach Abb. 497, 498 dar. Wenn Fräser- und Rollendurchmesser gleich sind, erhält auch die Kopierplatte dieselbe Form wie das Werkstück. Bei ungleichen Durchmessern zeichnet man wieder den Mittelpunktsweg des Fräsers entsprechend der Werkstücksform auf und konstruiert im Abstand $FR = a =$ konstant, in diesem Fall gleich Mittelpunktsabstand von Fräser und Rolle bzw. Stift, die Kopierform. Von hier aus wird die Form der Kopierplatte wie oben durch Hüllkreise gefunden.

IV. Auswahl und Kombinationen der Elemente.

Die Konstruktion der Vorrichtungen und die Unterbringung der Spannorgane, Aufnahme usw. richtet sich ganz nach der Eigenart des Werkstückes, des Arbeitsganges und der Zahl der zu spannenden Werkstücke. Im wesentlichen lassen sich die Spannvorrichtungen nach nachfolgendem Aufbau grundlegend betrachten und einteilen.

Da, wie schon mehrmals gesagt, im Rahmen des Buches nur charakteristische Hauptformen und keine Sammlung einseitiger Beispiele gezeigt werden sollen, muß bei der Lösung der konstruktiven Aufgaben auf die Elemente verwiesen werden. Die beste und einfachste Konstruktion für einen gegebenen Sonderfall wird immer aus den Händen des Konstrukteurs kommen, der sich nicht an Schulbeispiele klammert und es versteht, die Elemente zu einem wirklichen Organismus zu verbinden. Die Formen der in den Abbildungen dargestellten Werkstücke sind nicht so gezeichnet, wie sie in Wirklichkeit für die erprobten Vorrichtungen vorlagen, sondern variiert worden, damit das Vorstellungsvermögen des Konstrukteurs für den zu erläuternden Gedanken gestärkt wird und er nicht meint, daß er die gezeigten Konstruktionen nun unbedingt für ein ähnliches Werkstück verwenden müsse.

Eine ausführliche Besprechung der Arbeitsweise der Vorrichtungen in schwieriger und mehrfacher Kombination ist unterlassen worden, damit der Konstrukteur sich wirklich in das Wesen der Konstruktionen und, was die Hauptsache ist, in die Verbindung der Elemente hineindenken muß.

a) Übersicht und Einteilung der Spann-Vorrichtungen.

A. Vorrichtungen ohne Spannung.

1. Zum Festhalten von Hand:
   a) Solche, die das Werkstück aufnehmen, Aufnahme- und Ha tevorrichtung,
   b) solche, die auf das Werkstück aufgesetzt oder eingesteckt werden.
2. Mit Steckstiftbefestigung oder einfachen Klinkhaken ohne Spannung:
   a) Solche, die das Werkstück aufnehmen, Aufnahme- und Haltevorrichtung,
   b) solche, die auf das Werkstück aufgesetzt oder eingesteckt werden.

B. Offene U-Winkel-, Platten- oder blockförmige Vorrichtungen mit Spannorganen.

1. Hebelspannung:
   a) Mit einfacher Klappe,
   b) mit direkt wirkendem Hebel, Hebelzange,
   c) mit indirekter Spannung durch Kniehebel, Eulerschen Hebel oder Keilwirkung.
2. Schraubspannung:
   a) Mit direkter Druckschraube, Körner oder pendelndem Teller,
   b) mit Vorstecker,
   c) mit fester oder rückziehbarer Spannplatte oder -pratze,
   d) mit Dreh- oder schwenkbarer Traverse,
   e) mit Brücke, Bügel oder Klappschraube,
   f) mit Keilscheibenriegel,
   g) mit Spannhaken, Ösen oder Klinken,
   h) mit Spanndaumen,
   i) mit Schieber, Pinolen, Kolben, einzeln oder mehrfach.
3. Exzenterspannung:
   a) Direkt auf das Werkstück,

b) Hebelpratze, schwenkbar, drehbar, rückziehbar,
c) Haken oder Klauen mit indirekter Übertragung,
d) Kolben oder Schieber auch mit indirekter Übertragung.

4. Kurven und Bajonett:
   a) Mit Pinolen (Kolben),
   b) mit Schiebern,
   c) Klauen und Haken.

5. Elastische Spannungen:
   a) Federn direkt oder mit Übertragungsglied (Bolzen, Schieber, Körner usw.),
   b) Federn, die durch Anzugsorgane gespannt werden,
   c) Preßluftspannungen.

6. Spannorgane, die gleichzeitig als Aufnahme dienen:
   a) Spreiz- oder Klemmring,
   b) Spannzange oder Spreizhülsen,
   c) sonstige geschlitzte oder mehrteilige Klemmstücke.

C. U- oder kastenförmige Vorrichtungen mit Brücke oder Deckel, vorwiegend Bohrvorrichtungen.

1. Deckel oder Brücke, als Spannorgan ausgebildet:
   a) Spannung durch Schraube, Bajonett, Vorleger, Exzenter usw. bei abnehmbarem Deckel,
   b) Spannung durch Scharnierdeckel, Klappschrauben direkt oder übertragend,
   c) Spannung durch Scharnierdeckel mit Hakenhebel oder Exzenter.

2. Scharnierdeckel (Brücke) mit besonderer Verriegelung durch Vorreiber, Klinkhaken usw., Spannorgane am Deckel befstigt:
   a) Mit verschiedenen Spannorganen und direkten Spannungen,
   b) mit verschiedenen Spannorganen und indirekten Spannungen,
   c) mit kombinierter Spannung und Verriegelung.

3. Scharnierdeckel (Brücke), trägt nur die Spannungsübertragungsorgane, Spannorgane liegen im Kasten oder Körper der Vorrichtung.

4. Brücke, dient nur als Träger für Führungsbüchsen für Bohrer, Fräser usw.:
   a) Brücke bleibt ohne Beanspruchung,
   b) Werkstück wird gegen die Brücke gespannt.

D. Offene oder kastenförmige Vorrichtungen mit kombinierten Spannorganen, wie Schraube und Keil, Exzenter und Keil, elastische Spannungen mit mehrfach transformierten Spannungen, Kurven und Schraube usw.

1. Bei Spannung einzelner Stücke mit empfindlichen oder komplizierten Formen.
2. Bei Mehrfachspannvorrichtungen.

E. Zwangläufig bewegte Vorrichtungen, wie Selbstspanner, Schwenkvorrichtungen (Umlauf), kippbare oder rotierende Mehrfachspanner:

a) Ein- oder mehrfache Selbstspanner,
b) auf Zapfen gelagerte schwenkbare Vorrichtungen (Kipper),
c) fahrbare Vorrichtungen,
d) umlaufende oder systematisch geschaltete Mehrfachspanner,
e) Pendelvorrichtungen.

b) Besprechung der Kombinationen.

1. Vorrichtungen ohne Spannung.

Vorrichtungen ohne Spannung werden vorwiegend dann angewendet, wenn ein Werkstück nur in einer bestimmten Lage gehalten werden soll, z. B. beim Zusammenbau oder aber wenn bei leichteren Arbeitsgängen, z. B. Reiben, Bohren eines Loches, Räumen einer kleinen Nute, der Bearbeitungsdruck selbst das Werkstück auf die Vorrichtung preßt. Außerdem verwendet man sie noch beim Anreißen und Anzeichnen. Hierbei wird entweder das Werkstück in der Vorrichtung oder die Vorrichtung auf oder in dem Werkstück von Hand gehalten. Eine andere Vorrichtungsart in diesem Sinne sind die Einstellvorrichtungen, die, wie der Name sagt, zum Einstellen der Bearbeitungswerkzeuge für bestimmte Arbeitsvorgänge dienen. Diese Vorrichtungen nähern sich in ihrer Form denen der zu bearbeitenden Werkstücke. Die zum Einstellen dienenden Organe, wie Körner, Büchsen, Formplatten, Meßbolzen usw., sind aus Werkzeugstahl anzufertigen und zu härten.

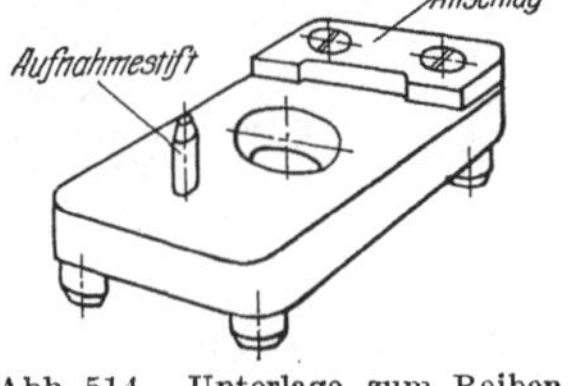

Abb. 514. Unterlage zum Reiben ohne Führung der Reibahle.

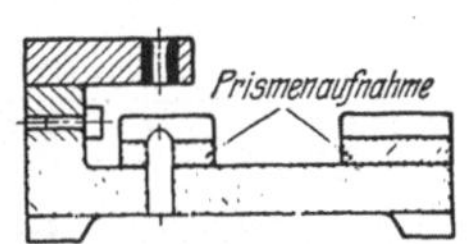

Abb. 515. Einfache Prismenvorrichtung zum Bohren von Bolzen und Wellen.

Abb. 514, 515. Einfache Unterlagen mit Prisma- oder Stiftaufnahme oder kleine Leisten als Anschlag dienen zum Senken und Reiben und werden mit Füßen versehen. Häufig sind auch zum Bohren von Löchern mit geringer Genauigkeit einfache Prismenaufnahmen.

Abb. 516, 517. Bohrplatten werden zum Auflegen auf Werkstücke benützt, haben Leisten- oder Stiftaufnahmen und dienen zum Bohren von Löchern in einer Ebene bei Werkstücken mit großer Fläche. Das Werkstück liegt entweder auf einer Unterlage oder direkt auf dem Tisch.

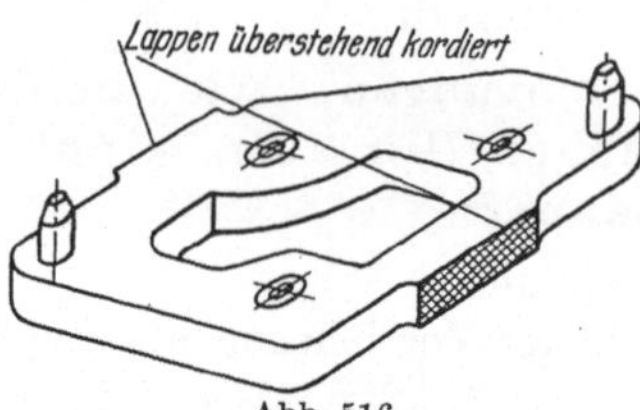

Abb. 516.
Bohrplatte mit Zweistiftaufnahme.

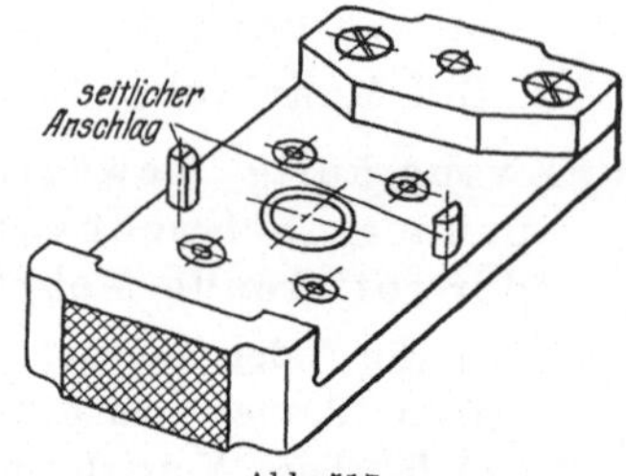

Abb. 517.
Bohrplatten mit Umfangsaufnahme.

Abb. 518÷521, 522, 523. Bohrkappen werden ähnlich wie Bohrplatten verwendet nur mit dem Unterschied, daß sie entweder in einer größeren Bohrung oder einem Zentrieransatz vom Werkstück aufgenommen werden. Auch sie sollen nur für Bohrungen dienen, die in einer Ebene liegen. Bohrhauben unterscheiden sich von Bohrkappen dadurch, daß sie mit Gehrungs- oder Formaufnahmen versehen sind, auch mit Index oder Anschlag, und werden dann verwendet, wenn das Werkstück auf einer besonders ausgeführten Unterlage steht und die zu bohrenden Löcher eine bestimmte Stellung zu irgendeinem in der unteren Fläche festliegenden Punkt haben sollen, ohne daß die Bohrebene einen Anschlagpunkt aufweist.

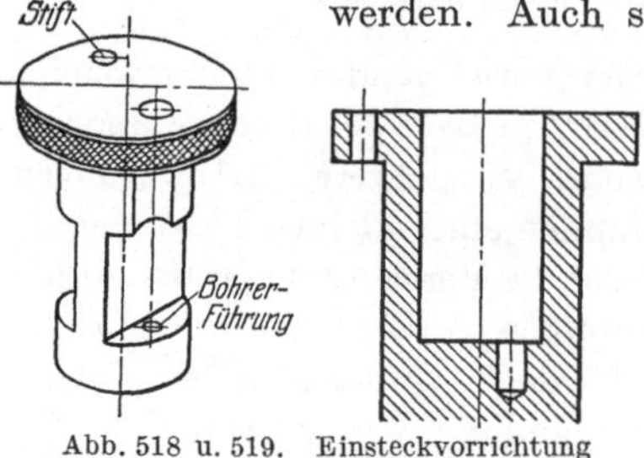

Abb. 518 u. 519. Einsteckvorrichtung (Bohrkappe) für Werkstück Abb. 519.

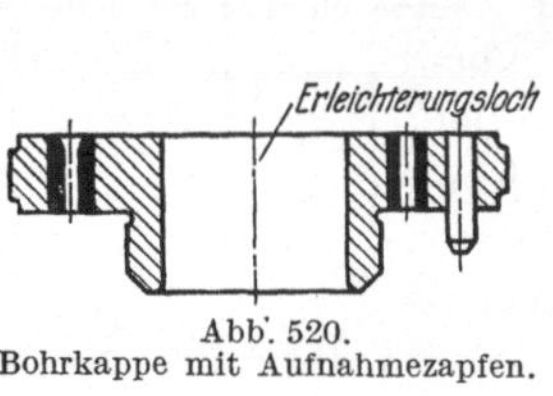

Abb. 520.
Bohrkappe mit Aufnahmezapfen.

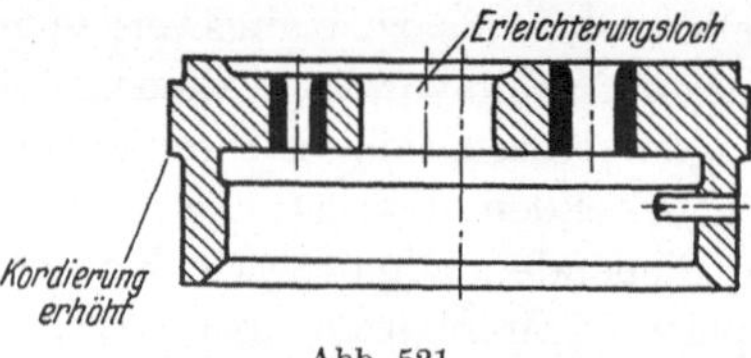

Abb. 521.
Bohrkappe mit Aufnahmebohrung.

Die Stellung wird durch die Indexe oder Anschläge gegeben, durch die Bohrhauben und Unterlagen abnehmbar verbunden sind. Bei

Abb. 518 muß der Bohrer in den oberen Löchern freilaufen, die Führung geben nur die unteren der Bearbeitungsstelle am nächsten liegenden.

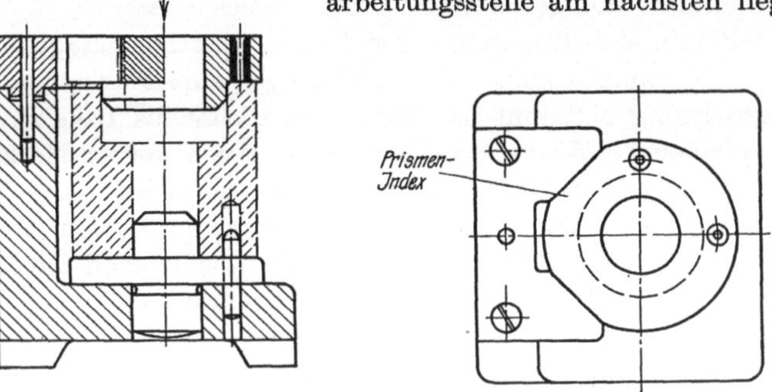

Abb. 522 u. 523.
Bohrhaube mit Index. Die Toleranz der Lochstellung muß Min. ± 0,1 mm sein.

Abb. 524, 525, 526. Die eigentliche Aufnahmevorrichtung findet ihren Hauptvertreter in denen, die in Winkel- oder Ständerform mit Prismen oder Aufnahmen versehen sind und in denen das Werkstück

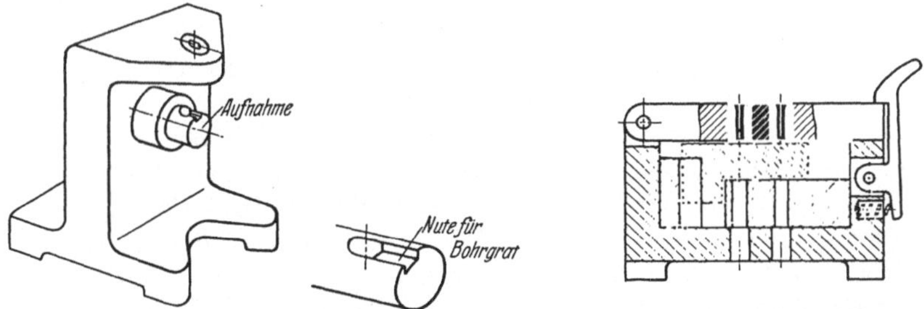

Abb. 524 u. 525. Winkelaufnahme. Abb. 526. Kastenaufnahme.

eingelegt und von Hand gehalten wird. Verwendungsbereich ist wie oben dargelegt. Besonders ist darauf zu achten, daß das Werkstück immer gegen einen Anschlag gedrückt werden kann.

Abb. 527. Spannungslose Vorrichtungen, die entweder auf dem

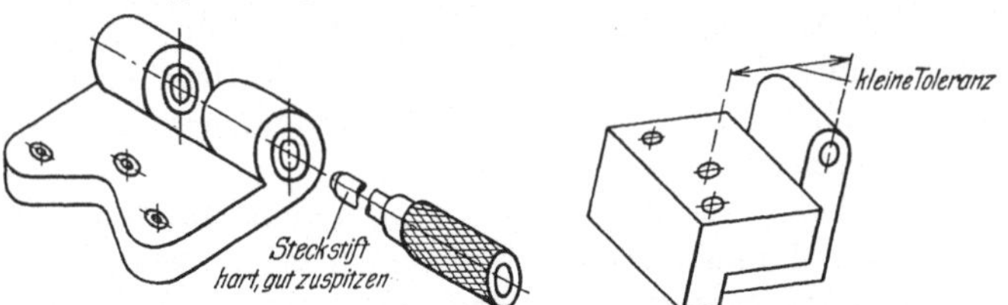

Abb. 527 u. 528. Bohrvorrichtung für Werkstück Abb. 528.

Werkstück, oder in denen das Werkstück, wenn es scharnierartige Augen oder Ansätze mit Bohrungen hat, aufgenommen werden, dienen zum

Bohren, Reiben, Anzeichnen, Montieren usw., überhaupt zur Vornahme irgendeines leichten Arbeitsvorganges. Der Steckstift muß in gehärteten Büchsen geführt und gegen Herausfallen gesichert sein.

Einstell- und Anreißvorrichtungen dienen, wie schon gesagt, entweder dazu, eine bestimmte Lage eines Werkzeuges zum Werkstück, das in einer Vorrichtung gespannt ist, herzustellen oder die Lage zweier zusammenzubauender Werkstücke zu sichern. Auch werden Merkstriche, Körner usw. mit ihnen in die richtige Lage gebracht,

Sie können als Hilfs- und Zusatzvorrichtungen zu den Spannvorrichtungen bezeichnet werden, richten sich somit ganz nach der Eigenart der Vorrichtung und sind deshalb nicht aufgeführt.

Alle gezeigten Vorrichtungen dürfen nur in den Paß- und Auflagestellen im Einsatz gehärtet werden. Die Bohrbüchsen müssen unbedingt in weichem Werkstoff sitzen. Eine Ausnahme zeigt Abb. 518, da hier kein Platz zum Anbringen von Bohrbüchsen vorhanden ist, wird entweder die ganze Vorrichtung oder nur der untere Teil, der als Bohrführung dient, gehärtet.

2. Offene Vorrichtungen.

Offene Vorrichtungen in U-, Winkel-, Platten- oder Blockform, mit den verschiedensten Spannorganen ausgerüstet, stellen einen großen Teil aller verwendeten Vorrichtungen dar. Die meisten davon sind Fräs- und Drehvorrichtungen und solche ähnlicher Bearbeitungen. Für Bohrvorrichtungen kommen sie vielfach bei sperrigen Werkstücken und solchen in Frage, bei denen mehrere Löcher in einer Ebene gebohrt werden können. Sollen mit einer Vorrichtung, die auf dem Tisch feststeht, Löcher in mehreren Ebenen gebohrt werden, muß die Vorrichtung um Zapfen schwenkbar gelagert sein und zählt dann zur Gruppe bewegte Vorrichtungen.

Ein Hauptkennzeichen der offenen Vorrichtung ist, daß sie auf dem Maschinentisch festgespannt und nur in seltenen Fällen mit Füßen als bewegliche Vorrichtungen ausgebildet werden. Als Drehvorrichtung konstruiert, haben sie meist eine futter- oder planscheibenähnliche Form. Für das Anzugsorgan wird dann mit Vorteil die Knaggenhebelspannung benutzt. Die Einteilung der offenen Vorrichtungen geht aus der oben stehenden Zusammenstellung hervor und wird deshalb nicht nochmals wiederholt.

Die unter den Schraubspannungen aufgeführten Kombinationen können selbstverständlich ohne weiteres auch mit Exzenteranzug versehen werden und sind nur der Einfachheit halber nicht doppelt, sondern nur in der jeweils charakteristischen Hauptform aufgeführt.

Hebelspannungen der verschiedensten Art sind unter den Elementen näher beschrieben, desgleichen ihre Verwendungsart.

Abb. 529÷537. Zusatzeinrichtungen zu käuflichen Spannvorrichtungen, wie Maschinenschraubstock, 2 und 3 Backenfutter, sind dann zu wählen, wenn von dem Werkstück keine großen Stückzahlen in Frage kommen und sich somit teure Sondervorrichtungen nicht bezahlt machen. Schraubstöcke, die entweder mit Schraub- oder Exzenterspannung versehen sind, sind so zu wählen, daß der Arbeitsdruck gegen die feste Backe gerichtet ist und außerdem das Anzugsorgan auf der Bedienungsseite der Maschine liegt, damit der Arbeiter nicht um die Maschine herumtanzen muß und viel Zeit versäumt. Gut bewährt hat sich der Schraubstock der Maschinenfabrik Fritz Werner. Beachte die Sicherung gegen Lüften des Spannstückes bei den Schraubstockbacken (Abb. 538÷540).

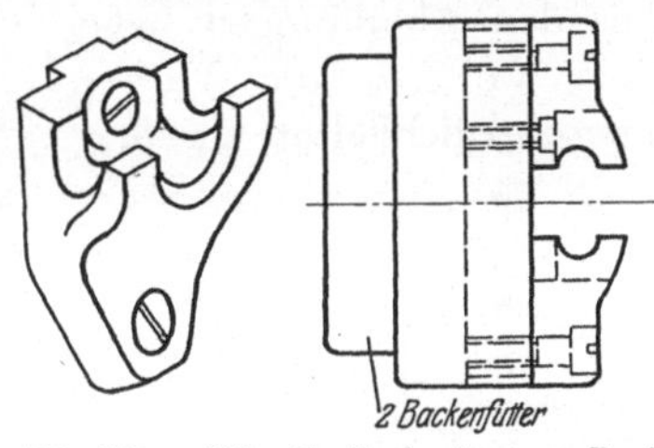

Abb. 529 u. 530. Krallenbacken am Zwei-Backenfutter. Gebräuchlich zum Drehen von Armaturen.

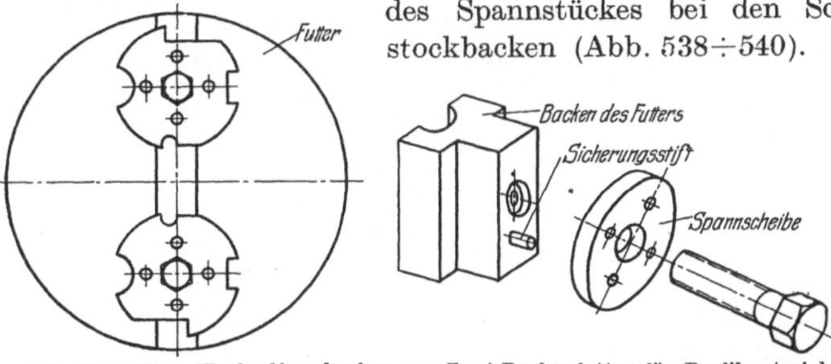

Abb. 531÷534. Wechselformbacken am Zwei-Backenfutter für Profilmaterial.

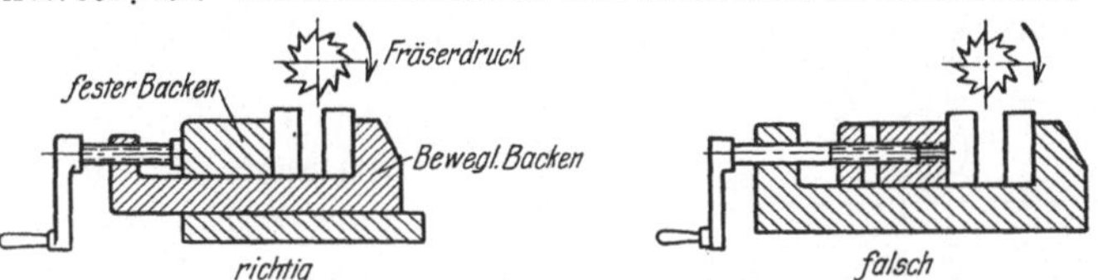

Fräserdruck gegen festen Backen. Fräserdruck gegen beweglichen Backen.
Abb. 535 u. 536. Richtige Auswahl des Schraubstockes.

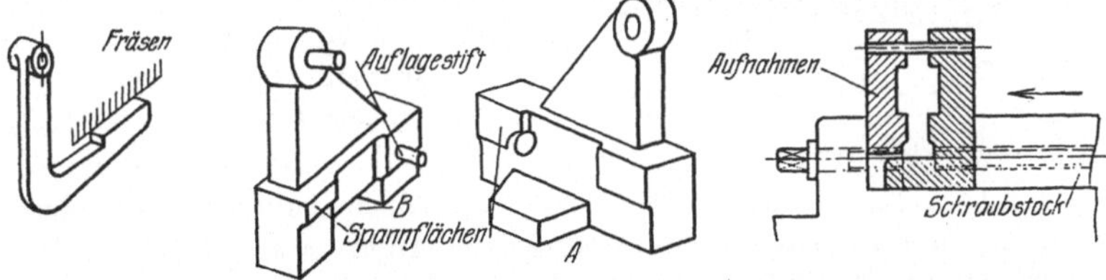

Abb. 537÷540. Beispiel für ein Paar Sonderbacken zum Fräsen des Werkstückes Abb. 537.

Schraubspannungen mit direkter Spannung werden nur für behelfsmäßige Vorrichtungen benutzt, bei denen das bearbeitete Werkstück keine große Genauigkeit zu haben braucht, oder aber in Bohrkästen, wenn das Spannorgan im Deckel liegt. Diese letzteren Vorrichtungen werden unter der Rubrik „Kastenförmige Vorrichtungen" näher erläutert. Aus den Abbildungen gehen ohne weiteres die Verwendungsmöglichkeiten hervor.

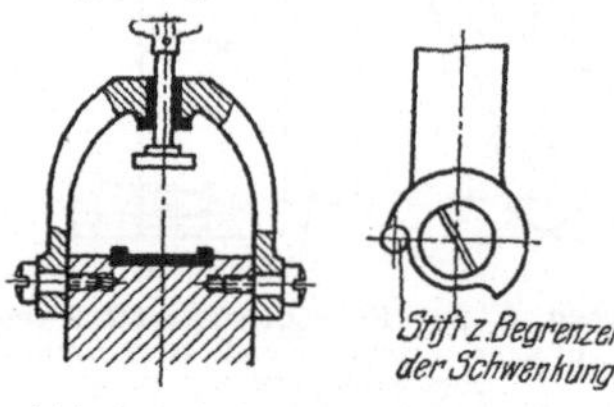

Abb. 541 u. 542. Schraubspannung im Klappbügel.

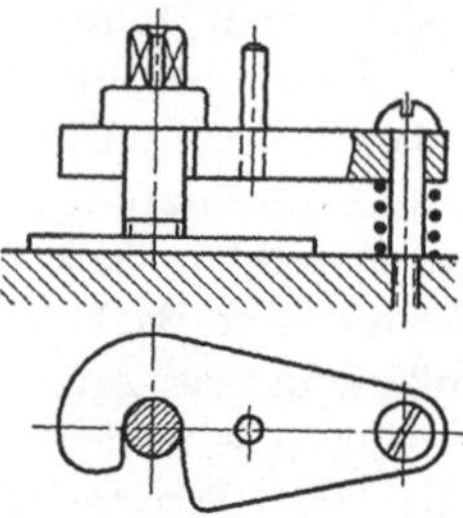

Abb. 543 u. 544. Abschwenkbare Vorstecker (Vorleger).

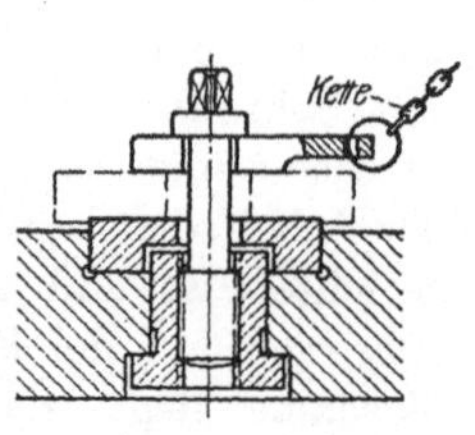

Abb. 545. Wegnehmbarer Vorstecker. Wird an Kette befestigt, damit er nicht verlorengeht.

Diese Vorrichtungen erhalten meistens Stift- oder Leistenanschlag und Aufnahme. Für wellenartige Werkstücke kommt hingegen die Körner-, Kegel- oder Büchsenaufnahme in Frage. Es ist darauf zu achten, daß die Spannung im Werkstück keine Druckmarken hinterläßt, schnell vonstatten geht und außerdem selbsthemmend ist.

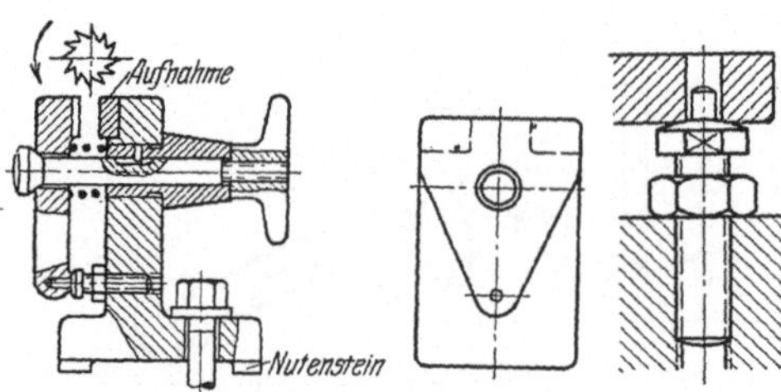

Abb. 546÷548. Normale Fräsvorrichtung mit Schraubspannung am Winkel.

Zur direkten Spannung für etwas sperrige Werkstücke wird mit Vorteil die Schraube, die entweder eine Druckplatte oder einen Körner trägt, in einem Bügel angeordnet, der über das Werkstück geschwenkt werden kann. Zur Begrenzung des Schwenkungskreises (90°) ist ein Stift und eine entsprechende Aussparung in dem einen Auge des Bügels einzubauen (Abb. 541, 542).

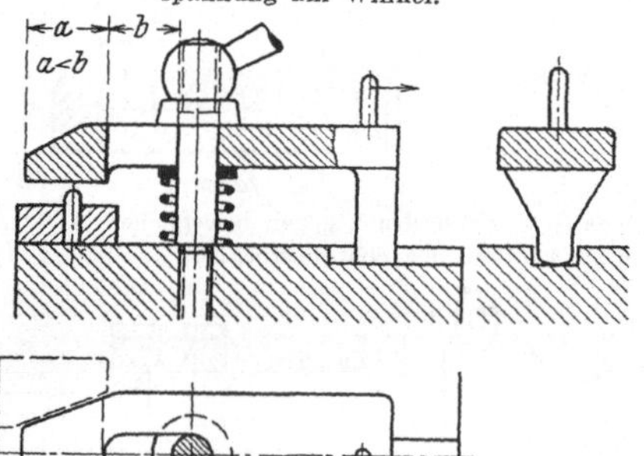

Abb. 549÷551. Normale Fräsvorrichtung in Plattenform.
Abb. 546÷551. Rückziehbare Spannplatten.

Abb. 543, 545, 561, 580. Vorstecker werden vorwiegend für größere Werkstücke mit 1 oder 2 Löchern verwendet. Meistens bei solchen Vorrichtungen, die an L- oder T-Winkel angebaut werden. Der Vorstecker kann entweder vollkommen wegnehmbar nach Abb. 545 oder wegschwenkbar eingerichtet werden. Im letzten Fall ist am Befestigungsbolzen eine Feder einzubauen, die den Vorstecker immer in die Endlage drückt.

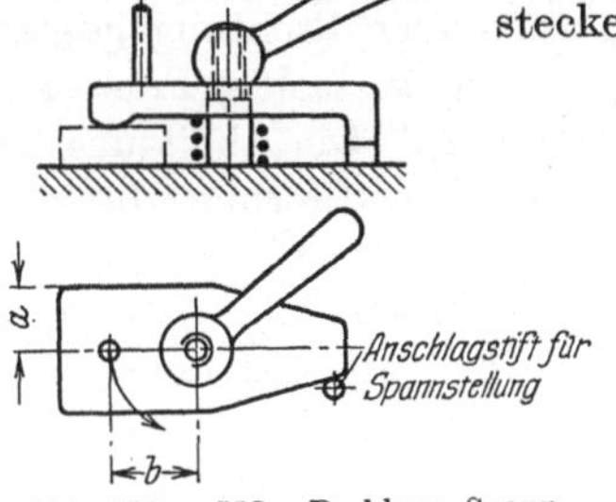

Abb. 552 u. 553. Drehbare Spannplatte. Der Anschlagstift ist entsprechend dem Drehsinn zu setzen.

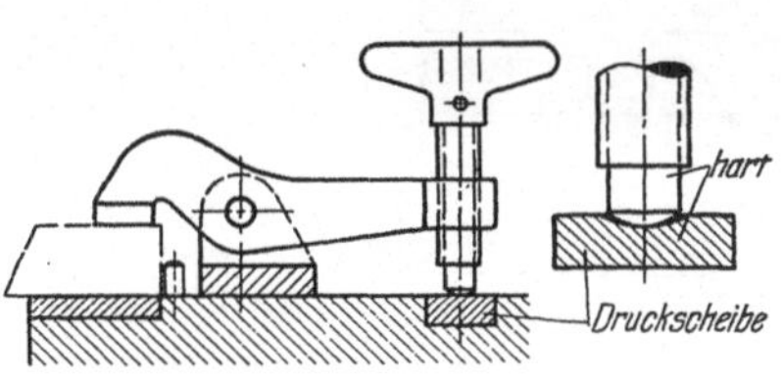

Abb. 554 u. 555. Wipphebel nur für engtolerierte Werkstücke.

Abb. 546÷551, 552÷557. Feste und rückziehbare Spannplatten sind die Urformen der Fräsvorrichtungen, die entweder als Platten- oder Winkelvorrichtungen ausgebildet sind. Zu beachten ist, daß durch die Spannpratze das Werkstück beim Öffnen so weit freigelegt wird, daß es leicht entfernt werden kann. Zum Zurückziehen, Schwenken usw. sind geeignete Griffe oder Stifte vorzusehen.

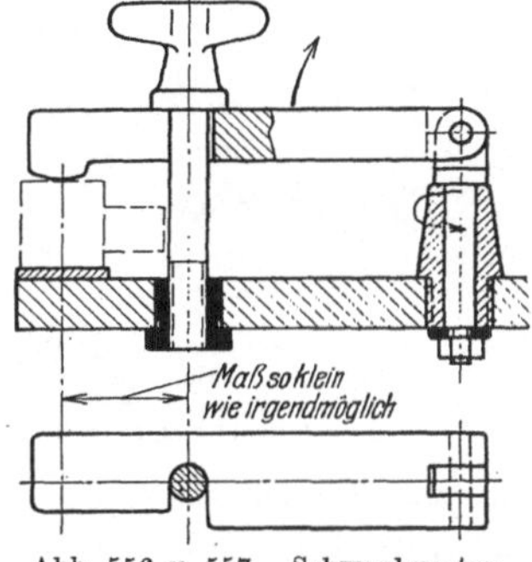

Abb. 556 u. 557. Schwenkpratze.

Abb. 552÷557. Gelagerte Spannplatten und -pratzen.

Abb. 558, 559. Die Anwendung eines ein- oder zweiarmigen Hebels hängt vorwiegend von der Art des Werkstückes ab. Der Winkelhebel nach Abb. 559 wird dann verwendet, wenn das Werkstück durch eine schräge Spannung gleichzeitig auf Unterlage und Aufnahme gedrückt werden muß.

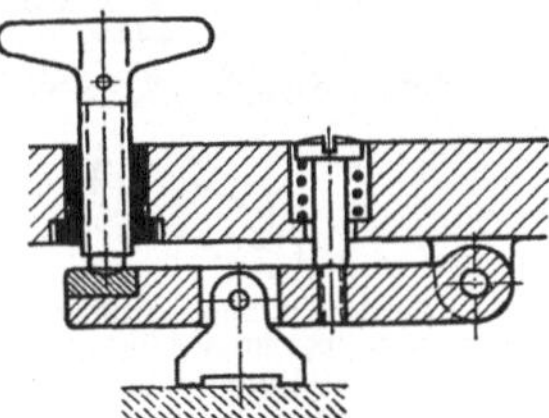

Abb. 558. Einarmiger Hebel.

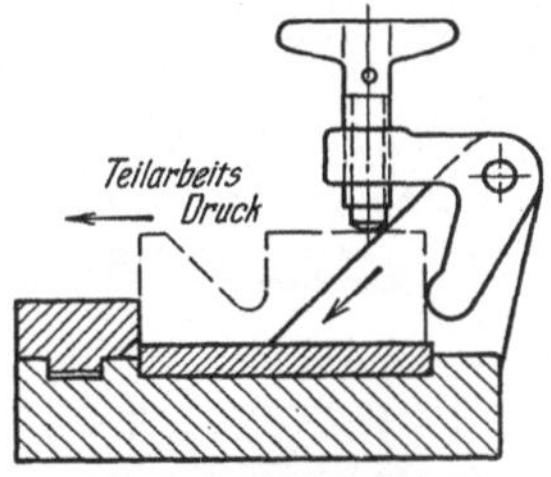

Abb. 559. Winkelhebel für Spannung an zwei Stellen.

Abb. 560. Zweiarmige (Winkelhebel) werden auch zur indirekten Spannung bei Mehrfachspannung benutzt, meistens in Verbindung von Schraube und Keil. Der Hebel muß dann so konstruiert sein, daß er sich federnd durchbiegen kann, um die auftretenden Werkstücktoleranzen auszugleichen.

Abb. 561, 562. Eine indirekte Spannung mit Kegelübertragung wird dann gewählt, wenn ein Werkstück in vertikaler Richtung gespannt werden soll (Fräsvorrichtung). Die Abbildung zeigt eine Ausführung dieser Art für Vorsteckerscheibe. Zu beachten ist, daß in den Übertragungsbolzen keine einzelne Kegelform, sondern eine doppelte, sich jeweils nach der Mitte des Bolzens verjüngende Bohrung, die etwas weiter (0,5 mm) als der große Durchmesser des Spannkegels ausgeführt wird.

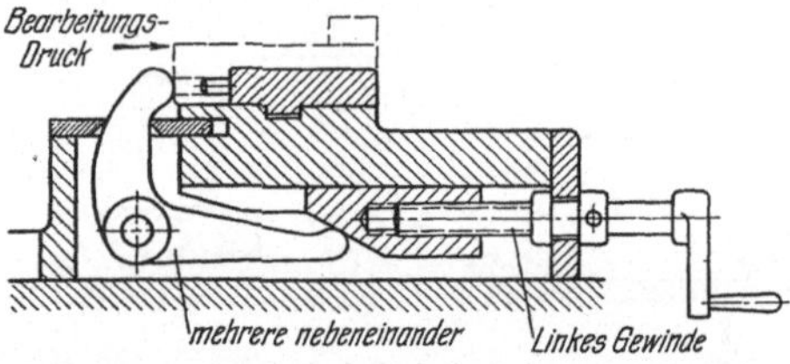

Abb. 560. Schraube, Keil und Hebel kombiniert.

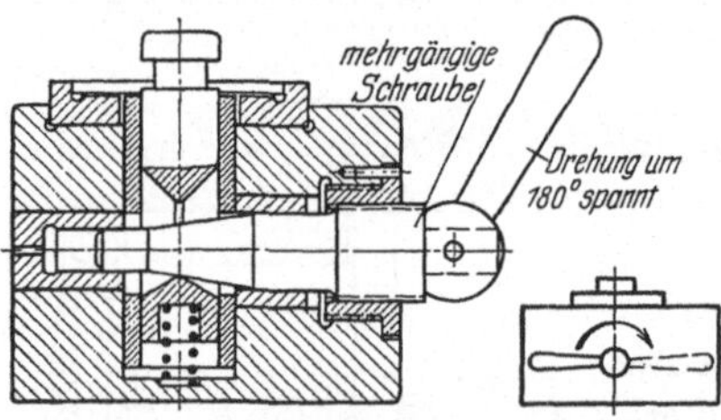

Abb. 561 u. 562. Schraube mit Kegel und Vorstecker kombiniert. Die Spannung muß durch eine maximale Drehung des Spanngriffes um 180° eingetreten sein.

Abb. 563÷570. Werkstücke, die entweder wellenförmig, also angekörnt sind, oder solche, die eine größere Bohrung haben, werden sehr sicher in Vorrichtungen gespannt, die mit Spannpinolen ausgerüstet sind. Diese tragen zur leichten Auswechselbarkeit der Aufnahmen Werkzeugkegel (halbe metrische oder Morsekegel), in denen dann die Aufnahmen befestigt werden. Aus den Abbildungen

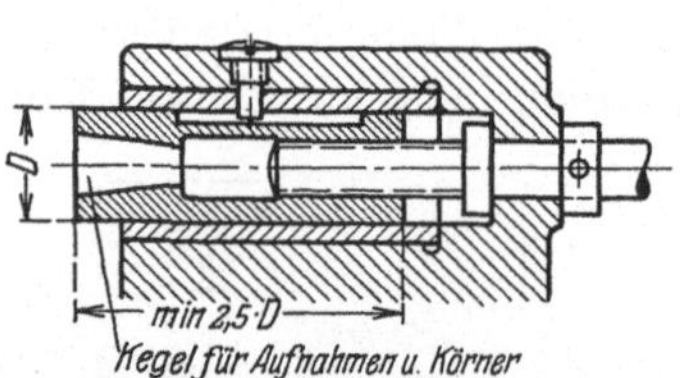

Abb. 563. Normale Pinolspannung ohne Schnellspanneinrichtung.

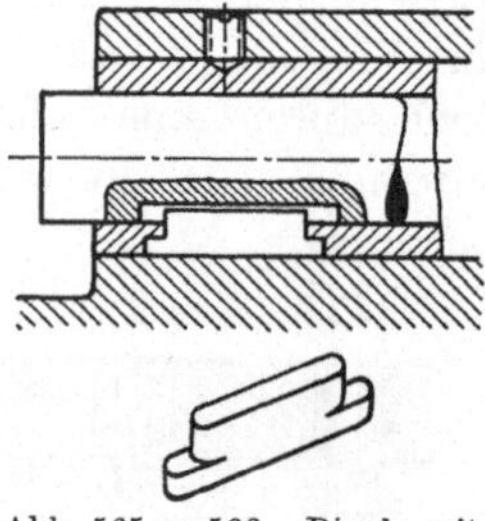

Abb. 565 u. 566. Pinole mit untenliegendem eingelegten Keil (Spannschutz).

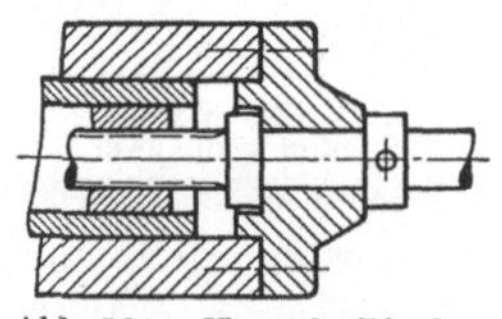

Abb. 564. Normale Pinolspannung, Spannschraube liegt im angeschraubten Deckel.

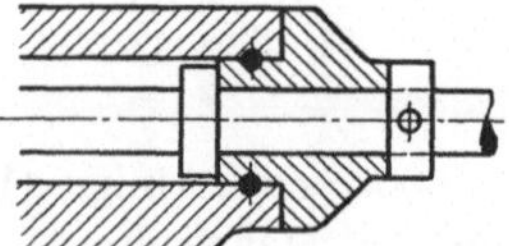

Abb. 567. Praktische und einfache Deckelbefestigung.

geht die Konstruktion dieser Spannarten eindeutig hervor. Die Keilnute wird am besten untenliegend und geschlossen angeordnet, damit ein Eindringen der Späne unmöglich ist. Die Pinolen sollen möglichst in gehärteten und geschliffenen Büchsen laufen. Zur leichten Herstellung der Bohrungen sollen, wenn irgend angängig, Verschlußdeckel vorgesehen werden, die entweder durch Schrauben oder nach Abb. 567 mit 2 Stiften sowie mit einem Zentriereinpaß zu konstruieren sind.

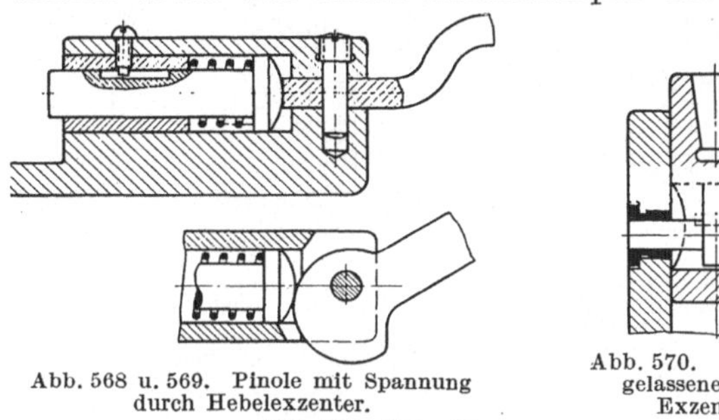

Abb. 568 u. 569. Pinole mit Spannung durch Hebelexzenter.

Abb. 570. Pinole mit eingelassener, aufgekeilter Exzenterscheibe.

Abb. 563÷570. Pinolspannungen.

Bei Anwendung von Schrauben als Anzugsorgan muß darauf geachtet werden, daß sich bei Rechtsbewegung der Schraube die Spannpinole **vorwärts** bewegt, werden hingegen Exzenter benutzt, ist auf zwangläufige Zurückführung der Pinole zu achten. Exzenter mit größeren Abmessungen nach Abb. 570 werden aufgekeilt.

Abb. 571÷575 zeigt die Anwendung von Spanndaumen, die nach dem Lösen durch den eingefügten Federring zwangläufig gedreht werden. Zur Begrenzung der Drehbewegung dient die Aussparung in der äußeren Hülse. Diese Spannung ist sehr gut geeignet für größere Werkstücke, die sehr fest gespannt werden müssen. Zu beachten ist, daß die Mutter durch einen Stift gesichert werden muß, das Gewinde rechts oder links zu wählen ist, je nachdem der Spanngriff und Wandung der Vorrichtung oder der Spanndaumen liegen. Die Abb. 574, 575 zeigen schlechte Ausführungen dieser Spannart.

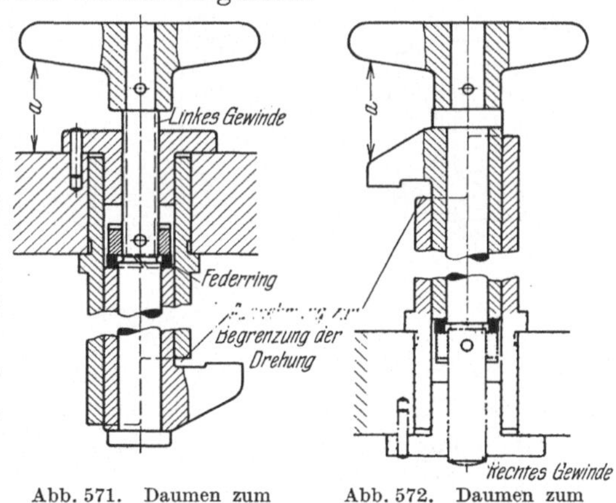

Abb. 571. Daumen zum Spannen „hinter“ der Wand.

Abb. 572. Daumen zum Spannen „vor“ der Wand.

Abb. 573. Sollen in einer Vorrichtung (vorwiegend Bohrvorrichtung) 2 Stücke gespannt werden, die jedoch sehr eng toleriert sein müssen, kann eine drehbare Traverse benutzt werden. Die Mitnahme zur Drehung geschieht hier ebenfalls durch einen Federring.

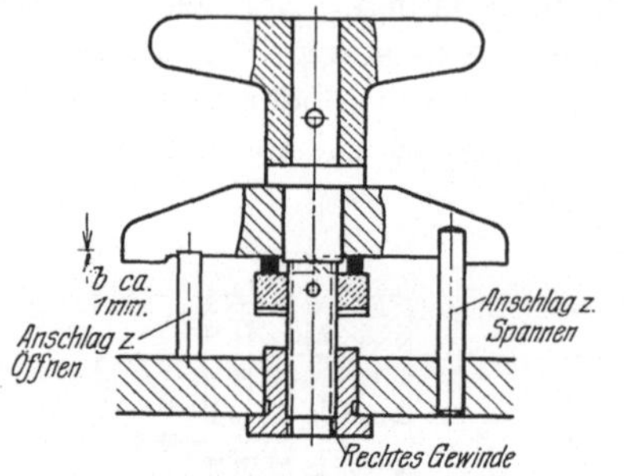

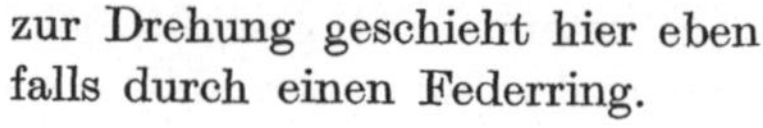

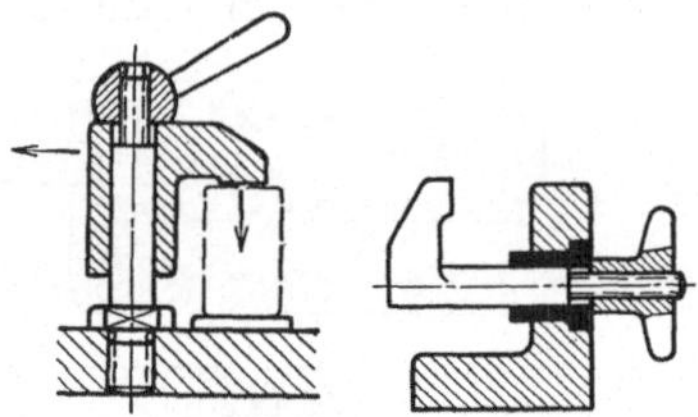

Abb. 573. Drehbare Traverse (Doppeldaumen) Die Traverse muß sich erst um das Maß b heben und dreht sich dann vom Werkstück ab.

Abb. 574 u. 575. Falsche Anordnung von Spanndaumen.

Abb. 571÷575. Zwangläufig drehbare Spanndaumen.

Abb. 576, 577. Spannklauen, die sich beim Öffnen der Spannung selbsttätig spreizen und so das Werkstück vollkommen freilegen, sind dann vorzusehen, wenn das Werkstück an mehreren Stellen (bis 3) gespannt werden muß und die Eigenart der Aufnahme und des Anschlages ein seitliches Einführen des Werkstückes bei festen Spannhaken ver-

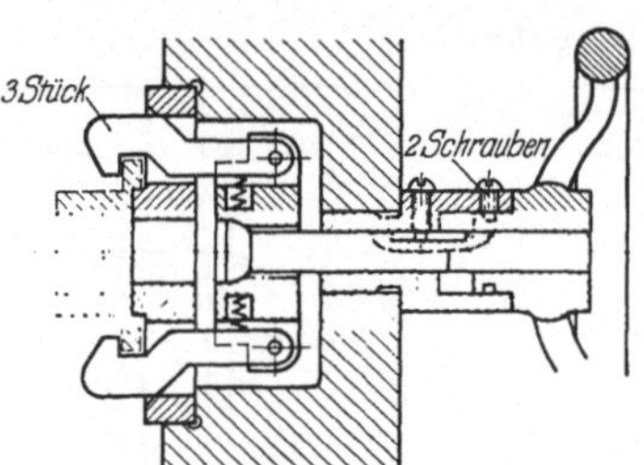

Abb. 576. Spannklauen zum Spannen am Außenflansch.

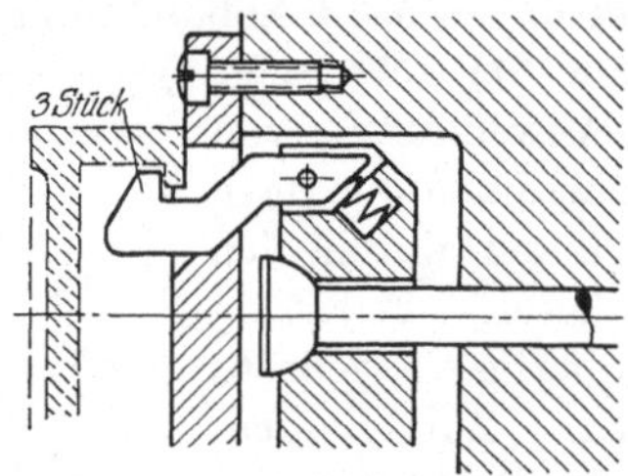

Abb. 577. Spannklauen zum Spannen am Innenflansch.

bietet. Die Spannung selbst muß zwangläufig sein. Es ist darauf zu achten, daß die Spannklauen erst dann auf das Werkstück zu liegen kommen, wenn die gerade Fläche bereits mindestens 1 mm in den Schlitz eingetreten ist.

Abb. 577 zeigt die Anordnung der Klauen, wenn sie von innen nach außen spreizen müssen. Es ist bei beiden Ausführungen auf die pendelnde Lagerung der Übertragungsscheiben zu achten.

Abb. 578, 579. Die Anwendung des Keils in Kombination mit Schraubenanzug und Übertragung mit Steckstift ist meistens nur für leichte Bearbeitungsgänge zulässig. Eine Ausnahme kann dann gemacht werden, wenn der Steckerbolzen genügend groß ausgebildet werden kann. Das Auge des Übertragungsbolzens muß mit einem langen

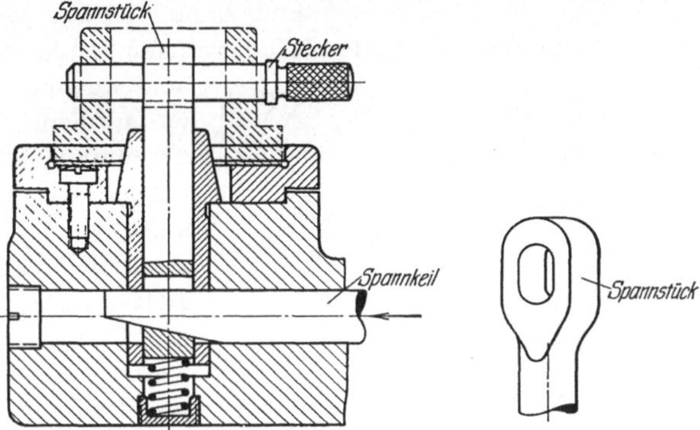

Abb. 578 u. 579. Keil- und Steckstift kombiniert.

Loch versehen, der Bolzen selbst in einer geschliffenen Hülse geführt und gegen Verdrehen gesichert sein.

Abb. 580, 581. Die Anwendung von 2 Aufnahmebolzen mit der Vorsteckerscheibe (Platte) wird dann benutzt, wenn ein Werkstück in 2 größeren Bohrungen aufgenommen werden kann oder aber 2 kleinere Werkstücke mit einer großen Bohrung gemeinschaftlich bearbeitet werden können.

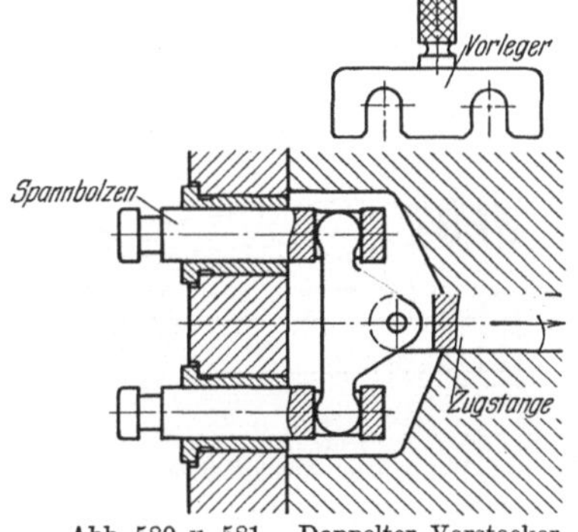

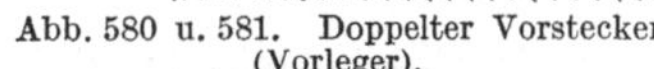

Abb. 580 u. 581. Doppelter Vorstecker (Vorleger).

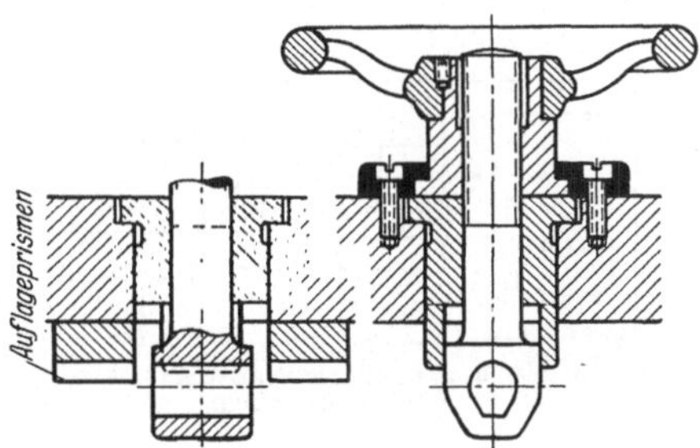

Abb. 582 u. 583. Einstecköse als Spann- und Aufnahmeorgan.

Abb. 584 u. 585. Zwangsrückung bei Schraubspannungen.

Exzenterspannungen sind möglichst vielseitig zu verwenden, wenn nicht eine zu starke Erschütterung des Werkstückes die Anwendung verbietet, da sich oft dadurch die Exzenter lösen.

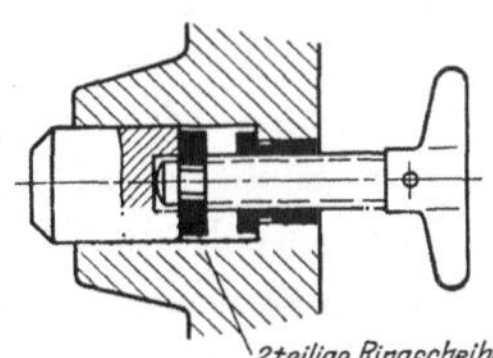

Abb. 586. Druckkolben mit Schraube.

Die folgenden Abbildungen zeigen die charakteristischen Verwendungsmöglichkeiten der Exzenter.

Abb. 587÷589. Wie schon erwähnt, kann vielfach an Stelle der Schraube der Spannexzenter treten. Die jeweiligen Sonderausführungen sind aus den Elementen zu ersehen. Findet die Spannungsübertragung durch einen Bolzen statt, wird der Exzenter zweiteilig ausgebildet, der Bolzen selbst beiderseitig abgeflacht und eine Unterlagscheibe, wie die Abbildung zeigt, eingefügt. Der Exzenter kann entweder mit dem Griff aus einem Stück geschmiedet sein, oder aber der Griff wird eingeschraubt.

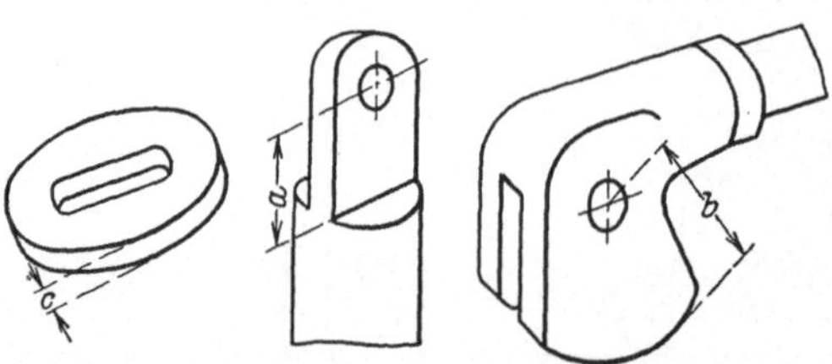

Abb. 587÷589. Hebelförmiger abgenommener Hebelexzenter.

Abb. 590, 591. Bei einfachen Fräsvorrichtungen ist eine Verbindung von rückziehbaren Pratzen mit Exzenter gut zu gebrauchen, jedoch dürfen die Werkstücke nicht zu sehr tolerieren.

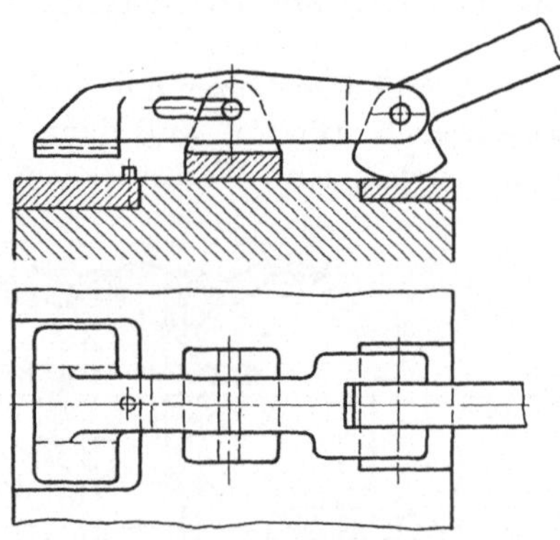

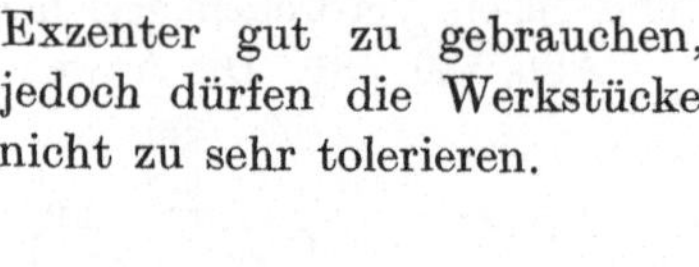

Abb. 590 u. 591. Rückziehbare Pratze mit Exzenterspannung.

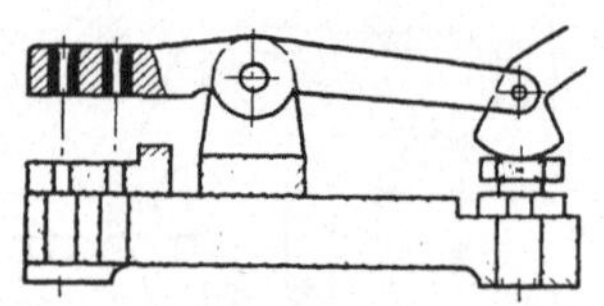

Abb. 592. Wipp- oder Schwinghebel.

Abb. 592. Eine solche Anwendung des Schwinghebels für Bohrzwecke soll möglichst vermieden werden, da sich schon bei kleineren Toleranzen die Bohrbüchsen schräg zur Auflagefläche einstellen. Es ist darauf zu achten, daß unter dem Exzenter eine einstellbare Unterlage angeordnet wird.

Abb. 593÷595. Die Kombinationen schwenkbarer Hebel, von denen der eine als Aufnahmeorgan ausgebildet ist, wird sehr selten verwendet und ist auch möglichst zu umgehen.

Der Zweck dieser Anordnung ist, das Werkstück mit seiner Aufnahme gegen einen festen Anschlag zu drücken, um so die genaue senkrechte Lage des Loches zur Aufnahme und Anschlagleiste zu gewährleisten.

Abb. 596, 597. Wenn zur Übertragung der Spannkräfte zwei Bolzen dienen, wie bei der dargestellten Hakenspannung, ist der Exzenter in einer Brücke mit Schlitz zu lagern. Die Einstellbarkeit der Unterlage für den Exzenter kann hier leicht erreicht werden. Gestattet die Größe der Vorrichtung die Verwendung eines Exzenters mit großem Hub und muß das Werkstück ähnlich wie bei der Klauenspannung nach dem Lüften vollkommen freiliegen, können in die Spannhaken Kurven, wie die Abbildung zeigt, unter 45° zur Mittellinie eingefräst werden, die dann die Spannhaken zwangläufig vom Werkstück abdrehen.

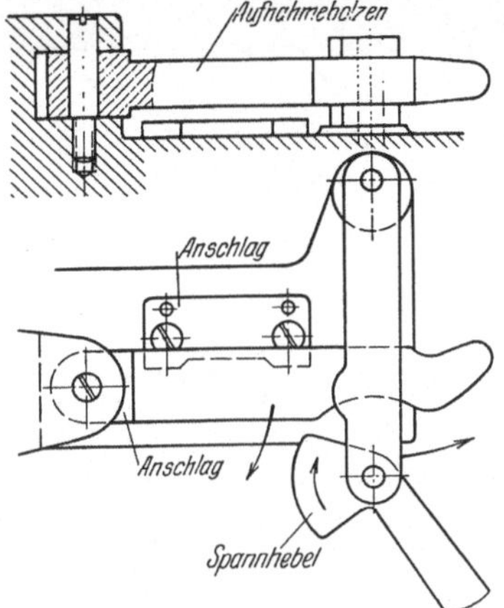

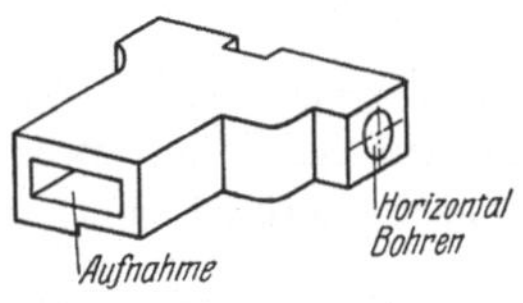

Abb. 593÷595. Spannung durch Aufnahmestück mittels Exzenter.

Abb. 598 zeigt eine der vorhergehenden Abbildung ähnliche Ausführung, die bei einer Drehvorrichtung zum Spannen eines großen

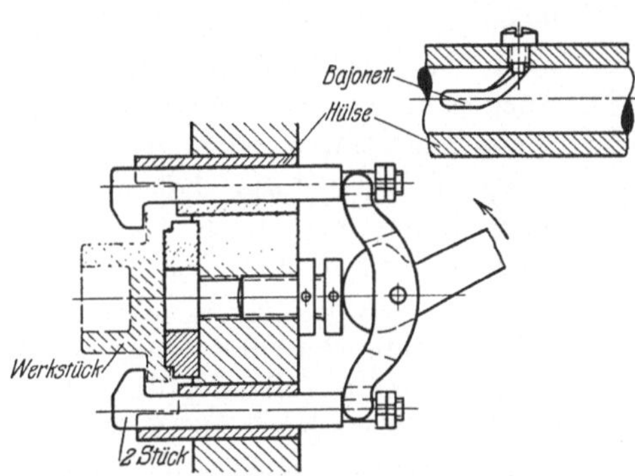

Abb. 596 u. 597. Exzenterspannung mit zwei Übertragungbsolzen.

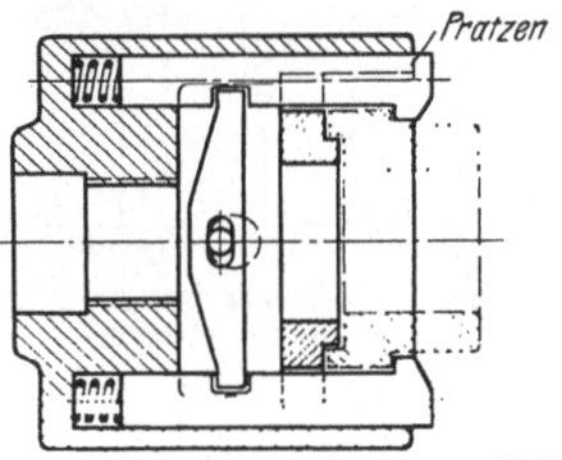

Abb. 598. Exzenter mit Traverse und zwei Spannbolzen.

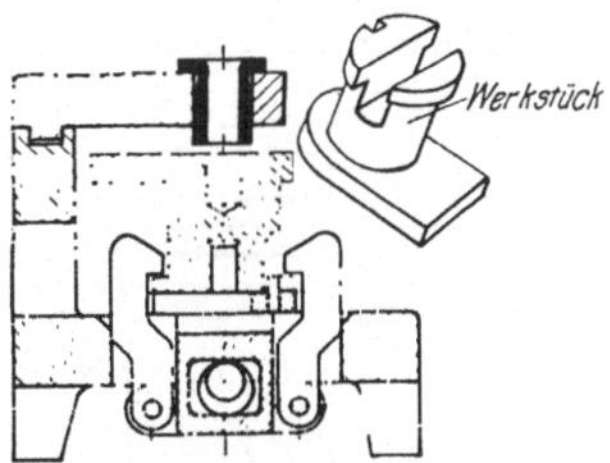

Abb. 599 u. 600. Spannklauen mit Spreitzung für Werkstück nach Abb. 600.

Stückes verwendet wird. Federn sorgen für das zwangläufige Abheben der Spannhaken. Das Werkstück wird seitlich eingeschoben. Zu diesem Zweck hat der Vorrichtungskörper Aussparungen. Die

Spannhaken müssen möglichst weit nach vorn vom Vorrichtungskörper unterstützt werden, um ein Abbiegen oder Klemmen zu vermeiden.

Abb. 599, 600. Spannklauen in Verbindung mit Exzenter, ähnlich der Abb. 576, sind hier zu demselben Zweck bei einer Bohrvorrichtung verwendet.

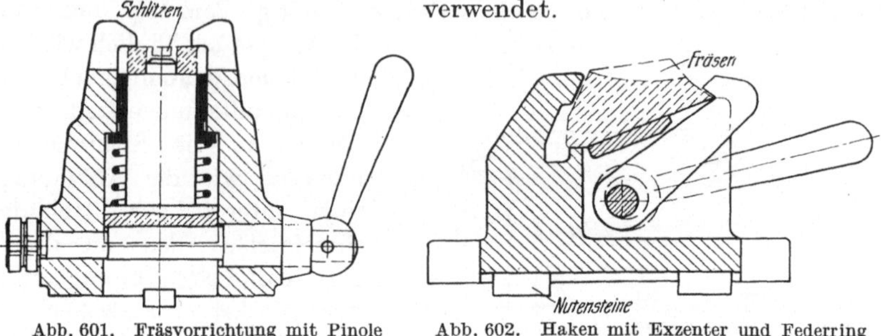

Abb. 601. Fräsvorrichtung mit Pinole und Wellenexzenter.

Abb. 602. Haken mit Exzenter und Federring für Schrägspannung.

Abb. 601 zeigt die Verwendung eines Kolbens oder einer Pinole. Diese müssen nach der Bearbeitungsstelle hin in einer geschliffenen Büchse genau geführt sein, damit kein Schmutz und keine Späne in die Vorrichtung fallen. Eine Feder besorgt den zwangläufigen Rücklauf.

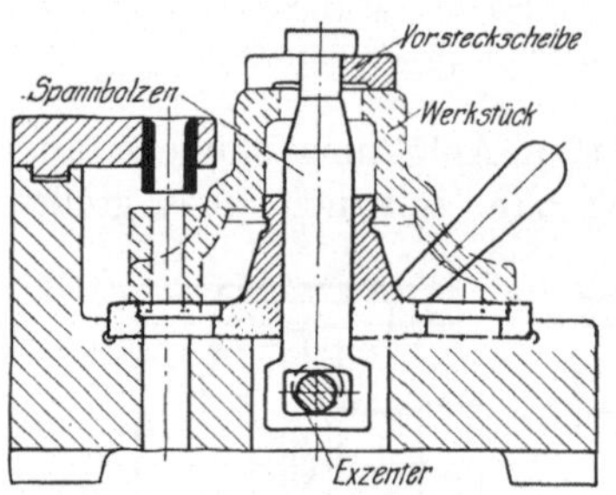

Abb. 603. Vorstecker mit Exzenter an einer Bohrvorrichtung.

Abb. 602. Diese Kombination dient vorwiegend zum Erzeugen einer schief gegen Aufspann- und Anlagefläche gerichteten Druckkraft und wird bei plattenähnlichen Werkstücken oder solchen gewählt, deren Querschnitt trapez- oder eine sonstige unregelmäßige Form haben. Die Schwenkung wird auch hier durch einen Federring ermöglicht.

Abb. 603. Die Verbindung von Vorstecker mit Exzenter soll möglichst vielseitig angewendet werden, da sie ein schnelles und sicheres Spannen ermöglicht. Auch braucht die Toleranzgrenze der Werkstücke nicht zu eng zu liegen, wenn der Exzenter nach der Exzentertabelle bei der Beschreibung der Elemente ausgebildet wurde.

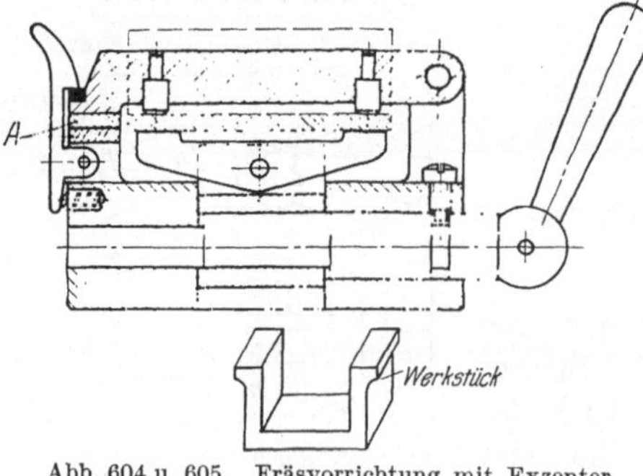

Abb. 604 u. 605. Fräsvorrichtung mit Exzenter, pendelndem Druckstück und Aufnahmeklappe.

Abb. 604, 605. Wenn ein Werkstück so gefräst werden muß, daß der Anschlag oberhalb des Spannorganes liegt (abschwenkbare Klappenaufnahme), wird die Vorrichtung vorteilhaft nach dem gezeigten Muster ausgeführt. Zu beachten ist, daß Vorrichtung und Brücke mit harten Auflagestücken *A* versehen werden.

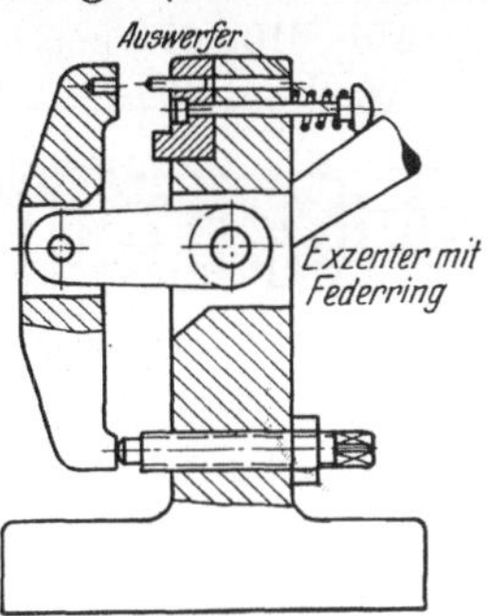

Abb. 606. Praktische Fräsvorrichtung für kleine Teile. Entspannt, liegt das Werkstück vollkommen frei.

Abb. 606. Der Wipphebel ist ebenfalls in Verbindung mit dem Exzenter gut für solche Fräsvorrichtungen zu verwenden, in denen das Werkstück nach dem Lüften vollkommen frei liegen muß. Es ist eine Einstellschraube für Auflage des Hebels vorzusehen. Die Abbildung zeigt ebenfalls die Verwendung eines Druckknopfauswerfers. Die Schwenkbewegung der Spannlasche erfolgt durch beigelegten Federring.

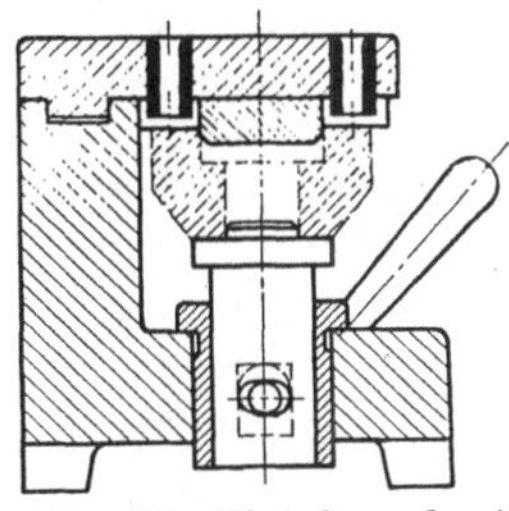
Abb. 607. Einfache und gute Bohrvorrichtung für leichte Arbeiten.

Abb. 607. Eine offene Vorrichtung, bei der das Werkstück gegen die Bohrplatte gedrückt wird, ist nur für leichte Bohrvorarbeiten und kleine Spannhübe zulässig. Der Exzenter bewegt einen Kolben oder eine Pinole, die das Werkstück nach oben drückt. Der Weg des Exzenters ist so groß zu bemessen, daß das Werkstück leicht aus der Aufnahme entfernt werden kann.

Kurvenspannung. Die doppelte Kurve in Scheibenform dient meist zum Spannen von bolzen-, hülsen- oder napf- und tellerförmigen Werkstücken in vertikaler Stellung zur Bearbeitung durch Fräsen oder Schlitzen usw., seltener bei Drehvorrichtungen, da hier die Schwungkraft der rotierenden Spannscheibe leicht ein zu festes Spannen oder bei entgegengesetzter Anordnung der Kurve ein leichtes Lösen der Spannung veranlaßt.

Abb. 608. Löst sich leicht beim Anlauf, wenn auf Drehbänken verwendet.

Abb. 609. Zieht sich beim Anlauf fest, wenn auf Drehbänken verwendet.

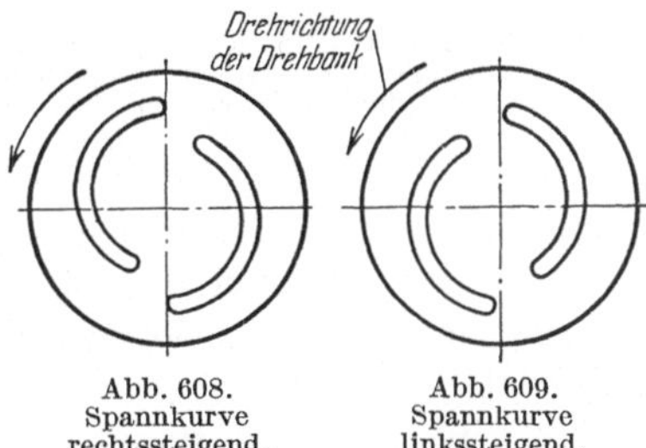

Abb. 608. Spannkurve rechtssteigend.

Abb. 609. Spannkurve linkssteigend.

Wird eine Spannkurve, wie oben gesagt, zum vertikalen Spannen eines Werkstückes benutzt (es kommen auch Werkstücke mit Bund in Frage), kann durch die jeweiligen

Winkel ein großer und schneller Rückzug der Spannbacken sowie ein sanftes und festes Spannen erreicht werden.

Abb. 610, 611 zeigt die Anordnung einer derartigen Kurvenscheibe. Der Nachteil dieser Vorrichtung liegt darin, daß die Spannung ziemlich weit von der Bearbeitungsstelle entfernt ist. Eine bessere Ausführung läßt sich erreichen, wenn man die Spannbacken über die Kurve legt und in der Deckplatte führen läßt. Diese Art ist jedoch wieder empfindlicher gegen Schmutz und nicht so stabil.

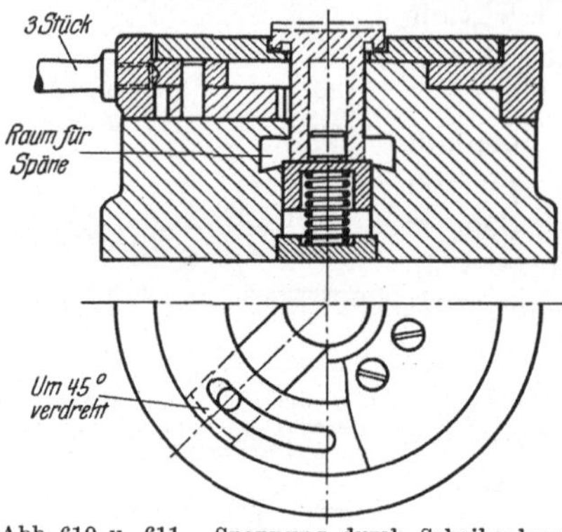

Abb. 610 u. 611. Spannung durch Scheibenkurve mit drei Schiebern.

Abb. 612÷616. Die Kurvenscheibe läßt sich auch noch gut für Vorrichtungen verwenden, bei denen die Kurve selbst nur das Spannorgan vorschiebt und die Spannung durch ein zusätzliches Organ, wie Schraube, Exzenter oder zweite Spannkurve erreicht wird.

Abb. 612 u. 613. Hier sind 2 Handgriffe beim Ent- und Festspannen nötig Und zwar muß hier zuerst durch den Hebel die Kurvenscheibe

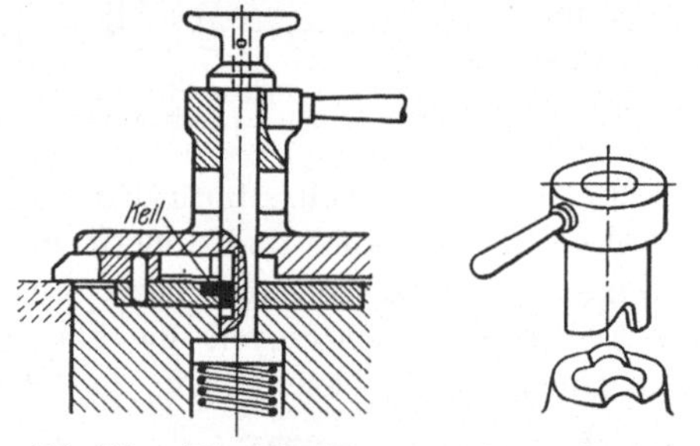

Abb. 612 u. 613. Eine Kurve schiebt nur die Riegel vor, die durch die zweite Kurvenspannung Abb. 613 auf das Werkstück gepreßt werden.

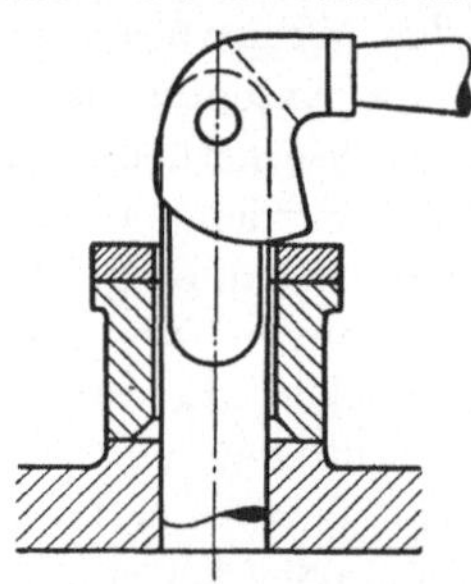
Abb. 614. Zusätzliche Spannung durch Exzenter für Vorrichtung Abb. 612.

gedreht und dann mit dem Griffkreuz die Spannbewegung der Kurve ausgeführt werden. Eine leichte Verbindung dieser beiden Bewegungen zu einer zeigt die Abbildung 614. Eine Mitnahme der Kurvenscheibe geschieht in den beiden letzten Fällen durch eine besonders eingelegte Keilplatte.

Abb. 615, 616. Bei dieser Kombination von Schraube und Kurve muß beachtet werden, daß nach vollendetem Vorschub der Spannriegel, bei einer weiteren Drehung die Schraube zur Geltung kommt, also die Vorschubkurve zentrisch verlaufen muß, und ein geeigneter Stiftanschlag gestattet beim Entspannen zuerst die Schraube zu lösen und dann erst die Riegel zurückzuziehen, oder aber beim Zuspannen erst die Riegel vorzuschieben und dann die Drehbewegung der Kurvenscheibe einzuleiten.

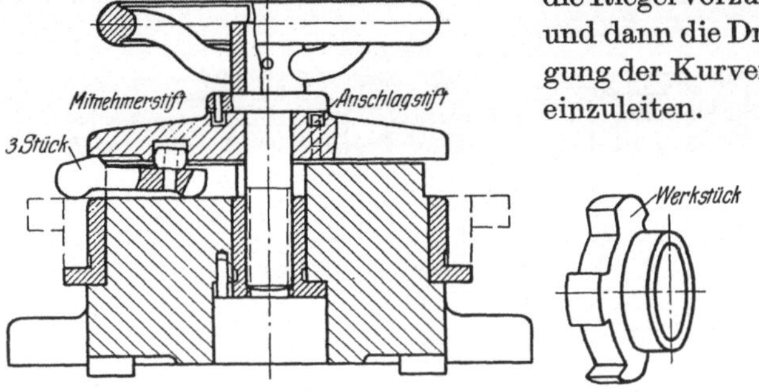

Abb. 615 u. 616. Riegel, Kurve und Schraube zwangläufig kombiniert.

Abb. 617. Die Riegel können auch mit einer Schräge ausgeführt werden, die einen Keilwinkel unter 6° (wegen Selbsthemmung) haben muß. Diese Konstruktion kommt jedoch nur dann in Frage, wenn das Werkstück in der Höhe ziemlich eng toleriert, stabil ist und eine gerundete Kante hat. Die Spannbewegung erfolgt dann lediglich durch Drehbewegung der Scheibe.

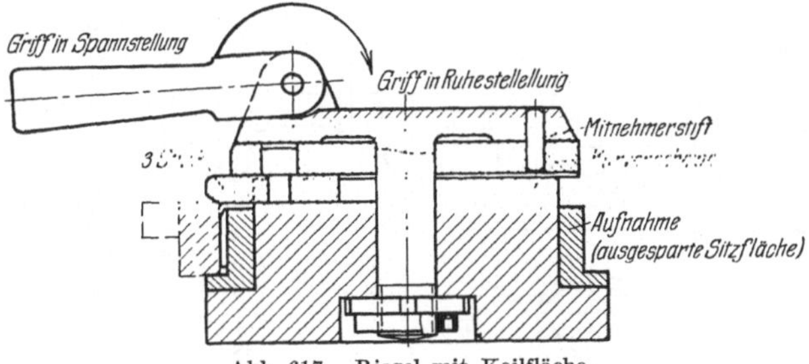

Abb. 617. Riegel mit Keilfläche.

Abb. 618 ÷ 620. Hier ist die eigentliche Spannkurve in einem Zylinder untergebracht und die Vorschubkurve für die Riegel als besonderes Zusatzorgan ausgebildet. Diese Vorrichtung ist kombiniert mit einer Zangenspannung und hat den Zweck, das in Abbildung 620 gezeichnete Werkstück von unten nach oben gegen die vorgeschobenen Riegel zu pressen, damit ein genaues Fräsen der gezeichneten Absätze möglich ist. Die Anpressung gegen die Riegel wird beim Einlegen durch die gefederte Aufnahme, die gleichzeitig den Auswerfer darstellt, eingeleitet und durch die Aufwärtsbewegung der Zange unterstützt. Auch hier muß die Spannkurve sowie die Vorschubkurve ein Stück ohne Steigung verlaufen, damit beim Spannen zuerst die

Riegel vorgeschoben werden, ehe die Spannung eintritt und bei Eintreten der Spannung die Riegel nicht weiter vorgeschoben werden können. Eine solche teure Vorrichtung soll jedoch nur dann ge-

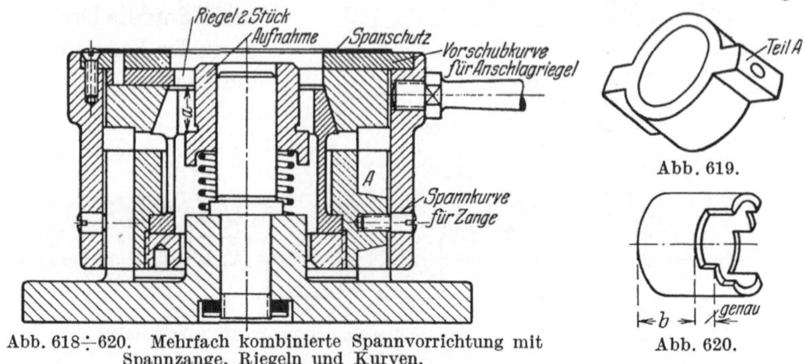

Abb. 618÷620. Mehrfach kombinierte Spannvorrichtung mit Spannzange, Riegeln und Kurven.

Abb. 619.

Abb. 620.

braucht werden, wenn es sich um Arbeitsgänge handelt, die in sehr engen Toleranzen zu erfolgen haben.

Abb. 621÷624. Wird bei einer Vorrichtung ein größerer Vorschub des Spannorganes bei kurzer Spannzeit (kleinem Drehwinkel des Spanngriffes) verlangt, ist, besser als oben geschilderte Kurvenspannung, die Bajonettspannung vorzusehen. Die Abbildung zeigt eine Bohrvorrichtung, deren Körper aus einem Stück herausgearbeitet ist.

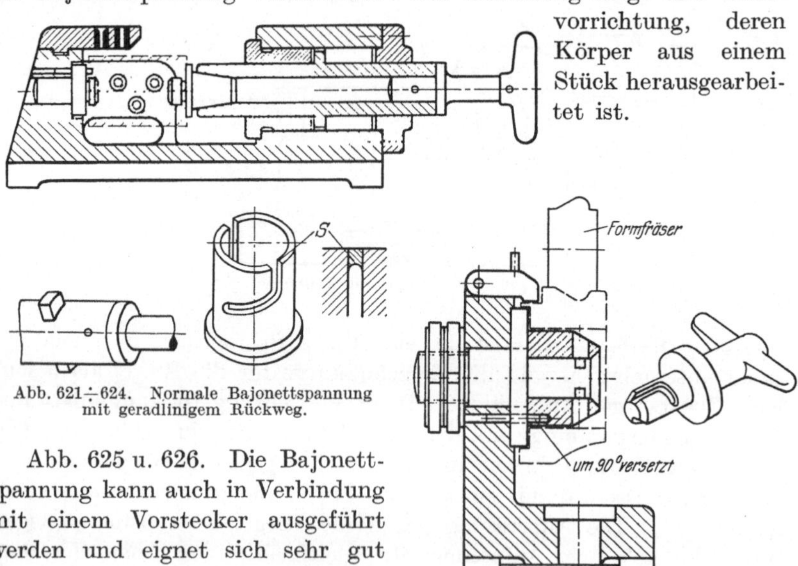

Abb. 621÷624. Normale Bajonettspannung mit geradlinigem Rückweg.

Abb. 625 u. 626. Bajonett als Vorstecker.

Abb. 625 u. 626. Die Bajonettspannung kann auch in Verbindung mit einem Vorstecker ausgeführt werden und eignet sich sehr gut für einfachere Bohr- und Fräsvorrichtungen, wenn das Werkstück genügend groß ist und die Vorrichtung auf der Maschine eine solche

Stellung hat, daß sie leicht bedient werden kann. Bei der dargestellten Vorrichtung ist wegen der tief liegenden Frässpindel ein wegklappbarer Anschlag vorgesehen.

Bei der Bajonetthülse darf die Kurve nicht ganz durchgefräst werden. Die Hülse ist erst zu härten und von allen Seiten zu schleifen, und dann erst darf der Steg *S*, wie in Abb. 624 angedeutet, durchgeschliffen werden, damit sich die Büchse beim Härten nicht verziehen kann.

Abb. 627 u. 628. Die dargestellte Kombination zwischen Pinole, Schraube und Bajonett ist sehr gut geeignet für Vorrichtungen, bei denen die Bedienung der schnellen Spannung, verbunden mit großem Rückziehweg des Spannorgans, erfüllt sein muß. In der dargestellten Konstruktion hat das Bajonett den Zweck, den schnellen Vorschub und Rückzug zu ermöglichen, während der Spanndruck durch die Schraube erzeugt wird. Der Hauptvorteil dieser Anordnung liegt im

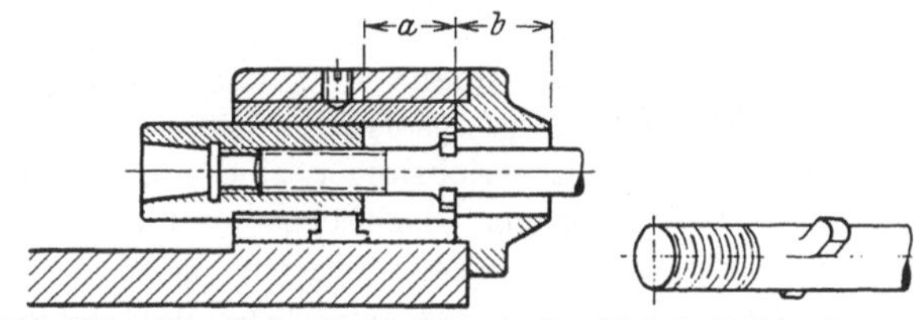

Abb. 627 u. 628. Bajonett mit Schraube kombiniert als Schnellspanner.

schnellen Einstellen der Pinole für verschiedene Werkstücklängen. Zu beachten ist, daß die Länge *b* immer größer als Länge *a* ist, damit das Bajonett beim Zurückziehen nie aus seiner Führung kommt und dann beim Spannen diese erst gesucht werden muß.

Federspannung. Neuerdings werden sehr viel Federspannungen verwendet, bei denen eine unter Federdruck stehende Traverse an der Bohrspindel angebracht ist und sich beim Abwärtsbewegen der Bohrspindel auf das Werkstück legen, ehe der Bohrer dieses berührt. Bei amerikanischen Maschinen findet man auch derartige Einrichtungen fest angebaut. In diesem Falle ist die Bohrerführungsplatte auswechselbar, und die Spannbewegung wird zwangläufig durch den automatischen Vorschub der Bohrspindel erreicht. Eine ähnliche Ausführung ist bei der Beschreibung der Elemente gegeben.

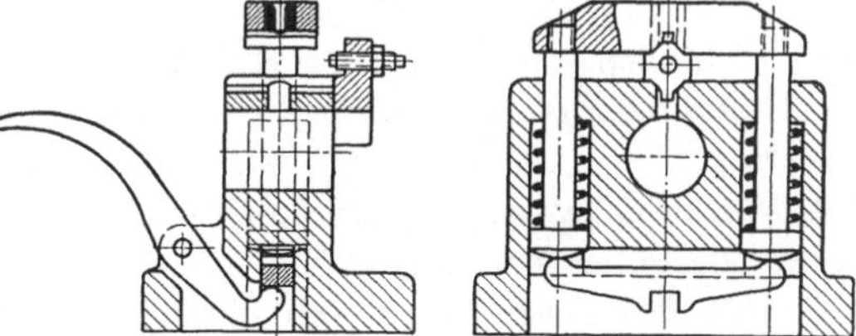

Abb. 629 u. 630. Federspannung mit Lüfthebel.

Abb. 629 u. 630. Für leichte Bohrarbeiten an kleinen Werkstücken kann, wenn das Werkstück in verhältnismäßig großen Mengen gebraucht wird, mit Vorteil eine feststehende Bohrvorrichtung benutzt werden. Ein Hebel zum Entspannen der Federn erleichtert das Einlegen des Werkstückes.

Abb. 631 u. 632. Hier wird die Verwendung einer Blattfeder in Verbindung mit einem Spannexzenter für eine Mehrfachbohrvorrichtung

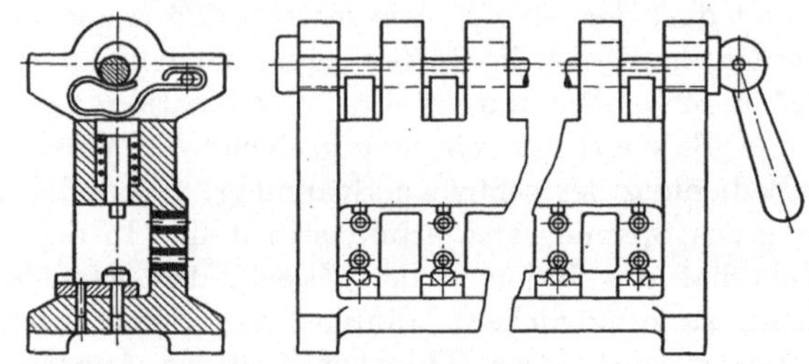

Abb. 631 u. 632. Blattfeder und Exzenter für Mehrfachspannung.

gezeigt. Der Exzenter gibt die Spannbewegung, während die Blattfeder als ausgleichendes Übertragungsorgan wirkt.

Federspannungen für Drehvorrichtungen sind nur für sehr leichte Arbeiten, wie Abstechen gezogener Blechkörper und ähnliches, zu verwenden. Sie sind unter „Aufnahmespannungen" gezeigt.

Aufnahmespannungen. Die Eigenart der Verbindungen von spannenden Aufnahmeorganen mit den verschiedenen Spannelementen richtet sich ganz nach Form und Genauigkeit des zu bearbeitenden Werkstückes und nach der Art der Bearbeitung, d. h. nach dem prinzipiellen Aufbau der Vorrichtung. Man kann den großen Verwendungsbereich dieser Spannmittel in einige Hauptgruppen unterteilen, zu deren Gestaltung annähernd folgende Bedingungen geführt haben:

1. Werkstücke müssen in der Bohrung aufgenommen und gespannt werden (Außenbearbeitung).

G r o ß e B o h r u n g s t o l e r a n z (rohe Stücke, Kolben, Hohlzylinder usw.). Das Aufnahmeorgan besteht aus mehreren, meist 3 einzelnen Stücken, Knaggen, Hebeln, Pratzen, die durch ein Organ, z. B. Kegel, Kurve, gleichmäßig gespreizt werden.

K l e i n e B o h r u n g s t o l e r a n z unter 0,5÷0,8 mm. Innen bearbeitende Hohlkörper oder größere Bohrungen in sonstigen Werkstücken. Das Aufnahmeorgan ist eine mehrfach geschlitzte Spreizhülse oder ein Spreizring.

2. Werkstücke werden am äußeren Umfang aufgenommen und gespannt (Innenbearbeitung).

G r o ß e T o l e r a n z ü b e r 0,5÷1,0 mm. Mehrere sich zentrisch bewegende Stücke. Soll jedoch möglichst vermieden werden, da hier leicht durch eine Spannung an 3 Stellen das Werkstück, wenn es ein Hohlkörper ist, verdrückt werden kann. In solchen Fällen ist besser eine Klauen- oder Hakenspannung zu wählen und eine Spannung nach Abb. 598 vorzusehen.

Kleine Toleranz unter 0,5 mm. In diesem Rahmen liegt das Gebiet der eigentlichen Spannzange. In einigen Ausnahmefällen, wie z. B. bei Stangenarbeit und dann, wenn bei der Bearbeitung keine größeren Kräfte auftreten und das Werkstück bereits vorgearbeitet ist, können Zangen, die durch geeignete Anordnung einen größeren Spannweg machen müssen, bis zu Werkstückstoleranz von insgesamt 0,8 mm gebraucht werden.

Sinkt hingegen die Toleranz unter 0,2 mm, sind mit Vorteil Klemmringe zu verwenden, da diese eine gute Spannmöglichkeit, Aufnahme und Zentrierung geben.

3. Werkstücke werden in der Bohrung aufgenommen und am äußeren Umfang gespannt (kleinere Teilbearbeitungen). Auch hier ist die Toleranz für die Wahl des Spannorgans wie oben ausschlaggebend. Es ist besonders darauf zu achten, daß das Spannorgan pendelnd zur Aufnahme angebracht ist, so daß sich die Spanndrücke, den Toleranzen entsprechend, gleichmäßig verteilen.

4. Werkstücke werden am Umfang aufgenommen und in der Bohrung gespannt (Teilbearbeitung). Diese Kombinationen kommen seltener vor und sind auch möglichst zu umgehen, da sie meistens zu komplizierten Vorrichtungskonstruktionen führen.

Liegen bei den beiden letztgenannten Ausführungsarten die Toleranzen der Innen- und der Außenmaße über 0,3 mm bei großen Bohrungen (die Grenze gibt ausschließlich die Gesamtgenauigkeit des Stückes an), müssen Innen- und Außenaufnahme als Spannorgan ausgebildet werden, und zwar geschieht das bei kleineren Stücken am besten durch Verbindung der Spreizhülse mit der Spannzange. Bei großen Stücken so, daß das Maß mit der Kleinsttoleranz zur Aufnahme nach den angeführten Regeln gewählt wird, während der Teil mit den größttolerierenden Maßen als der eigentliche zu spannende Teil betrachtet wird. Die Verbindung der beiden Spannorgane muß so erfolgen, daß die Aufnahme nur bis zum maximalen bzw. bei Außenaufnahme dem minimalen vorkommenden Maß gespannt werden kann, während das andere Spannorgan noch einen weiteren Spannweg zur Verfügung hat. Zum mindesten müssen sich die Spanndrücke gleichmäßig nach innen und außen verteilen. Am besten erreicht man dies durch Zwischenschaltung federnder Elemente, wie Knaggen, Hebel usw.

Weiterhin ist für die konstruktive Durchbildung der Aufnahmespannungen von Wichtigkeit, ob das Werkstück

größeren Durchmesser als Länge hat oder umgekehrt, daß also an 2 parallelen Ringflächen gespannt werden muß (Länge, Hohlkörper, Kolben usw.), beim Spannen nicht wandern darf, also gegen einen festen Anschlag gedrückt oder gezogen werden muß oder in feststehenden Zangen usw. gespannt wird.

Auch die Unterbringung des Anzugsorgans kann von ausschlaggebender Bedeutung sein, es handelt sich hier vorwiegend um die Fälle, ob

Zug- oder Druckspannung bei Drehbänken und ähnlichen Spindelspannung zu verwenden ist, der Anschlag fest am inneren oder

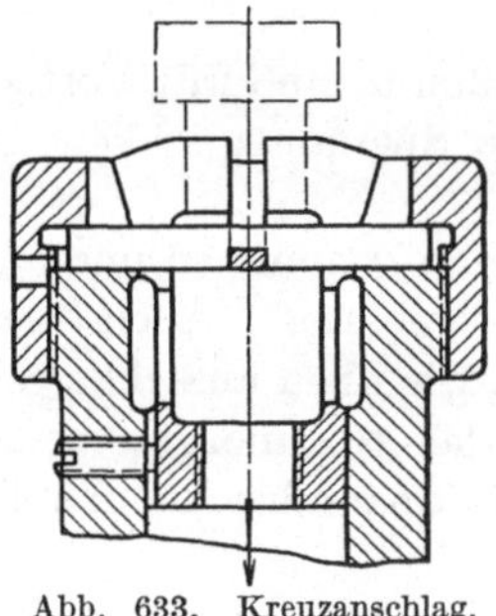

Abb. 633. Kreuzanschlag.

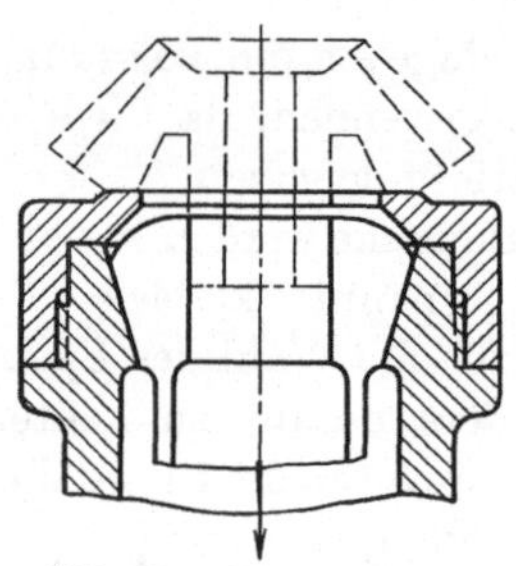

Abb. 634. Ringanschlag.

äußeren Teil der Vorrichtung angebracht werden kann. Es besteht dann vielfach die Wahl der Anordnung zwischen besonderer Zug- oder Druckhülse,

bei Fräsvorrichtungen und ähnlichen das Bedienungselement ohne Schwierigkeit betätigt werden kann.

In diesem Fall spielt die Form der Vorrichtung (vertikale oder horizontale Anordnung) sowie Spanabfuhr eine große Rolle. Auch

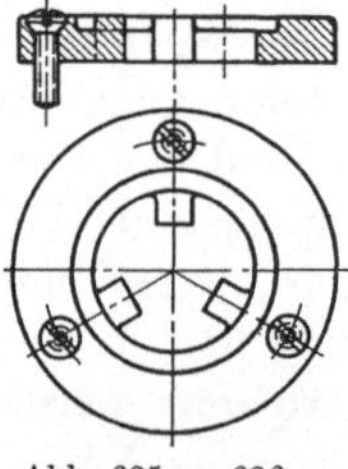

Abb. 635 u. 636. Ring mit drei Anschlagnasen.

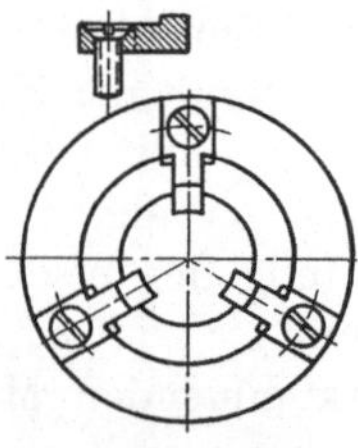

Abb. 637 u. 638. Drei eingesetzte Anschlagnasen.

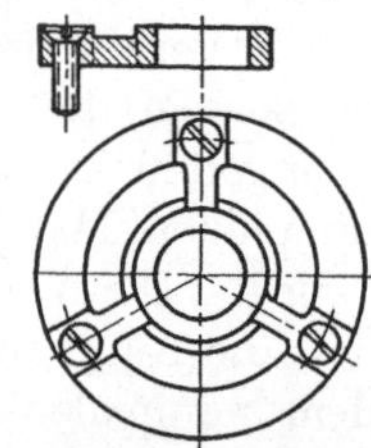

Abb. 639 u. 640. Ringanschlag mit drei Befestigungsnasen.

ändern sich die Konstruktionsformen durch Anbringung von Teilscheiben.

Abb. 633 u. 634, 635÷640 zeigen die Unterbringung von Anschlägen am äußeren Teil der Vorrichtung, die ein Wandern des Werkstückes beim Spannen ausschließen und außerdem das Anbringen einer besonderen Spannhülse für feststehende Zange erübrigen.

Abb. 641. Diese Ausführungsform mit verstellbarem oder auswechselbarem Anschlag innerhalb der Vorrichtung wird viel für volle zylindrische Stücke verwendet, wenn bei einem Werkstücksdurchmesser verschiedene Längen gebraucht werden.

Abb. 641. Verstellbarer Innenanschlag.

Abb. 642. Anschlag außerhalb des Futters (bei Revolverbänken).

Abb. 643. Liegt der Anschlagpunkt außerhalb der Vorrichtung und steht nur eine vorhandene Druckspannung zur Verfügung, so kann diese Ausführungsform gewählt werden, sie ist jedoch, wenn möglich, zu vermeiden.

Abb. 644 u. 645. Hier ist die typische Ausführung einer Klemmspannung mit Hakenhebel in vertikaler Anordnung gezeigt. Der Drehpunkt des Spannhebels muß wegen Sicherheit gegen Lösen vom Mittelpunkt der Vorrichtung weiter entfernt sein als der Angriffsbolzen für den Exzenter.

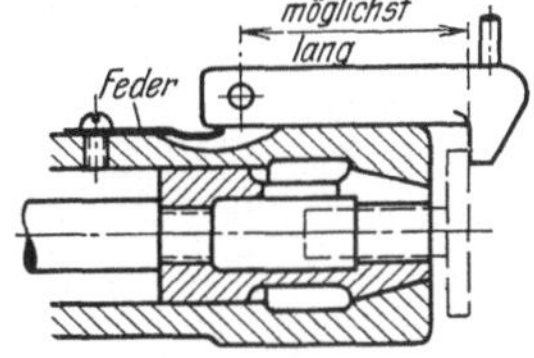

Abb. 643. Der Klappanschlag kann nur verwendet werden, wenn das Futter keine Drehbewegung macht.

Abb. 646 u. 647. Eignet sich für Werkstücke mit unbearbeiteter Bohrung und größeren Toleranzen. Gespannt wird durch Wellen-

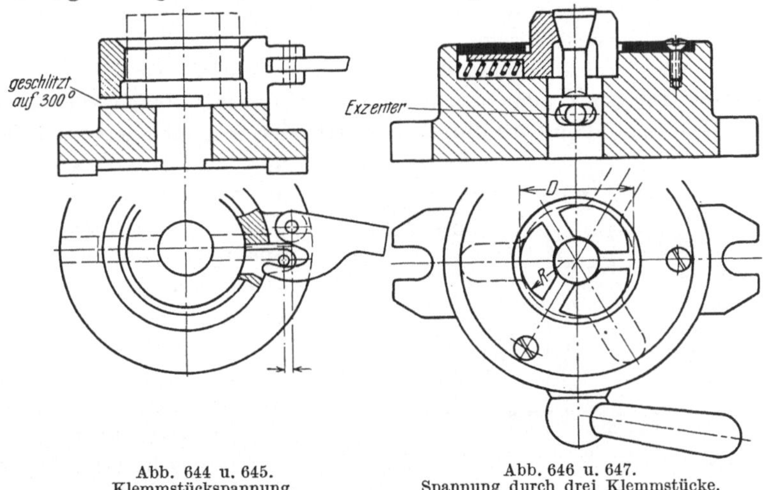

Abb. 644 u. 645. Klemmstückspannung.

Abb. 646 u. 647. Spannung durch drei Klemmstücke.

exzenter. Man beachte den Spanschutzring. Der äußere Radius der Klemmbacken muß kleiner sein als der halbe Durchmesser der auftretenden Minimalbohrung. Der kleinste innere Radius in der kegeligen Spannfläche der Backen ist größer zu halten als der größte Durchmesser des Spannkegels, damit ein einwandfreies Arbeiten gesichert ist.

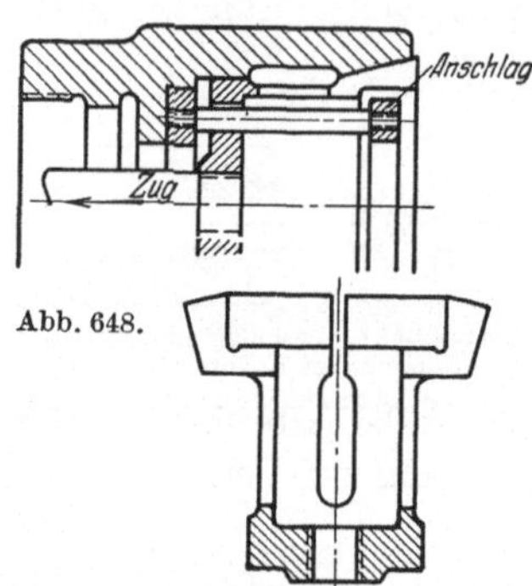

Abb. 648. Futter mit innenliegendem Stiftanschlag.
Abb. 649. Zange für kurze Stücke mit großem Durchmesser.

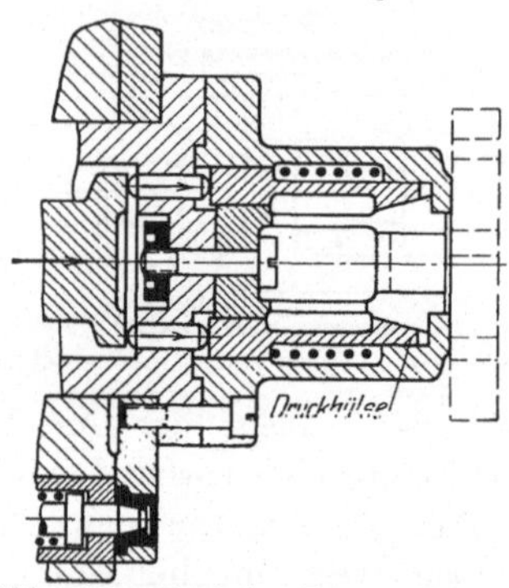

Abb. 650. Typische Fräsvorrichtung mit Teilscheibe und einer von „hinten" durchgehenden Spannung bei feststehender Spannzange. Meist am Winkel verwendet.

Abb. 648 u. 649. Diese Konstruktion ist typisch für Werkstücke mit kleiner Länge und großem Durchmesser, z. B. Scheiben, gezogene Näpfe und ähnliche. Der Anschlag wird, wie die Zeichnung zeigt, durch 2 Ringe und 3 Bolzen herbeigeführt. Die Durchbildung der Zange hat nach Abb. 649 zu erfolgen. Die Durchbrüche für die Bolzen am Boden und Kopf der Zange sollen reichlich, d. h. 2 mm größer als die Bolzendurchmesser bemessen sein.

Abb. 650. Diese Zeichnung stellt eine Fräsvorrichtung mit angesetzter Teilscheibe dar, bei der eine feststehende Zange verwendet wird. Die Spannung wird durch Exzenter oder Schraube hervorgerufen und mittels 3 Bolzen und einer Spannhülse auf die Zange übertragen. Die Spannhülse muß durch Feder zwangläufig zurückgeführt werden.

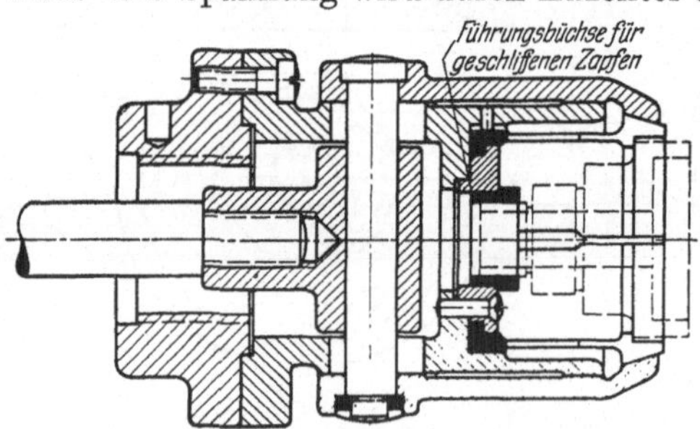

Abb. 651. Futter mit feststehender Zange für Werkstück Abb. 653. Schwere und teure Ausführung.

Abb. 651÷653. Hier ist die Frage der Werkstückspannung bei der Bedingung der äußeren Aufnahme des hinteren Lagerzapfens auf 2 Arten gelöst. Liegt die Toleranz des Zapfens in der Grenze von 0,1—0,02 mm, kann die Ausführung nach Abb. 651 gewählt werden.

Ist sie jedoch größer als 0,1 mm, wird die Ausführung nach Abb. 652 vorgezogen, da hier durch eine doppelte Zange eine zusätzliche Spannung und Zentrierung am Zapfenende erfolgt. Der Anschlag liegt in diesem Falle auf besonders eingebauten Stiften und erfolgt nicht, wie bei Abb. 651, durch die feststehende Zange, was einen weiteren Vorteil dieser Ausführung darstellt.

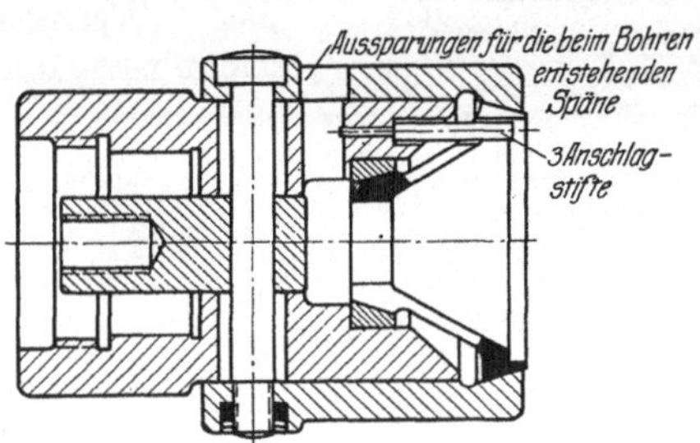

Abb. 652. Futter für Werkstück Abb. 653 mit bewegter Zange und zusätzlicher Zughülse leichter und kürzer als Futter Abb. 651.

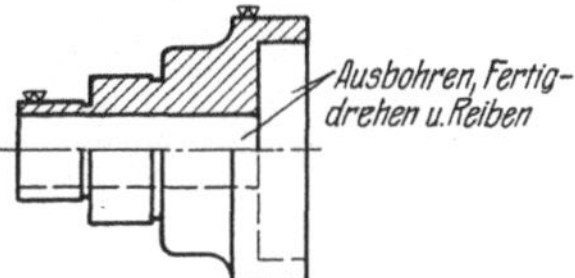

Abb. 653. Werkstück für Futter Abb. 651 u. 652.

Bei solchen Zangenfuttern für Innenbearbeitung von Hohlkörpern, die tief im Futter liegen und hinten offen sind, sollen nach Möglichkeit Aussparungen angebracht werden, durch die alle Späne aus der Vorrichtung herausfallen können.

Abb. 654 u. 655. Diese beiden Vorrichtungen stellen wieder 2 Ausführungsmöglichkeiten dar, und zwar wurde hier die Bedingung gestellt, daß das Werkstück jeweils auf einem feststehenden inneren Anschlag aufgenommen und durch die Zange auf diesem gespannt werden mußte. Der Anschlag in Abb. 655 ist auswechselbar für gleiche Teile mit verschiedenen Einpässen und Höhen. Beachte die pendelnde Anordnung der Zugstange.

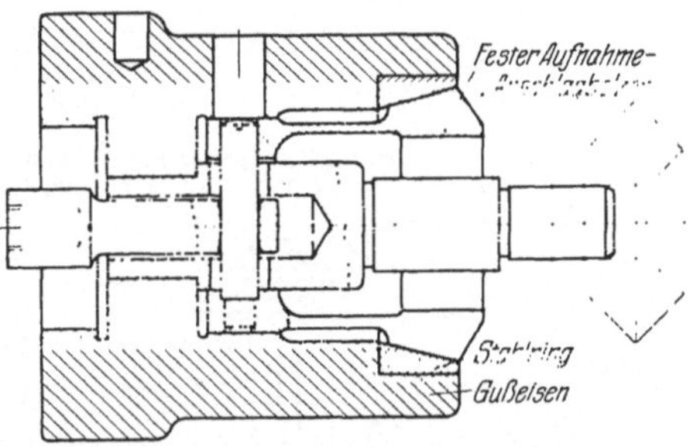

Abb. 654. Futter mit abgesetztem Aufnahmebolzen.

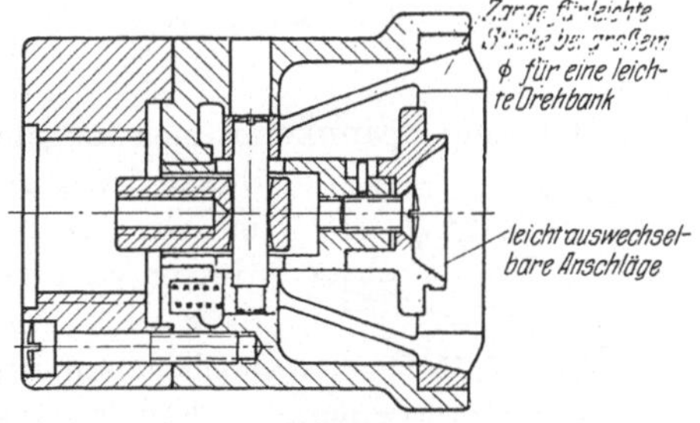

Abb. 655.
Futter mit auswechselbaren Aufnahmeköpfen.

Abb. 656÷658. Hier wird ein hohlzylindrisches Werkstück an 2 parallelen Ringflächen gespannt. Der Ausgleich geschieht, wie aus der Abb. 658 zu ersehen ist, durch pendelnde Pratze und keilförmig geschlitztes Zylinderstück. Eine um die Pratzen gelegte Zugfeder hält diese in ihrer Lage und sorgt gleichzeitig für ein selbsttätiges Zurückziehen bei Lösen der Spannung (für unbearbeitete Bohrungen), jedoch nicht gut zur Fertigbearbeitung geeignet, da sich das Werkstück leicht verspannt.

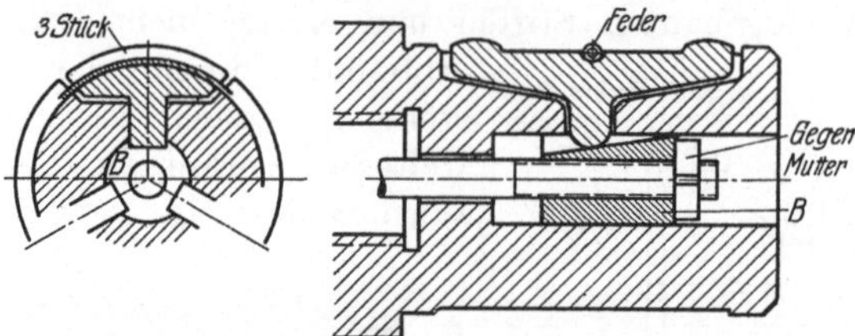

Abb. 656 u. 657. Aufnahmespannung durch drei Pratzen (selbstzentrierend).

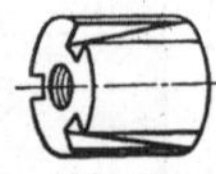

Abb. 658. Spannstück *B* von Abb. 656 u. 657.

Abb. 659. Dies ist eine Vorrichtung für dasselbe Werkstück wie die vorige mit dem Unterschied, daß hier die Bohrung bereits auf 0,1 mm Genauigkeit bearbeitet ist. Die Aufnahme des Werkstückes erfolgt auf den beiden Ansätzen des Vorrichtungskörpers. Die Spannringe werden durch Keilschieber gespreizt. Der Ausgleich der Spanndrücke wird hier durch die in Abb. 660 dargestellte Knaggenspannung erzielt, da der vordere Ring durch die Zugstange, der hintere durch das Druckrohr gespannt wird.

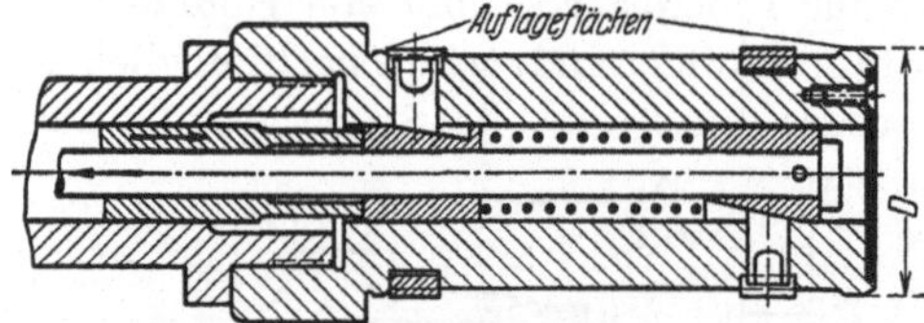

Abb. 659. Spannung durch zwei Spreitzringe. Maß D muß etwas kleiner als die minimale Werkstückbohrung sein.

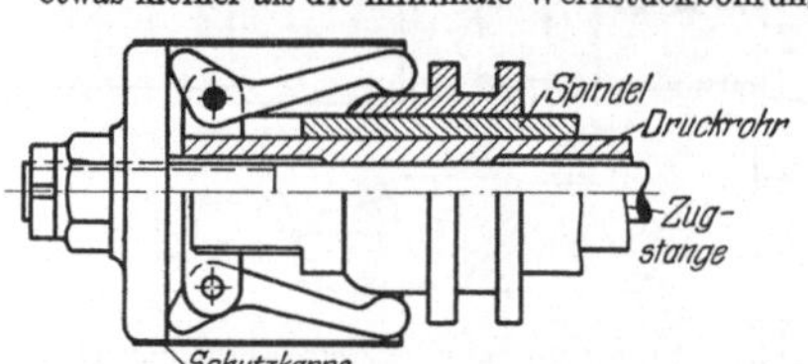

Abb. 660. Doppeltwirkende Knaggenspannung für Abb. 659.

Abb. 661. Muß ein kleines Werkstück durch eine Spreizhülse gespannt werden und wird der Durchmesser der Hülse so klein, daß kein Spannkonus mehr angebracht werden kann, so legt man diesen nach außen auf einen großen Durchmesser. Besondere Sorgfalt ist hier beim Härten der Zange notwendig, damit sich diese nicht verzieht und nach dem Schleifen noch genau rundläuft.

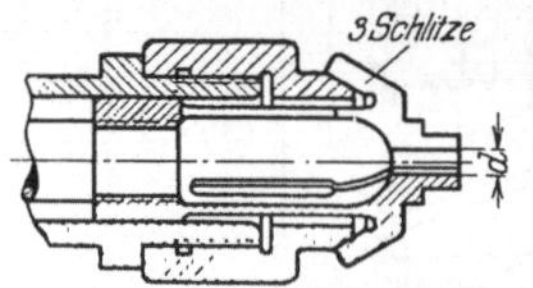

Abb. 661. Spreitzhülse für kleine Stücke, wenn *d* so klein wird, daß sich kein geeigneter Spannkegel mehr ausbilden läßt.

Für längere Werkstücke, die an 2 Ringflächen gespannt werden müssen, eignet sich die doppelte Spannzange, wie sie bei den Elementen dargestellt ist. Sehr lange Zangen werden aus 2 Teilen hergestellt.

Abb. 662, 663. Eine besondere Art von Aufnahmespannungen stellen diejenigen dar, bei denen die Spannung durch eine expandierende Verdrehungsfeder erzeugt wird. Sie können sowohl für innere als auch für äußere Spannung bei runden Körpern verwendet werden. Bei der Konstruktion ist darauf zu achten, daß die Wicklungsrichtung (rechts oder links) der Feder so gewählt wird, daß sich das gespannte Werkstück beim Bearbeiten nicht löst. Diese Spannung kann nur für bearbeitete Werkstücke oder solche mit kleinen Toleranzen verwendet werden. Sie hat den Hauptvorzug, daß sie bei auftretendem Bearbeitungsdruck das Werkstück immer fester spannt, ohne sich jedoch festzusetzen, so daß beim Lösen der Spannung nur die Federkraft zu überwunden werden braucht. Die Drahtstärke der Feder darf nicht zu groß sein, es soll möglichst eine Flachfeder, wie sie die Abb. 92 zeigt, verwendet werden.

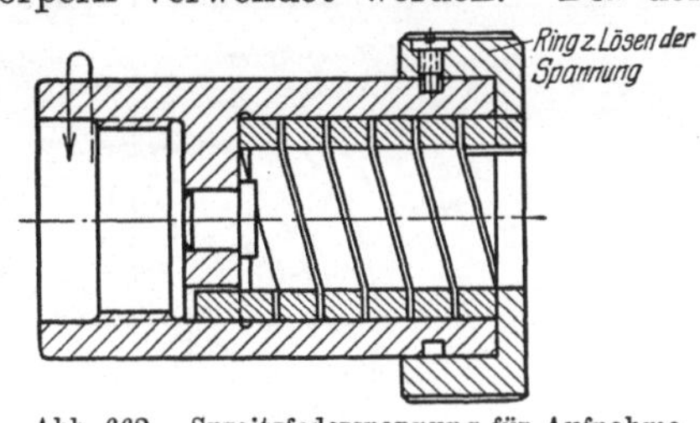

Abb. 662. Spreitzfederspannung für Aufnahme des Werkstückes am äußeren Umfang. Feder ist linksspiralig.

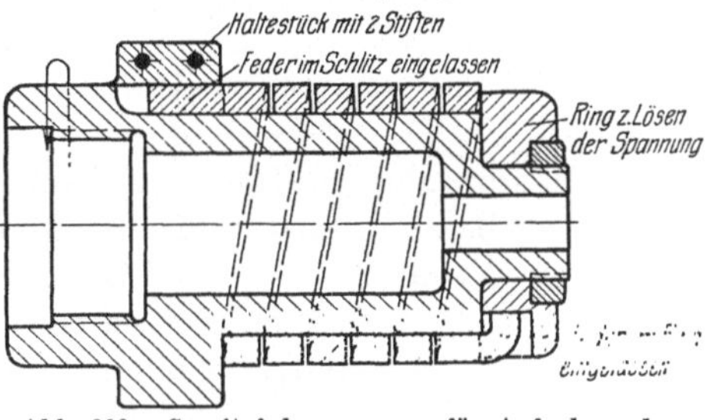

Abb. 663. Spreitzfederspannung für Aufnahme des Werkstückes in der Bohrung. Feder ist rechtsspiralig.

Die Vielgestaltigkeit der Zangenspannung ist mit dem angeführten Beispiel selbstverständlich noch lange nicht erschöpft, nur mußte wegen

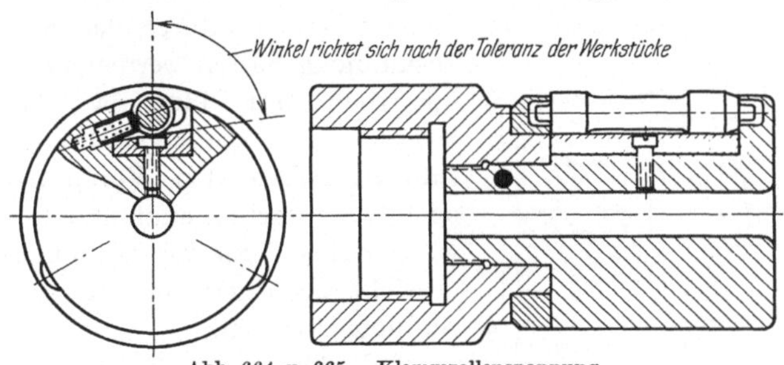

Abb. 664 u. 665. Klemmrollenspannung.

des beschränkten Raumes und vor allem, um die Übersichtlichkeit nicht zu verlieren, darauf verzichtet werden, noch mehr Kombinationen zu bringen. Doch wird wohl an Hand der aufgestellten Regeln und bei Anwendung dieser, unter Hinzuziehung der Eigenart der Werkstücke jede weitere Kombination keine Schwierigkeiten bereiten.

Weitere Arten zentrierender Aufnahmespannungen werden durch Verwendung von Rollen oder Exzenterpratzen in Verbindung mit Keilflächen, Zahnkränzen und ähnlichen Organen gebildet und vorwiegend für selbstspannende Drehfutter benutzt.

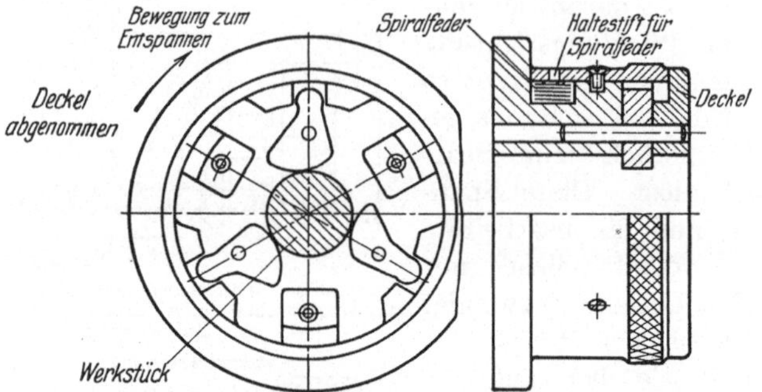

Abb. 666 u. 667. Exzenterpratzenfutter (Selbstzentrierend).

Die Ausführung der Rolle mit Keil nach Abb. 664 u. 665 ist nur günstig bei bereits bearbeiteten Stücken und für Bohrungsaufnahmen bei starken Wandungen, während Exzenterpratzen nach Abb. 666 u. 667 sehr günstig für Wellen und Bolzen usw., auch zum Bearbeiten von der rohen Stange, zu benutzen sind.

3. Halboffene Spannvorrichtungen.

Ein Mittelding zwischen den offenen und kastenförmigen Vorrichtungen stellen die halboffenen Vorrichtungen dar. Ihr Hauptkennzeichen ist, daß sie aus 2 Teilen bestehen, die durch das Spannorgan zusammengehalten werden und gemeinschaftlich mit ihm das Werkstück zwischen sich spannen. Diese Vorrichtungen haben den Vorzug, daß sie leicht herzustellen sind und kleines Gewicht haben. Sie werden nur als Bohrvorrichtungen gebaut, wie sie die Abbildungen zeigen.

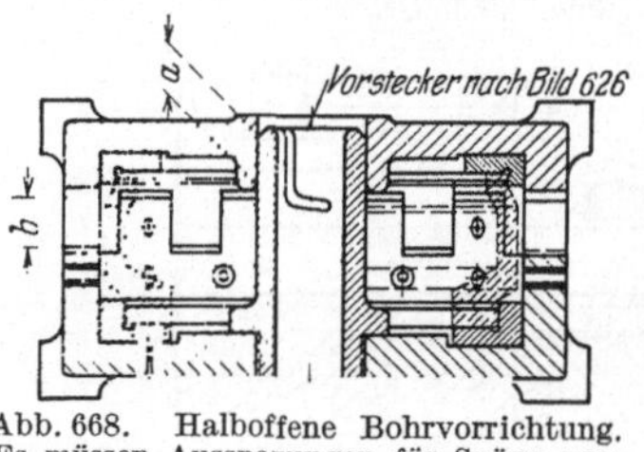

Abb. 668. Halboffene Bohrvorrichtung. Es müssen Aussparungen für Späne vorgesehen sein. Zum Bohren ist eine Unterlage mit Loch für den Bajonettgriff zu benutzen.

Abb. 668. Das Werkstück ist ringförmig und hat auf beiden Seiten Zentrierränder, in die sich jeweilig ein Teil der Vorrichtung einlegt. Das Maß a muß größer sein als b, damit sich das aufzusetzende Teil erst zentriert, ehe die kupplungszahnartigen ausgefrästen Indexflächen ineinander greifen. Die Spannung geschieht durch Vorstecker und Bajonett.

Abb. 669 zeigt die Anwendung einer solchen Vorrichtung für ein großes Werkstück, das nur auf der Unterseite 2 Zentrieransätze hat, in die sich das Unterteil der Vorrichtung einlegt. Die obere Zentrierung erfolgt mit Bolzen am bereits gebohrten Loch des Werkstückes. Das Spannorgan ist ein Vorstecker mit abgenommenem Flachgewinde.

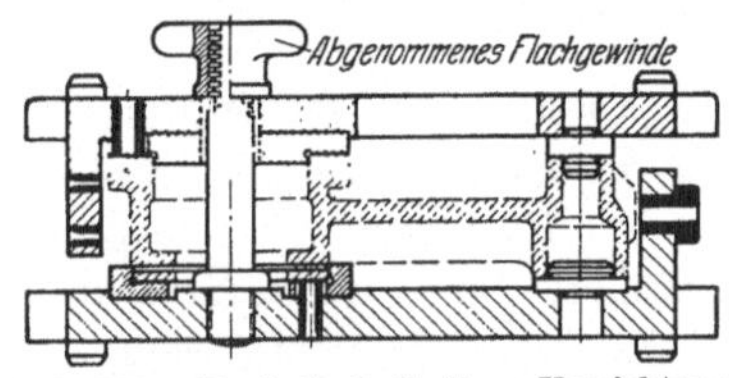

Abb. 669. Typische halboffene Vorrichtung. Unterlage wie für Abb. 668 benutzen.

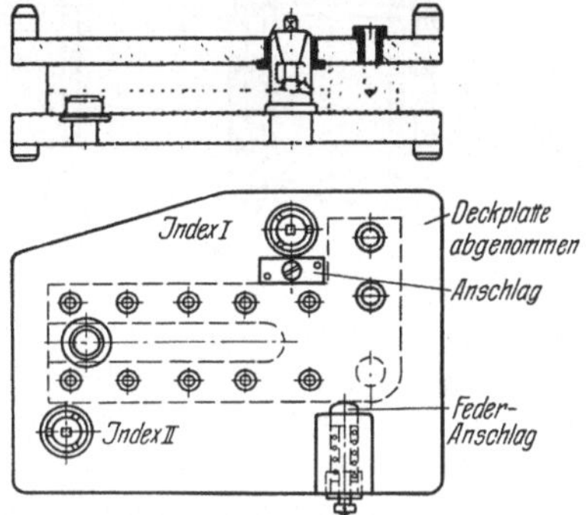

Abb. 670 u. 671. Einfache und gute halboffene Vorrichtung.

Abb. 670 u. 671. Hier wird ein Werkstück gespannt, das in einer Bohrung aufgenommen und durch einen federnden Anschlag an einen festen gedrückt wird. Das Oberteil der Vorrichtung wird durch 2 Indexstifte fixiert, die als Spreizdorne mit Vierkantschrauben ausgebildet sind und so nach Anziehen der Schrauben Oberteil mit Unterteil samt Werkstück fest verbinden.

4. Kastenförmige, geschlossene Vorrichtungen.

Die U- oder kastenförmigen Vorrichtungen mit Brücke oder Deckel sind kennzeichnend für die Ausführung von Bohrvorrichtungen, da in ihnen ein eingespanntes Werkstück von den verschiedensten Seiten gebohrt werden kann. Diese Vorrichtungen sind immer mit Füßen, in Sonderfällen mit Gleitflächen oder Rollen, zu versehen und stellen deshalb die Hauptform der „bewegten“ Vorrichtung dar. Die Möglichkeit der Einteilung ist aus der vorangestellten Übersicht zu ersehen.

Die folgenden Abbildungen stellen die aufgeführten Vorrichtungen im Schema gezeichnet dar und sind wieder als prinzipielle Ausführungsarten zu betrachten.

Abb. 672÷674. Vorrichtungen in Topf- oder Trogform mit abnehmbaren Deckeln werden zur Bearbeitung von zylinder- oder blockförmigen Werkstücken benutzt. Der Deckel darf in diesen Fällen nur dann Bohrbüchsen tragen, wenn er in einem Einpaß des Werkstückes gegen Verschieben gesichert werden kann. Die Spannung wird bei hohlzylindrischem Werkstück durch Schraubenbolzen oder Bajonett mit Vorstecker (Legschlüssel) erzeugt. 2 Klappschrauben sind möglichst zu vermeiden. Muß der Deckel bei Vorrichtungen für blockförmige Werkstücke Bohrbüchsen tragen, sind sie besser als halboffene Vor-

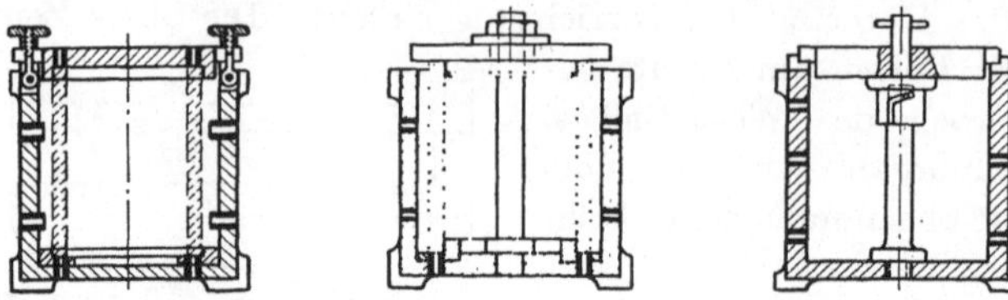

Abb. 672÷674. Bohrtröge mit abnehmbarem Deckel.

richtungen auszubilden. Auf eine gute Spanabfuhr ist zu achten. Es sind daher im Vorrichtungskörper genügend Aussparungen vorzusehen.

Abb. 675÷678. In der Hauptsache werden die kastenförmigen Bohrvorrichtungen mit Scharnierdeckeln ausgeführt. Eine direkte Spannung des Werkstückes durch den Deckel darf nur dann erfolgen, wenn der

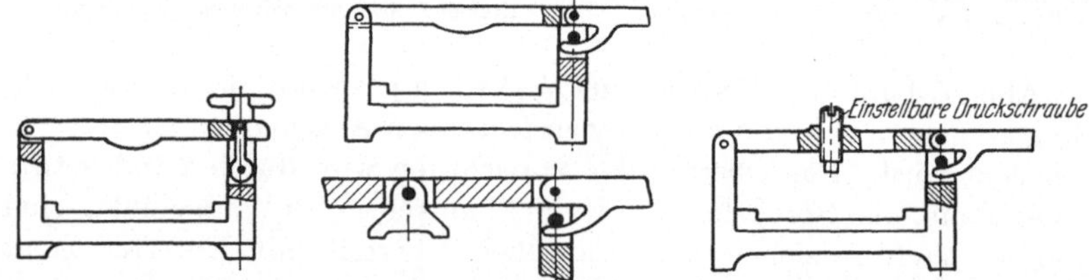

Abb. 675÷678. Bohrkasten mit direkter Spannung durch den Deckel.

Scharnierdeckel keine Bohrbüchsen trägt. Es ist zum Ausgleich der Toleranzen entweder ein pendelndes oder einstellbares Druckstück einzubauen.

Abb. 679÷682. Hier werden Vorrichtungen gezeigt, bei denen das Spannorgan am Deckel befestigt ist, den ein Riegelungsorgan (Klinke

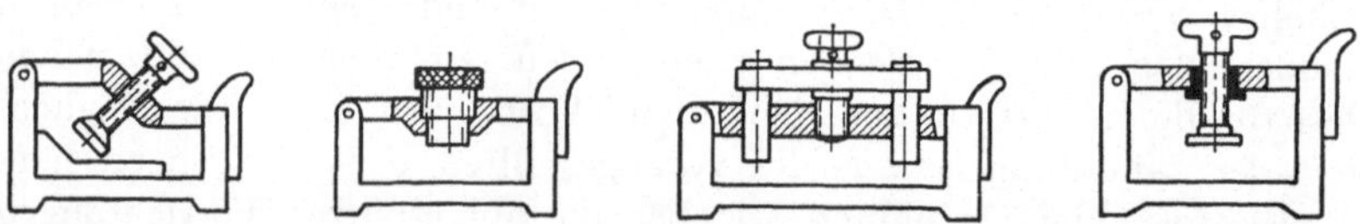

Abb. 679÷682. Bohrkasten mit Spannorganen am Deckel (direkte Spannung).

oder Vorreiber) sicher in seiner Lage zum Werkstück hält. Diese Art ist wohl die verbreitetste von allen Arten der Kastenbohrvorrichtungen.

Die direkte Spannung kann durch Schraube oder Exzenter erfolgen. Andere Spannorgane werden seltener verwendet. Die hauptsächlichsten Ausführungsarten sind für die Schraube aus Abb. 679, 680 zu ersehen, für die Exzenter kommt die direkte Spannung selten in Frage. Eine Abart der Schraubenspannung ist die Spannung durch Bohrbüchsen.

Abb. 683, 684. Die Exzenterspannung nach Abb. 684 ist sehr praktisch, da das riegelnde Organ (Klinke) nahe beim Spannorgan liegt. Die Klinke muß in diesem Fall gabelförmig ausgestaltet werden.

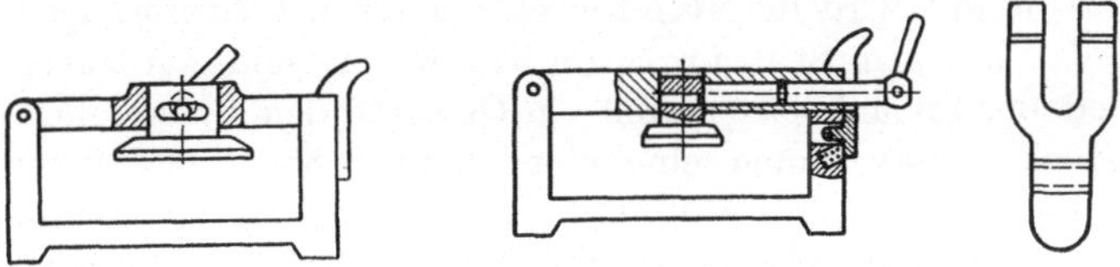

Abb. 683 ÷ 685. Indirekte Exzenterspannung am Deckel.

Bei empfindlichen oder solchen Werkstücken, bei denen eine direkte Spannung auf Grund ihrer Form nicht möglich ist, muß man die Spannung indirekt anordnen, d. h. zur Übertragung der Spannkraft Zwischenorgane einschalten. Das geschieht bei Abb. 682 durch Traverse mit 2 Druckbolzen. Die Abb. 686 u. 687 hingegen zeigen die Anordnung eines zweiarmigen und eines einarmigen Hebels. Für größere Werkstücke sind diese Formen möglichst zu vermeiden. Man wählt dann eine Kombination der Organe, bei der nur die Übertragungsorgane im Deckel liegen, während das spannkrafterzeugende Element im Kasten selbst untergebracht ist (siehe Abschnitt der Abb. 692 u. 693).

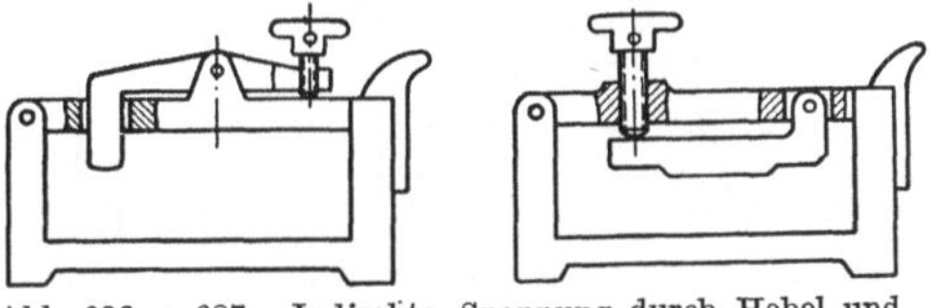

Abb. 686 u. 687. Indirekte Spannung durch Hebel und Schraube am Deckel.

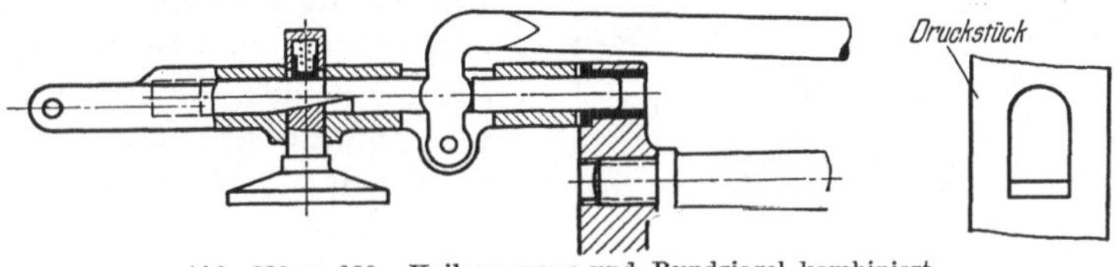

Abb. 688 u. 689. Keilspannung und Rundriegel kombiniert.

Abb. 688 ÷ 691. Um beim Spannen der Werkstücke in einer kastenförmigen Bohrvorrichtung einen Handgriff zu sparen, verbindet man vielfach die zur Verriegelung notwendige Bewegung mit der der Spannung. Zu diesem Zwecke verwendet man statt der Klinke oder des Vorreibers einen Rundriegel, der durch einen Hebel nach Abb. 688 u.

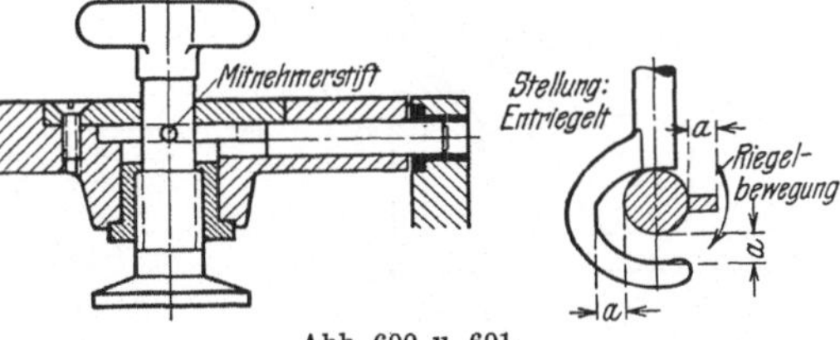

Abb. 690 u. 691. Schraube mit Riegel und Vorschubkurve kombiniert.

689 vorgeschoben wird und gleichzeitig durch eine angebrachte Keilfläche einen Druckbolzen bewegt. Dieser Druckbolzen trägt einen Spannteller von einer dem Werkstück angepaßten Form. In Abb. 690 u. 691 wird der Rundriegel, der einen hakenförmigen Ansatz trägt, durch einen Stift im Spannbolzen vor- und zurückgeschoben, während der Spannbolzen durch ein Gewinde den Spannteller auf das Werkstück preßt. Auch eine eingebaute Scheibe mit Schlitzkurve erfüllt diesen Zweck, nur baut sich die Verriegelung etwas größer aus.

Eine andere Ausführung ist unter dem Abschnitt „Elemente“ bei der Exzenterspannung gezeigt. Es lassen sich noch weitere Kombinationen zu diesem Zwecke bilden, sie sollen aber der Einfachheit und Übersichtlichkeit wegen nicht mit aufgeführt werden.

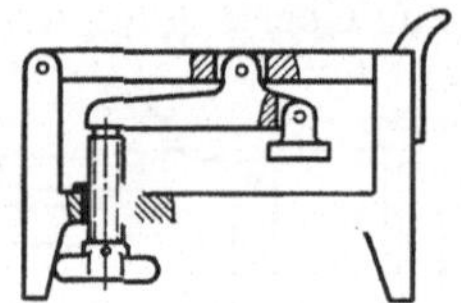

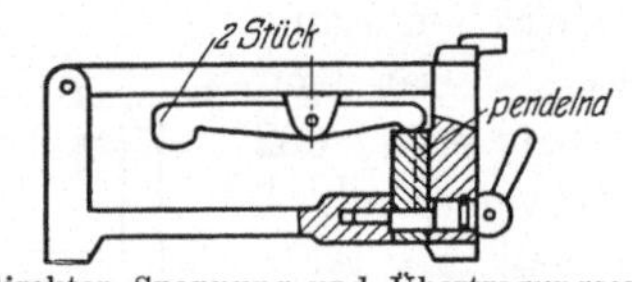

Abb. 692 u. 693. Kastenvorrichtung mit indirekter Spannung und Übertragungsorgane am Deckel.

Abb. 692, 693. Für größere Werkstücke, die schwierig zu spannen sind, ordnet man oft sehr vorteilhaft das Spannorgan im Kasten selbst an, während die Übertragungsorgane an der Brücke aufgehängt sind. Die prinzipiellen Ausbildungen dieser Formen zeigen für eine Schraubspannung Abb. 692, für eine Exzenterspannung Abb. 693.

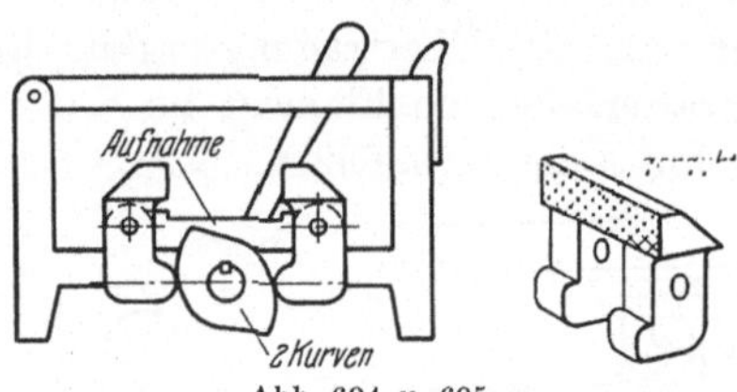

Abb. 694 u. 695. Zentrierende Spannung durch Kurvenexzenter.

Sollen Werkstücke mehrseitig gespannt oder zentriert werden, kann man meist keine Organe in den Deckel verlegen. Dieser trägt dann nur die Bohrbüchsen. Die Anordnung der Spannorgane

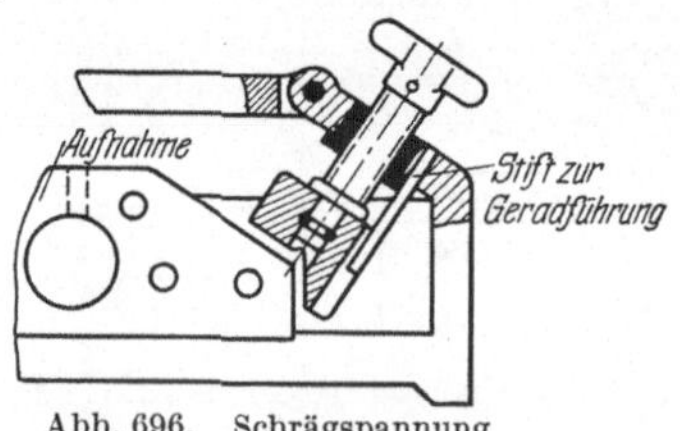

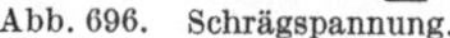

Abb. 696. Schrägspannung.

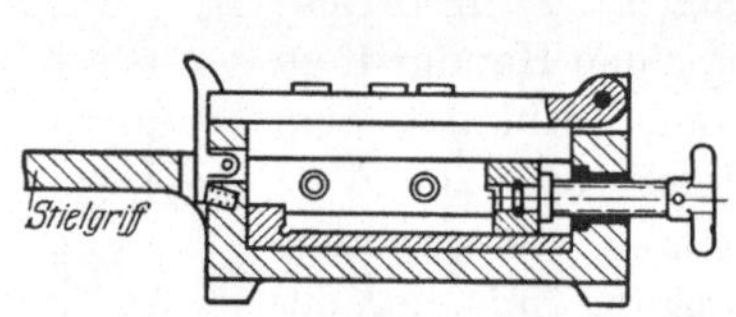

Abb. 697. Einseitige horizontale Spannung.

ist in dem Fall in jeder Form wie bei den offenen Vorrichtungen. Die Abb. 694÷697 sollen Musterausführungen dieser Art darstellen.

Es werden hier der Exzenter, eine Schraube und 2 Kurven benutzt. Die Brücke bleibt in diesem Fall ohne jede Beanspruchung.

Abb. 698÷700. Eine weitere Art von Kastenbohrvorrichtungen stellen diejenigen dar, bei denen das Werkstück gegen die Brücke, die die Bohrbüchsen trägt, gedrückt wird. Diese Ausführungsform ist mög-

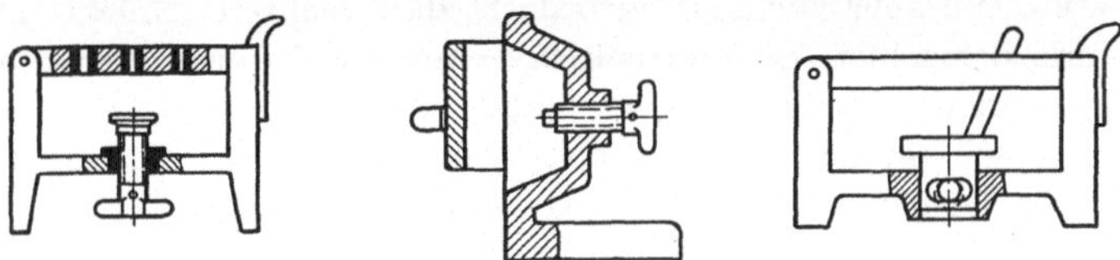

Abb. 698÷700. Spannung gegen Brücke.

lichst zu umgehen, da sie den Grundprinzipien der Spannweise widerspricht und soll nur für kleinere Werkstücke und leichte Bohrarbeiten verwendet werden, wenn keine andere Ausführungsform möglich ist.

5. Mehrfach kombinierte Werkzeuge.

Bei den mehrfach kombinierten Werkzeugen wiederholen sich im wesentlichen die bei den offenen Vorrichtungen aufgeführten Spannungen und deren Verbindungen. Es soll nun die konstruktive Durchbildung der charakteristischen Eigenschaften dieser Vorrichtungsart besprochen werden. Die hauptsächlich in Frage kommenden Anforderungen an derartige Vorrichtungen sind:

1. Das Werkstück hat eine solche Form, daß durch das Spannen leicht ein Verziehen eintreten kann, wie z. B. bei schwachen Wandungen, starker Neigung zum Unrundwerden, Werfen von Platten oder stabförmigen Werkstücken usw.

Aus diesem Grunde müssen mehrere Spannstellen gewählt werden, bei denen sich der Spanndruck möglichst gleichmäßig verteilen muß, oder es werden 2 oder mehrere voneinander unabhängige Spannungen für die verschiedenen Stellen des Werkstückes angeordnet.

2. Das Werkstück hat eine derart komplizierte und schwierige Aufnahmemöglichkeit, daß verschiedene Spannungen und Aufnahmen in die Vorrichtung eingebaut werden müssen, deren Anzugsorgane in zwangläufiger Abhängigkeit alle miteinander oder gruppenweise zusammenzufassen sind.

3. Die Größe der Toleranzen der vorgearbeiteten oder rohen Werkstücke sind derartig groß, daß der dem einzelnen Spannorgan zukommende Bewegungsraum zum Ausgleich der auftretenden Toleranzen nicht ausreicht, alle Stellen oder bei Mehrfachspannvorrichtungen alle Stücke gleichmäßig zu spannen und somit Zusatzeinrichtungen geschaffen werden müssen, die diesen Übelstand beheben.

4. Die von den vorzunehmenden Bearbeitungsgängen verlangte Genauigkeit des Werkstückes ist so groß, daß besondere Vorkehrungen getroffen werden müssen, durch die das Werkstück so sicher gespannt werden kann, daß die vorgeschriebenen Toleranzen auf alle Fälle eingehalten werden können.

5. Die Wirtschaftlichkeit erfordert, daß mehrere Stücke gleichzeitig mit demselben Spanndruck und unter denselben Aufnahmebedingungen in der Vorrichtung gespannt werden.

Es ist also, um ein einwandfreies Arbeiten der Vorrichtung zu erreichen, auf folgende Punkte die Hauptbearbeitung zu legen.

Zu 1. Gute Spannung, Aufnahme und Auflage. Diese Bedingung stellt wohl die größten Anforderungen an eine Vorrichtung und kann nur durch gewissenhaften Aufbau der Organe erfüllt werden. Die Möglichkeiten der Ausführung sind auch hier sehr groß. Einige Beispiele sollen eine ungefähre Richtung angeben, nach der gearbeitet werden kann (Beispiele siehe Abb. 618÷620, 615).

Zu 2. Ausgleich der Spannung oder Aufnahme. Hier kommen hauptsächlich Aufnahmespannungen in Betracht. Man wird, um eine sichere Aufnahme ermöglichen zu können, am besten 1 oder 2 Flächen zuerst mit einer großen Genauigkeit bearbeiten und von hier aus 1 oder 2 wichtigere Bohrungen festlegen, die dann als Aufnahme dienen sollen. Die Kombinationen können nicht grundlegend festgelegt werden, sondern sind von Fall zu Fall zu entscheiden, was unter Berücksichtigung der bisher besprochenen Hauptbedingungen zu geschehen hat. Nötigenfalls muß eine Aufnahme bzw. Aufnahmespannung einstellbar (in Schlitten mit Verriegelung) angeordnet werden. Erfolgt die Aufnahme in 2 Bohrungen bzw. Zapfen, so sind diese entweder in einem Arbeitsgang gleichzeitig herzustellen, oder sie werden auf Umschlag genau gefertigt. Die Aufnahmen können dann meistens fest sein, da bei dieser Herstellungsweise sich die Toleranzen in ziemlich engen Grenzen bewegen, die ohne weiteres durch das Spannorgan ausgeglichen werden. Muß in einer Vierkantbohrung eine Aufnahmespannung angebracht sein, so werden entweder Backen durch Keil und Kegel indirekt gespreizt oder man verwendet eine der Abb. 646 ähnliche Spannung.

Das Zusammenfassen derartiger Spannungen muß, wie schon gesagt, an Hand der jeweilig vorliegenden Fälle entschieden werden.

Zu 3. Sichere Spannung. In diesen Fällen (zu große Toleranzen) tritt dann die Schwierigkeit in der Spannung vor allen Dingen auf, wenn eine Bohrung oder ein Frässchnitt in einem bestimmten Maß zur Mitte des gespannten Teiles oder in der Mitte dieses selbst liegen soll. Es kann hier nur eine doppelseitige zentrische Spannung zur Bohr- bzw. Fräs- oder Werkstücksmitte in Frage kommen. Dies wird am besten durch ein Rechts- und Linksgewinde auf einer Spindel, ähnlich einem Zweibackenfutter, einer Scheibenkurve nach Abb. 694 oder, wenn die Bauart und Größe der Vorrichtung es gestattet, durch einen größeren, auf 2 Seiten abgeflachten Kurvenexzenter erzeugt. Letzterer muß so gebaut sein, daß die Größe der Toleranz im Bereich des selbsthemmenden Anzugs liegt. Bei größeren Stücken und solchen, die nach 2 Achsen zentriert sein müssen, sind 2, wie dargelegt, um 90° versetzte Spannorgane vorzusehen.

Zu 4. Gute Aufnahme und sichere Spannung. Ist die Bedingung gestellt, daß die Genauigkeit sehr groß sein muß, werden auch von der Aufnahme und dem Anschlag besondere Genauigkeit verlangt. Die Organe gleichen den bisher aufgeführten, nur müssen sie mit besonderer Sorgfalt hergestellt und eingebaut werden. Auch hier sind Aufnahmespannungen stets am Platze.

Zu 5. Guter Ausgleich der Spannung. Hier kommen die beschriebenen Organe für Mehrfachspannung in Frage, die wohl zur Genüge erläutert sind.

Wird der Hauptwert in der Konstruktion auf die Ausbildung der Aufnahme gelegt, muß man bestrebt sein, alle entstehenden Fehler von vornherein auszuscheiden und vor allen Dingen darauf achten, daß das zum Einführen des Werkstückes zwischen Aufnahme und Werkstück notwendige Spiel durch geeignete Organe (einstellbare oder spannende Aufnahme) mit samt den durch Toleranz der Werkstücke entstehenden Maßabweichungen praktisch ausgeglichen und möglichst auf Null reduziert wird. Gleichzeitig ist der Bedingung, daß das Werkstück in der Aufnahme durch das Spannorgan immer gegen seinen Anschlag oder seine Unterlage gedrückt werden muß, volle Beachtung zu schenken.

Aus der Verbindung einer guten Aufnahmemöglichkeit und einer sicheren und ausgleichenden Spannung entstehen die mehrfach kombinierten Vorrichtungen von Aufnahmespannung und Zusatzspannung, die eines der schwierigsten Gebiete des Vorrichtungsbaues darstellen und stets mit großer Umsicht zu behandeln sind.

Wenn die große Beachtung auf das Spannorgan zu legen ist, wie bei Mehrfachspannnungen und solchen, bei denen das Werkstück nicht aus Gründen der Genauigkeit, sondern wegen der Größe des Stückes und der ihm eigentümlichen Form an mehreren Stellen gleichzeitig gespannt werden soll, treten mehr die Fragen einer guten Spannkraftübertragung, des Kraftausgleiches, sowie die einer Zentralisierung des Spannkrafterzeugers hervor. In solchen Fällen muß immer überlegt werden, ob eine Einzel-, eine Gruppen- oder eine Massenspannung wirtschaftlich ist. Die Frage der Wirtschaftlichkeit ist hier immer ausschlaggebend und hängt von den gebrauchten Stückzahlen der zu bearbeitenden

Teile ab. Es soll hier nur auf diesen Gesichtspunkt verwiesen werden, da ein näheres Eingehen auf die Frage der Wirtschaftlichkeit einem anderen Buch vorbehalten ist. Ergänzend ist nur zu sagen, daß beim Spannen mehrerer Teile bei großen Stückzahlen die Spannzeit so zu bemessen ist, daß während der Bearbeitung einer bestimmten Anzahl Teile eine andere gleich große Zahl von diesen in sogenannten Wechsel- oder umlaufenden oder Pendelvorrichtungen gespannt werden können. Wenn in solchen Fällen größere Stückzahlen gleichzeitig gespannt werden sollen, muß man immer versuchen, die einzelnen Spannorgane entweder gruppenweise zusammenzufassen oder vollkommen in ein Organ zu zentralisieren, damit die Spannzeit der Bearbeitungszeit möglichst nahekommt.

6. Zwangläufig bewegte Vorrichtungen.

Zwangläufig bewegte Vorrichtungen sind solche Vorrichtungen, bei denen entweder einzelne Organe oder die ganze Vorrichtung dauernd oder in einem bestimmten Rhythmus bewegt werden, ohne daß diese Bewegungen selbst eine Formänderung (Bearbeitung) des Werkstückes hervorrufen. Es handelt sich also um Vorrichtungen, bei denen entweder eine Spann-, Auswerf-, Einlege- oder eine den Tischvorschub der Maschine ersetzende Bewegung ausgeführt und das Werkstück in eine bestimmte Lage zum Werkzeug gebracht wird. Man kann folgende hauptsächlichen Konstruktionsprinzipien unterscheiden:

1. Die Vorrichtung muß um eine Achse gedreht werden. Das Werkstück verändert seine Lage zum bearbeitenden Werkzeug.
2. Die Vorrichtung wird zu demselben Zweck wie unter 1., jedoch um 2 Achsen (meistens senkrecht zueinanderstehend) gedreht.
3. Die Vorrichtung muß von einem Werkzeug zum andern verschoben werden und ändert seine Lage nicht (mehrspindliges Bohren und Fräsen, Senken usw.).
4. Einzelne Organe der Vorrichtung müssen dauernd oder rhythmisch bewegt werden (Selbstspanner).
5. Die Vorrichtung bewegt sich, den Tischvorschub ersetzend, am Werkzeug vorbei, das Werkstück ändert seine Lage zum Werkzeug nicht (umlaufende, Wechsel- oder Pendelvorrichtung).

Außerdem kommen noch die verschiedenen Kombinationen dieser 5 Möglichkeiten in Frage.

Zu 1. Für solche Werkstücke, bei denen Löcher in mehreren Ebenen senkrecht zu einer zentralen Achse (Drehachse) gebohrt werden. Die Vorrichtungen sind meist Kasten, die an 2 Drehzapfen gelagert und mit einer Teilscheibe mit Indexverriegelung gebaut werden. Die Indexscheibe ist der genauen Teilung wegen möglichst groß zu bemessen. Wenn die Drehachse als Vorrichtung mit der Schwerpunktsachse zusammenfällt, kann bei günstiger Bauart und genügend starken Bohrern (über 5 mm) der Vorrichtung die Teilscheibe wegfallen. Wenn eine offene Vorrichtung zu diesem Zweck verwendet wird, kommt meistens eine Brücken- oder Bügelspannung in Frage. Erstreckt sich die Drehbewegung über einen Winkel von 180° hinaus, muß die Vorrichtung

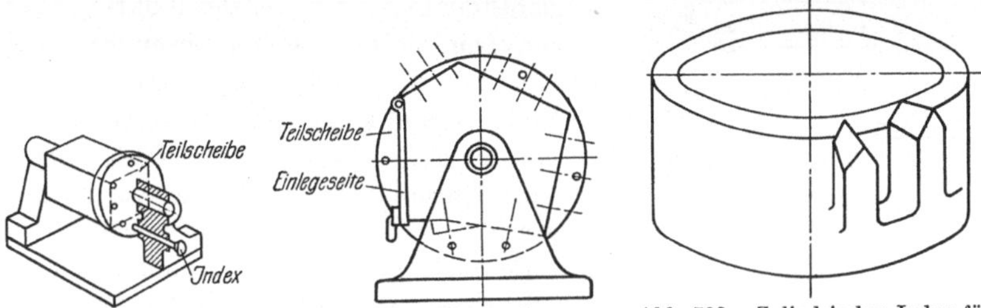

Abb. 701 u. 702. Schematische Darstellung einer Schwenkvorrichtung, drehbar um eine Achse.

Abb. 703. Zylindrischer Index für Schwenkvorrichtung nach Abb. 704—705.

möglichst so gebaut sein, daß ein Drehen um 360° bis zur Einspannstellung erfolgen kann, damit kein unnötiger Leerlaufweg durch Rückdrehung gemacht werden braucht.

Zu 2. Ein Drehen um 2 Achsen kommt dann in Frage, wenn in die Werkstücke Löcher gebohrt werden sollen, deren Ebenen schief zu-

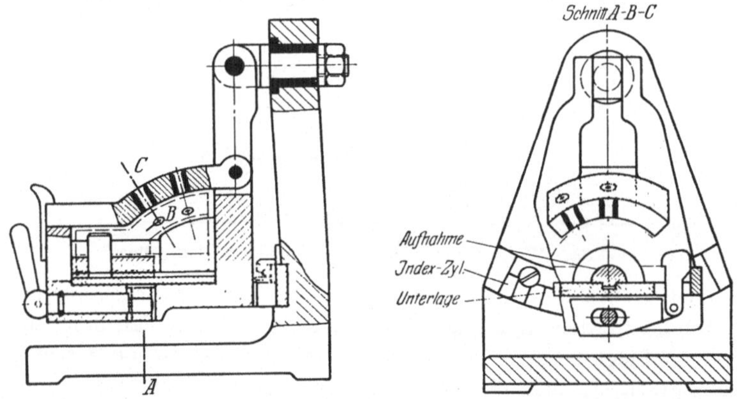

Abb. 704 u. 705. Schwenkvorrichtung, drehbar um zwei senkrecht aufeinanderstehende Achsen mit zylindrischem Index mit und ohne besondere Verriegelung.

einander liegen. Man kann diese Vorrichtungen entweder mit 2 Teilscheiben ausbilden, oder aber nach Abb. 704 u. 705 die Vorrichtung an einem doppelten Schwenkzapfen aufhängen und die verschiedenen Stellungen durch einen Anschlag und ein Indexstück begrenzen, das aus einem Zylinder oder Kegel herausgeschnitten ist. Die letztere Ausführungsart ist sehr günstig für kleinere Werkstücke, bei denen die Löcher in die gekrümmte Ebene (Kugel, Paraboloid usw.) gebohrt werden. Hier ist der Genauigkeit wegen das Anschlagorgan möglichst lang und das Indexstück so groß als irgend möglich zu bauen.

Zu 3. Wenn in ein Werkstück viele Löcher von verschiedenen Durchmessern gebohrt oder die gebohrten Löcher in der Vorrichtung unter Zuhilfenahme von Wechselbohrbüchsen gerieben werden sollen, braucht man mehrspindlige Bohrmaschinen, die in Reihe gestellt, zu einem Aggregat zusammengefügt und deren Tisch durch eine durchlaufende Platte verbunden werden. Damit man die verwendete Bohrvorrichtung, die bei solchen Bedingungen meistens ziemlich schwer wird, nicht von Hand von einer Maschine zur andern zu heben braucht, setzt man sie entweder auf einen kleinen Wagen, der auf Schienen läuft, die auf der gemeinschaftlichen Tischplatte befestigt sind, oder versieht sie, wenn es die Bauart der Vorrichtung gestattet, selbst mit Rollen-

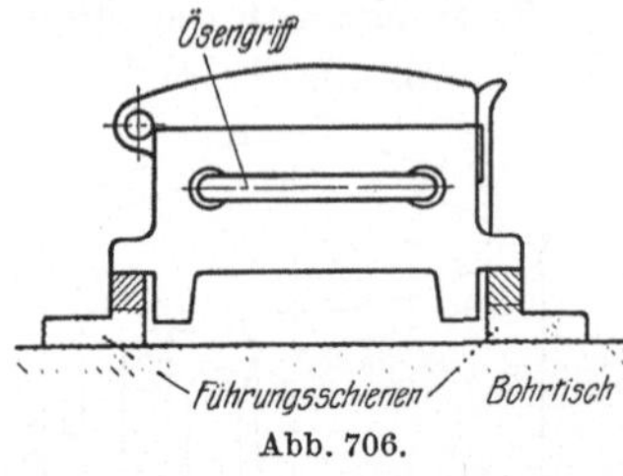

Abb. 706.

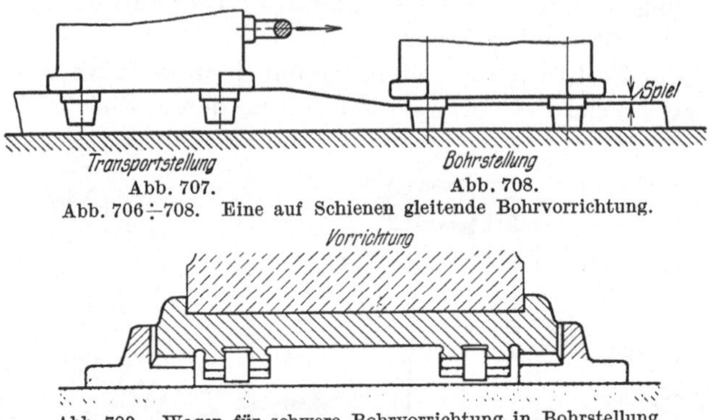

Abb. 707. Abb. 708.

Abb. 706÷708. Eine auf Schienen gleitende Bohrvorrichtung.

Abb. 709. Wagen für schwere Bohrvorrichtung in Bohrstellung.

oder Gleitflächen im obigen Sinne. Dasselbe kann natürlich auch dann angewendet werden, wenn sich Fall 1 oder Fall 2 mit Fall 3 verbindet.

Zu 4. Liegt bei Werkstücken, an denen ein einfacher Arbeitsgang vorzunehmen ist, ein großer Bedarf vor, baut man zweckmäßig die Spannvorrichtung als Selbstspanner aus. In diesen Fällen wird das Spannorgan (meistens Hebel oder Knagge mit Kurve, auch Exzenter) entweder durch den Tischvorschub bei Fräsmaschinen oder den Spindelvorschub bei Bohrmaschinen in Tätigkeit gesetzt. Beim Rücklauf wird vorteilhaft noch eine Auswerfbewegung zwangläufig herbeigeführt. Auch ein Reinigen (Ausblasen mit Preßluft) oder eine Einlegbewegung durch Schieber, Zangen usw. ist oft mit letzterem leicht zu verbinden. Die Bewegungsübertragung erfolgt am besten durch Anlaufkurve (Keil) oder Nocken, die auf einem Hebel arbeiten, der zur Verminderung der

Reibung mit Rolle ausgerüstet ist. Alle diese Organe müssen unbedingt einstellbar konstruiert und angebracht sein, damit ein leichtes Einrichten der Vorrichtung möglich ist.

Zu 5. Diese Vorrichtungsart eignet sich, wie schon oben gesagt,

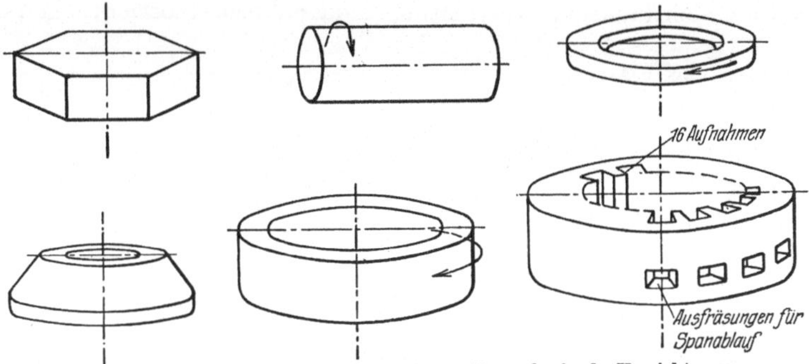

Abb. 710÷715. Verschiedene Grundkörper für umlaufende Vorrichtungen.

nur für Massenbedarf; die Bewegung, die den Tischvorschub ersetzt, ist entweder eine umlaufende (Rundtisch oder Trommel), eine ununter-

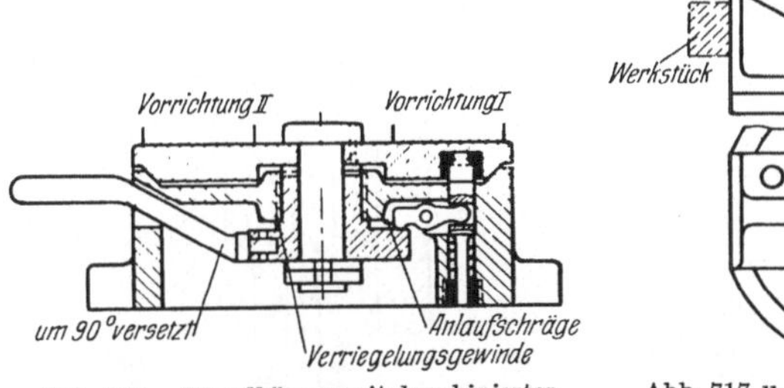

Abb. 716. Grundkörper mit kombinierter Verriegelung und Schaltindex für Wechselvorrichtung.

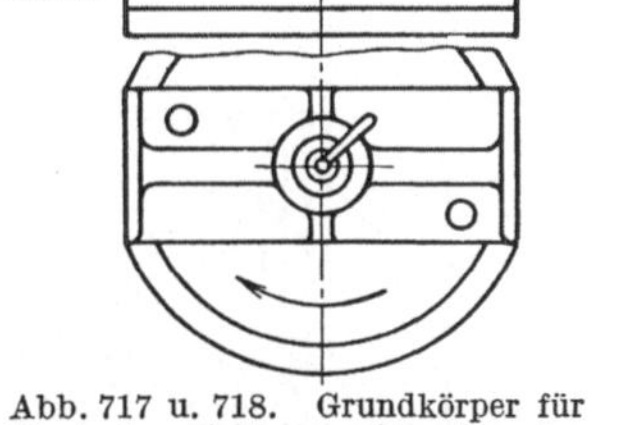

Abb. 717 u. 718. Grundkörper für Wechselvorrichtung mit getrennter Verriegelung und Index.

brochene geradlinige, fortlaufende (endlose Kette), eine schwingende (Wechselvorrichtung), eine hin- und hergehende (Pendelbetrieb) Bewegung. Im ersten Fall ist ein ring- oder ein trommelförmiger Körper, im zweiten Fall eine Platten- oder Gliederkette, im dritten Fall meist eine U-förmige oder sonstige um einen Punkt drehbare Platte, im letzten Fall ein besonderer Tisch der Träger der Spannvorrichtungen.

Letzteres ist jedoch ziemlich selten, da man meist die Tischbewegung selbst (Fräsmaschinen) für den Pendel-

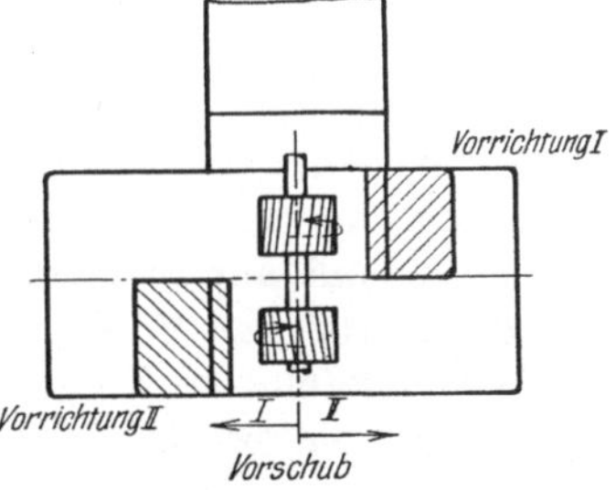

Abb. 719. Schema der Anordnung von Vorrichtungen zum Pendelfräsen.

betrieb benutzt. Hierbei ist eine selbsttätige Umschaltung der Umlaufregelung des Werkzeuges am Deckenvorgelege, die von der Tischbewegung abhängig ist, sehr wirtschaftlich.

Sehr viel werden bei Massenbedarf umlaufende und systematisch geschaltete Mehrfachspannvorrichtungen oder Wechselvorrichtungen mit

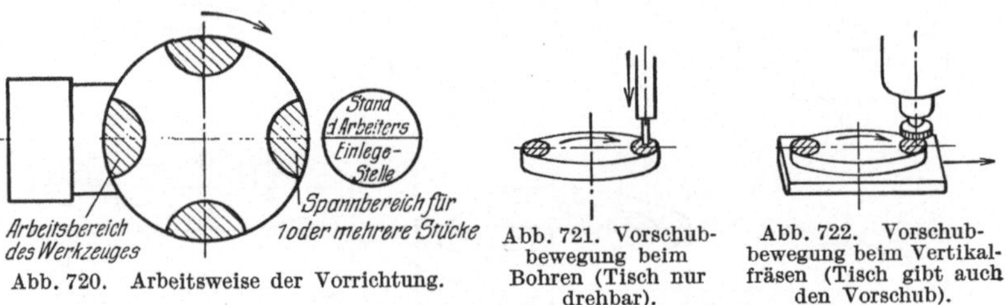

Abb. 720. Arbeitsweise der Vorrichtung.

Abb. 721. Vorschubbewegung beim Bohren (Tisch nur drehbar).

Abb. 722. Vorschubbewegung beim Vertikalfräsen (Tisch gibt auch den Vorschub).

Abb. 720÷722. Schema der Anordnung an periodisch geschalteten Vorrichtungen.

selbsttätigen Spannorganen ausgerüstet[1]). Diese Vorrichtungen arbeiten bei guter Ausführung sehr sicher und wirtschaftlich. Es ist bei der Konstruktion darauf zu achten, daß der Leerlaufweg des Werkzeuges zwischen einzelnen Werkstücken möglichst = Null wird, da sonst eine periodisch geschaltete Wechselvorrichtung wirtschaftlicher ist.

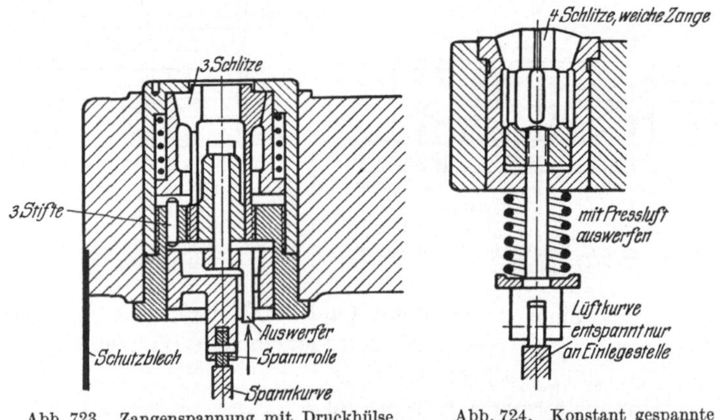

Abb. 723. Zangenspannung mit Druckhülse und Anlaufkurve.

Abb. 724. Konstant gespannte Zange für kleine Teile.

Bei solchen Vorrichtungen wird meistens die eigentliche Vorschubbewegung dem Maschinentisch bzw. der Spindel (bei Bohrmaschinen) überlassen und nur die Schaltbewegung von der Vorrichtung in Abhängigkeit von der Vorschubbewegung ausgeführt.

Die aufgeführten Kombinationen sind in der Literatur schon so oft gezeigt und beschrieben, daß dem Leitgedanken des Buches ent-

[1]) Vgl. Müller. Zeitsparende Vorrichtungen. Berlin: Julius Springer 1926.

sprechend dem folgenden nur die prinzipiellen Anordnungen der Hauptorgane dargestellt werden.

Bei umlaufender Vorrichtung nimmt man die Bewegung für den Umlauf von der betreffenden Maschine (Bohr- und Fräsmaschine) ab. Das geschieht durch Kette oder Kugelgelenk. Der Kettenantrieb kommt nur bei solchen Vorrichtungen in Betracht, bei denen die durch die Kette verursachte Schwingungsübertragung ohne großen Einfluß auf die Oberfläche des Werkstückes bleibt. Die weitere Drehbewegung wird durch Schnecke und Schneckenrad auf den Vorrichtungskörper selbst übertragen. Die Schnecke selbst ist zwecks Ausschaltung als Fallschnecke auszubilden und in einem Gehäuse im Öl laufen zu lassen.

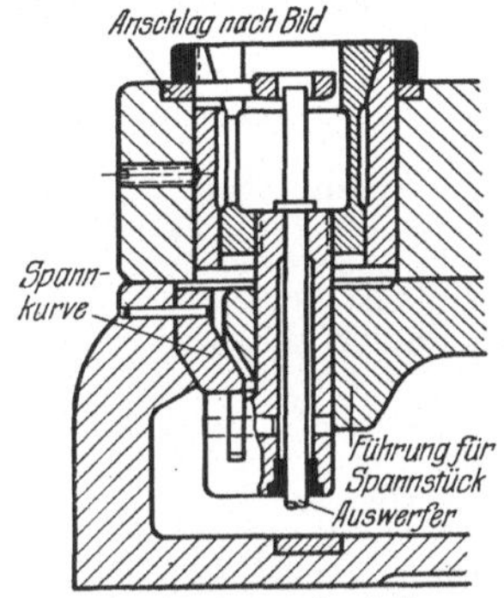

Abb. 725. Spannung durch Zugzange mit Anschlag (Nur für genau gearbeitete Teile).

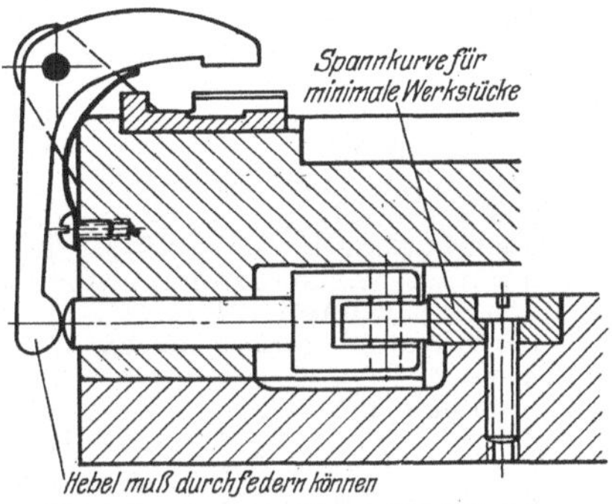

Abb. 726. Spannung durch Winkelhebel.

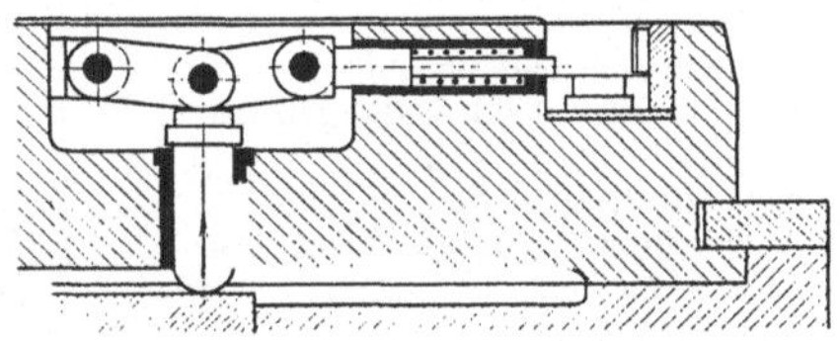
Abb. 727. Spannung durch Eulerschen Hebel.
Abb. 723÷727. Selbstspanner an umlaufenden Vorrichtungen.

Bei dem rhythmisch bewegten Vorrichtungen erfolgt die periodische Schaltung am besten durch ein Maltheser Kreuz (Einzahnantrieb). Bei dieser Schaltung kann der Index zur Teilung wegfallen, da das Maltheser Kreuz eine genaue Teilung ermöglicht und die Schaltkurbel so ausgebildet werden kann, daß eine Verriegelung am Maltheser Kreuz selbst möglich ist. Für sehr große Vorrichtungen benutzt man ein Zahnradtriebwerk, dessen Kupplung durch eine Kurvenscheibe periodisch geschaltet wird. Diese Kurve wird so eingebaut, daß sie in der Zeit, die zwischen 2 Schaltungen liegt, einen Umlauf macht.

Alle Bewegungsübertragungen sollen so konstruiert sein, daß durch auswechselbare Zahnräder die Bewegungs- und Umlaufszeiten eingestellt werden können, da sich oft durch kleine Verbesserungen oder je nach Einarbeiten des betreffenden Arbeiters die Arbeitszeiten wesentlich ändern.

Sachverzeichnis.

Die Werkzeugmaschinen, ihre neuzeitliche Durchbildung für wirtschaftliche Metallbearbeitung. Ein Lehrbuch von Prof. **Fr. W. Hülle,** Dortmund. Vierte, verbesserte Auflage. Mit 1020 Abbildungen im Text und auf Textblättern, sowie 15 Tafeln. VIII, 611 Seiten. 1919. Unveränderter Neudruck. 1923. Gebunden RM 24.—

Elemente des Werkzeugmaschinenbaues. Ihre Berechnung und Konstruktion. Von Prof. Dipl.-Ing. **Max Coenen,** Chemnitz. Mit 297 Abbildungen im Text. IV, 146 Seiten. 1927. RM 10.—

Moderne Werkzeugmaschinen. Von Ing. **Felix Kagerer.** Zweite, verbesserte Auflage. (Technische Praxis, Band III.) · Mit 155 Textfiguren und 16 Tabellen. 265 Seiten. 1923.

Pappbd. gebunden RM 3.—

(Verlag von Julius Springer in Wien)

Die Werkzeuge und Arbeitsverfahren der Pressen. Mit Benutzung des Buches „Punches, dies and tools for manufacturing in presses" von Joseph V. Woodworth von Prof. Dr. techn. **Max Kurrein,** Oberingenieur des Versuchsfeldes für Werkzeugmaschinen an der Technischen Hochschule zu Berlin. Zweite, völlig neubearbeitete Auflage. Mit 1025 Abbildungen im Text und auf einer Tafel sowie 49 Tabellen. IX, 810 Seiten. 1926. Gebunden RM 48.—

Schmieden und Pressen. Von **P. H. Schweißguth,** Direktor der Teplitzer Eisenwerke. Mit 236 Textabbildungen. IV, 110 Seiten. 1923. RM 4.—

Automaten. Die konstruktive Durchbildung, die Werkzeuge, die Arbeitsweise und der Betrieb der selbsttätigen Drehbänke. Ein Lehr- und Nachschlagebuch von Ober-Ing. **Ph. Kelle,** Berlin. Zweite, vermehrte und verbesserte Auflage. Mit 823 Figuren im Text und auf Tafeln, sowie 36 Arbeitsplänen und 4 Leistungstabellen. Erscheint im Sommer 1927.

Grundzüge der Zerspanungslehre. Eine Einführung in die Theorie der spanabhebenden Formung und ihre Anwendung in der Praxis. Von Dr.-Ing. **Max Kronenberg,** beratender Ingenieur, Berlin. Mit 170 Abbildungen im Text und einer Übersichtstafel. XIV, 264 Seiten. 1927. Gebunden RM 22.50

Die Gewinde, ihre Entwicklung, ihre Messung und ihre Toleranzen. Im Auftrage von Ludw. Loewe & Co. A.-G., Berlin, bearbeitet von Prof. Dr. **G. Berndt,** Dresden. Mit 395 Abbildungen im Text und 287 Tabellen. XVI, 657 Seiten. 1925. Gebunden RM 36.—
Erster Nachtrag. Mit 102 Abbildungen im Text und 79 Tabellen. X, 180 Seiten. 1926. Gebunden RM 15.75
Namen- und Sachverzeichnis. Herausgegeben auf Anregung und mit Unterstützung der Firma Bauer & Schaurte, Neuß. III, 16 Seiten. 1927. RM 1.—

Die Bohrmaschine. Ihre Konstruktion und ihre Anwendung. Gesammelte Arbeiten aus der **Werkstattstechnik.** VI. bis XVII. Jahrgang 1912 bis 1923. Herausgegeben von Prof. Dr.-Ing. **G. Schlesinger,** Berlin. IV, 158 Seiten. 1925. RM 15.—

Die moderne Stanzerei. Ein Buch für die Praxis mit Aufgaben und Lösungen. Von Ing. **Eugen Kaczmarek.** Zweite, vermehrte und verbesserte Auflage. Mit 116 Textabbildungen. VI, 154 Seiten. 1925. RM 7.20; gebunden RM 8.70

Handbuch der Fräserei. Kurzgefaßtes Lehr- und Nachschlagebuch für den allgemeinen Gebrauch. Gemeinverständlich bearbeitet von **Emil Jurthe** und **Otto Mietzschke,** Ingenieure. Sechste, durchgesehene und vermehrte Auflage. Mit 351 Abbildungen, 42 Tabellen und einem Anhang über Konstruktion der gebräuchlichsten Zahnformen an Stirn-, Spiralzahn-, Schnecken- und Kegelrädern. VIII, 334 Seiten. 1923. Gebunden RM 11.—

Die Dreherei und ihre Werkzeuge. Handbuch für Werkstatt, Büro und Schule. Von Betriebsdirektor **Willy Hippler.** Dritte, umgearbeitete und erweiterte Auflage.
Erster Teil: **Wirtschaftliche Ausnutzung der Drehbank.** Mit 136 Abbildungen im Text und auf 2 Tafeln. VII, 259 Seiten. 1923. Gebunden RM 13.50

Über Dreharbeit und Werkzeugstähle. Autorisierte deutsche Ausgabe der Schrift „On the art of cutting metals" von Fred. W. Taylor, Philadelphia. Von Prof. **A. Wallichs,** Aachen. Vierter, unveränderter Abdruck. 5. und 6. Tausend. Mit 119 Figuren und Tabellen. XII, 231 Seiten. 1920. Gebunden RM 8.40

Praktisches Handbuch der gesamten Schweißtechnik. Von Prof. Dr.-Ing. **P. Schimpke,** Chemnitz und Oberingenieur **Hans A. Horn,** Oberfrohna i. S.
Erster Band: **Autogene Schweiß- und Schneidtechnik.** Mit 111 Abbildungen und 3 Zahlentafeln. V, 136 Seiten. 1924. Gebunden RM 7.50
Zweiter Band: **Elektrische Schweißtechnik.** Mit 255 Textabbildungen und 20 Zahlentafeln. VI, 202 Seiten. 1926. Gebunden RM 13.50

Härten und Vergüten. Von **Eugen Simon.** Erster Teil: Stahl und sein Verhalten. Zweite, verbesserte Auflage. (7.—15. Tausend.) Mit 63 Figuren und 6 Zahlentafeln. 64 Seiten. Zweiter Teil: Die Praxis der Warmbehandlung. Zweite, verbesserte Auflage. (7.—15. Tausend.) Mit 105 Figuren und 11 Zahlentafeln. 64 Seiten. 1923. (Bildet Heft 7 und 8 der „Werkstattbücher". Herausgegeben von Eugen Simon.) Jedes Heft RM 1.80

Ausgewählte Arbeiten des Lehrstuhles für Betriebswissenschaften in Dresden

Herausgegeben von

Professor Dr.-Ing. E. Sachsenberg

Erster Band: Prof. Dr. E. Sachsenberg, Neuere Versuche auf arbeitstechnischem Gebiet. Dr. W. Fehse, Grenzen der Wirtschaftlichkeit bei der Vorkalkulation im Maschinenbau. Dr. K. H. Schmidt, Organisation und Grenzen der Arbeitszerlegung im fließenden Zusammenbau. Mit 58 Abbildungen im Text. VI, 180 Seiten. 1924. RM 7.50; gebunden RM 9.—

Zweiter Band: Dr.-Ing. H. Brasch, Die Bearbeitungsvorrichtungen für die spanabhebende Metallfertigung. (Eine Systematik des Vorrichtungswesens). Dr.-Ing. G. Oehler, Beiträge zur Wirtschaftlichkeit im Vorrichtungsbau unter besonderer Berücksichtigung der Herstellungsmenge und Art der Vorrichtung selbst. Prof. Dr.-Ing. E. Sachsenberg, Versuche über die Wirksamkeit und Konstruktion von Räumnadeln. Mit 248 Abbildungen im Text. VI, 184 Seiten. 1926. RM 14.40; gebunden RM 15.60

Dritter Band: Prof. Dr.-Ing. E. Sachsenberg, Neuere Versuche auf arbeitstechnischem Gebiete (Zweiter Teil). Dr.-Ing. E. Möhler, Beurteilung der Tagesbeleuchtung in Werkstätten vom Standpunkte des Betriebsingenieurs aus. Dr.-Ing. M. Meyer, Untersuchungen über die den Zerspanungsvorgang mittels Holzkreissägen beeinflussenden Faktoren. Mit 76 Abbildungen im Text und auf 2 Tafeln. VI, 118 Seiten. 1926. RM 9.60; gebunden RM 10.80

Schriften der Arbeitsgemeinschaft Deutscher Betriebsingenieure

Band I: **Der Austauschbau und seine praktische Durchführung.** Bearbeitet von zahlreichen Fachleuten. Herausgegeben von Dr.-Ing. **Otto Kienzle.** Mit 319 Textabbildungen und 24 Zahlentafeln. VIII, 320 Seiten. 1923. Gebunden RM 8.50

Band II: **Lehrbuch der Vorkalkulation von Bearbeitungszeiten.** Von **Kurt Hegner,** Oberingenieur der Ludw. Loewe & Co. A.-G., Berlin. Erster Band. Systematische Einführung. Zweite, verbess. Auflage. Mit 107 Bildern. Etwa 200 Seiten. Erscheint im August 1927.

Band III: **Spanabhebende Werkzeuge für die Metallbearbeitung und ihre Hilfseinrichtungen.** Bearbeitet von zahlreichen Fachleuten. Herausgegeben von Dr.-Ing. e. h. **J. Reindl,** Techn. Direktor der Schuchardt & Schütte A.-G. Mit 574 Textabbildungen und 7 Zahlentafeln. XI, 455 Seiten. 1925. Gebunden RM 28.50

Band IV: **Spanlose Formung.** Schmieden, Stanzen, Pressen, Prägen, Ziehen. Bearbeitet von zahlreichen Fachleuten. Herausgegeben von Dr.-Ing. **V. Litz,** Betriebsdirektor bei A. Borsig G. m. b. H., Berlin-Tegel. Mit 163 Textabbildungen und 4 Zahlentafeln. VI, 152 Seiten. 1926. Gebunden RM 12.60

Die Rationalisierung im Deutschen Werkzeugmaschinenbau. Dargestellt an der Entwicklung der Ludwig Loewe & Co. A.-G., Berlin. Von Dr. **Fritz Wegeleben.** VII, 172 Seiten. 1924. RM 6.—; gebunden RM 7.—

Werkstattstechnik. Zeitschrift für Fabrikbetrieb und Herstellungsverfahren. Herausgegeben von Dr.-Ing. **G. Schlesinger,** Professor an der Technischen Hochschule Berlin. Erscheint am 1. und 15. jeden Monats. Vierteljährlich RM 6.—; Einzelheft RM 1.25